制造业先进技术系列

航空发动机镍基合金失谐转子振动特性及可靠性

白 斌 牛 燕 姚明辉 著

机械工业出版社

本书针对现有复杂机械结构振动特性分析及动态不确定性分析方法的计算精度和计算效率低，不能满足工程应用要求的问题，分别基于有限元及减缩理论，提出了修正的混合界面子结构法；基于响应面的基本理论，提出了基于动态子结构多级多目标协同有限元-极值响应面法；基于区间理论和有限元理论，提出了基于动态子结构协同有限元区间非概率分析法。本书分别采用这些方法对航空发动机失谐整体叶盘结构的振动特性及不确定性进行了研究，验证了这些方法在失谐整体叶盘结构的应用，不仅计算精度得到了保证，而且计算效率大大提高。

　　本书理论方法与工程案例紧密结合，先在第 2 章中进行理论分析、提出方法，然后在后续各章节中列举工程案例，易于读者理解。

　　本书可供企业的工程技术人员、关注航空发动机技术的相关专业人士参考，也可供高等院校相关专业师生参考。

图书在版编目（CIP）数据

航空发动机镍基合金失谐转子振动特性及可靠性 /
白斌，牛燕，姚明辉著. -- 北京：机械工业出版社，
2025.6. --（制造业先进技术系列）. -- ISBN 978-7
-111-78659-7

Ⅰ. V231.92

中国国家版本馆 CIP 数据核字第 2025DT2861 号

机械工业出版社（北京市百万庄大街 22 号　邮政编码 100037）
策划编辑：贺　怡　　　　责任编辑：贺　怡　卜旭东
责任校对：樊钟英　李　婷　　封面设计：马精明
责任印制：单爱军
中煤（北京）印务有限公司印刷
2025 年 8 月第 1 版第 1 次印刷
169mm×239mm · 13.75 印张 · 13 插页 · 267 千字
标准书号：ISBN 978-7-111-78659-7
定价：99.00 元

电话服务　　　　　　　　　网络服务
客服电话：010-88361066　　机 工 官 网：www.cmpbook.com
　　　　　010-88379833　　机 工 官 博：weibo.com/cmp1952
　　　　　010-68326294　　金 书 网：www.golden-book.com
封底无防伪标均为盗版　　机工教育服务网：www.cmpedu.com

前　言

本书编写的宗旨：为从事航空发动机技术研发人员、高校科研工作者，以及硕博研究生和本科生等提供学习参考，在航空发动机转子结构的设计及振动特性和可靠性研究上提供有创新性的思维方法。

本书采用理论与案例相结合的编写方式，内容涉及基于动态子结构法的多级多目标协同代理模型基本原理、随机失谐整体叶盘结构的固有频率研究、随机失谐整体叶盘结构的模态振型研究、随机失谐整体叶盘结构的固有频率概率研究、随机失谐整体叶盘结构的模态振型概率研究、随机失谐整体叶盘结构的振动响应及概率设计研究、随机失谐整体叶盘结构的非概率研究、随机失谐整体叶盘结构的概率与非概率混合研究。

本书的特点：涉及航空发动机领域中的振动问题，内容安排或编写方式具备专业性、系统性和深度，以确保研究成果的科学性和可信度。本书以典型的转子结构，即叶片-轮盘结构为研究对象，探讨航空发动机镍基合金失谐转子振动特性的规律和影响因素，提出可靠性设计和改进建议。

本书在编写过程中强调系统性，由浅入深，先理论后案例，先确定性分析后非确定性分析，在确定性及非确定性研究过程中先模态分析后振动响应分析。本书结构上层层递进、环环相扣，结构紧凑严谨。

本书由湖南信息学院白斌任主编，参加编写工作的还有天津工业大学的牛燕和姚明辉教授，姚明辉教授在编写过程中提出了很多宝贵意见和内容构思。

由于作者水平有限，时间仓促，书中难免有疏漏之处，望广大读者给予指正。

作者

目　　录

前言
第1章　绪论 ··· 1
  1.1　研究背景及意义 ·· 1
    1.1.1　失谐整体叶盘结构研究的背景与意义 ··············· 1
    1.1.2　动态不确定性分析研究的意义 ······················· 3
    1.1.3　学术意义及工程应用价值 ··························· 3
  1.2　国内外研究现状及存在的问题 ································ 5
    1.2.1　叶盘结构振动特性研究现状 ······················· 5
    1.2.2　叶盘结构可靠性研究现状 ··························· 6
    1.2.3　叶盘结构研究存在的问题和发展趋势 ··············· 7
  1.3　本章小结 ·· 8
第2章　基于动态子结构法的多级多目标协同代理模型基本原理 ······· 9
  2.1　概述 ·· 9
  2.2　动态子结构法及减缩原理 ···································· 10
    2.2.1　轮盘子结构减缩模型 ······························· 10
    2.2.2　叶片子结构减缩模型 ······························· 12
    2.2.3　叶片与轮盘子结构综合过程 ······················· 13
    2.2.4　修正的失谐整体叶盘结构减缩综合动力学模型 ······· 14
    2.2.5　算例1 ··· 18
  2.3　基于动态子结构多级多目标协同有限元-极值响应面法 ······· 25
    2.3.1　单函数概率分析原理 ······························· 26
    2.3.2　多级多目标协同响应面法 ··························· 30
    2.3.3　基于动态子结构法的多级多目标协同代理模型的极值响
        应面法 ··· 33
    2.3.4　算例2 ··· 36
  2.4　本章小结 ·· 40
第3章　随机失谐整体叶盘结构的固有频率研究 ····················· 41
  3.1　概述 ·· 41
  3.2　随机失谐整体叶盘结构固有频率分析 ························ 41
    3.2.1　离心力对叶盘结构固有频率的影响 ················· 41

　　3.2.2　热载荷对叶盘结构固有频率的影响 ················· 44
　　3.2.3　离心力和热载荷共同作用对叶盘结构固有频率的影响 ······· 46
　3.3　本章小结 ······································ 48
第4章　随机失谐整体叶盘结构的模态振型研究 ············· 49
　4.1　概述 ··· 49
　4.2　随机失谐整体叶盘结构模态位移振型分析 ·············· 50
　　4.2.1　离心力作用下的模态位移振型分析 ··············· 50
　　4.2.2　热载荷作用下的模态位移振型分析 ··············· 52
　　4.2.3　离心力和热载荷共同作用下的模态位移振型分析 ········ 54
　4.3　随机失谐整体叶盘结构模态应力振型分析 ·············· 56
　　4.3.1　离心力作用下的模态应力振型分析 ··············· 56
　　4.3.2　热载荷作用下的模态应力振型分析 ··············· 58
　　4.3.3　离心力和热载荷共同作用下的模态应力振型分析 ········ 60
　4.4　随机失谐整体叶盘结构模态应变能振型分析 ············· 62
　　4.4.1　离心力作用下的模态应变能振型分析 ·············· 62
　　4.4.2　热载荷作用下的模态应变能振型分析 ·············· 64
　　4.4.3　离心力和热载荷共同作用下的模态应变能振型分析 ······· 65
　4.5　本章小结 ······································ 68
第5章　随机失谐整体叶盘结构的固有频率概率研究 ········· 69
　5.1　概述 ··· 69
　5.2　随机失谐整体叶盘结构的概率分析基本流程 ············· 69
　5.3　算例 ··· 71
　　5.3.1　谐调整体叶盘结构的频率概率分析 ··············· 71
　　5.3.2　随机失谐整体叶盘结构的频率概率分析 ············· 91
　5.4　本章小结 ····································· 115
第6章　随机失谐整体叶盘结构的模态振型概率研究 ········ 117
　6.1　概述 ·· 117
　6.2　叶盘结构的模态振型概率分析 ···················· 118
　　6.2.1　谐调叶盘结构的模态振型概率分析 ·············· 118
　　6.2.2　失谐叶盘结构的模态振型概率分析 ·············· 142
　6.3　本章小结 ····································· 167
第7章　随机失谐整体叶盘结构的振动响应及概率设计研究 ······ 168
　7.1　概述 ·· 168
　7.2　随机失谐整体叶盘结构振动响应确定性分析 ············ 168
　　7.2.1　叶盘结构振动响应的激振力 ·················· 168

    7.2.2　叶盘结构振动响应确定性分析 ·············· 169

    7.2.3　叶盘结构振动响应确定性分析计算效率验证 ······· 170

  7.3　随机失谐整体叶盘结构振动响应不确定性分析 ········· 170

  7.4　本章小结 ································ 178

第8章　随机失谐整体叶盘结构的非概率研究 ·············· 179

  8.1　概述 ··································· 179

  8.2　非概率分析理论基础 ························ 180

    8.2.1　失谐叶盘结构区间变量及区间矩阵分析 ········ 180

    8.2.2　区间有限元动力学方程 ··············· 185

  8.3　随机失谐整体叶盘结构模态非概率分析 ··········· 188

    8.3.1　谐调叶盘结构模态非概率分析 ··········· 188

    8.3.2　随机失谐叶盘结构模态非概率分析 ········· 189

  8.4　随机失谐整体叶盘结构振动响应非概率分析 ········· 192

  8.5　本章小结 ································ 193

第9章　随机失谐整体叶盘结构的概率与非概率混合研究 ········· 194

  9.1　概述 ··································· 194

  9.2　概率与非概率混合分析的理论基础 ·············· 194

  9.3　随机失谐整体叶盘结构的概率与非概率混合分析 ······· 200

  9.4　本章小结 ································ 202

后记 ······································ 204

参考文献 ··································· 207

1.1　研究背景及意义

1.1.1　失谐整体叶盘结构研究的背景与意义

在航空发动机设计研制过程中，典型的转子结构，即叶片-轮盘结构（简称叶盘结构）通常被设计成谐调的，这样各叶盘结构扇区具有完全相同的物理参数和几何参数，也就是通常所说的圆周循环对称结构，因此可以通过建立单一扇区模型达到对整体叶盘结构的分析研究。但在工程实际中，由于加工误差、材料性质和运行磨损等随机因素的影响，各叶片的几何尺寸、材料性质等均不可避免地存在一定的差异，因此不可能得到真正意义上的严格谐调的圆周循环对称结构，只能得到各叶片具有一定差异的失谐叶盘结构，即随机失谐。失谐后，其振动模态沿周向不再均匀分布，而是出现某些叶片所对应的模态远大于其他叶片所对应的模态，此时叶盘结构在传递能量时，不会像谐调叶盘结构那样均匀地沿着圆周方向传递能量，叶盘结构的圆周循环对称结构被破坏，振动能量部分被传递，部分被反射，将能量集中于个别叶片，从而易于引起该叶片的振动加剧，造成某些叶片的振动响应幅值过高，即出现振动局部化现象（见图1-1）。失谐叶盘系统的振动局部化将直接导致叶盘系统局部应力过大，使高周疲劳应力循环次数大大地减少，出现高周疲劳失效，增加了叶盘系统疲劳破坏的风险，可能导致严重的事故，如叶片高周疲劳破坏或断裂（见图1-2），甚至出现人员伤亡。据统计，由于叶盘结构的振动引起的发动机事故约占总故障以及事故的25%，其中振动引起的叶片高周疲劳断裂，是叶盘结构最主要的失效模式。例如，F-100在质量鉴定试验中出现了第一级风扇叶片高周疲劳失效，J85-21在制造阶段发生了叶片高周疲劳失效，这些都带来了巨大的经济损失；1952—1996年，美国军方统计的航空发动机故障中，56%都归结为高周疲劳失效故障，导致每年产生数亿美元的维修费用。同样，叶片高周疲劳断裂是我国在役航空发动机发生频率最高的故障，也是长期困扰发动机型号研制的难题之一。联邦德国大型电站职工协会对火电站燃气轮机叶片高周疲劳的损伤情况作了统计：从 1973 年开始，针对所观察的 76 台燃气轮机，记录了其中 28 台燃气轮机发生的 50 余次叶片高周疲劳损伤的情况，叶片高周疲劳失效故障降低了燃气轮机的使用率，造成了巨大的直接和间接经济损失。我国因叶片高周疲劳失效故障而带来的经济损失也是数额巨大，如 1980 年，某厂 300MW 机组由于第 11 级叶片事故停机达 40 天，少发电约 2.6 亿 kW·h，直接经济损失约 2600 万元，带来的间接损失达上亿元。

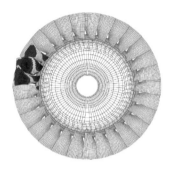 

图 1-1　失谐叶盘结构振动局部化　　图 1-2　高周疲劳失效导致叶盘结构中的叶片损伤

采用整体叶盘结构对减轻航空发动机重量和提高可靠性具有十分明显的效果，目前已在一些先进的军用和民用航空发动机中应用了整体叶盘，图 1-3 所示为 GE90 发动机采用的整体叶盘。激光快速整体成型技术的发展，使得整体叶盘加工的效率和质量得到了提高，整体叶盘在航空发动机中必将得到更广泛的应用。

图 1-3　GE90 发动机采用的整体叶盘

研究表明，与严格循环对称的谐调叶盘结构相比，失谐叶盘结构的动力特性会有明显的改变。失谐引起叶盘结构的振动能量在各叶片之间不均匀分布，产生所谓的振动局部化现象，导致部分叶片的振动幅值显著增大，从而增加了叶片振动疲劳失效的危险，尤其是新型航空发动机叶片，其厚度尺寸小、空心、质量和展弦比小等因素更增大了叶盘结构对失谐的敏感性。因此，在叶盘结构动态设计中必须考虑失谐的影响，对其在失谐条件下的振动响应进行准确预测。对整体叶盘而言，由于难以像分体叶盘那样，通过选配叶片来控制失谐，因此考虑随机失谐因素，准确描述叶盘结构振动局部化程度的统计特性，更有实际工程意义。

1.1.2 动态不确定性分析研究的意义

失谐整体叶盘结构动态设计是现代高性能航空发动机研制所需的关键技术之一。笔者所在课题组在与航空发动机研制单位的合作研究中了解到，目前对随机失谐整体叶盘结构的动态设计，急需解决以下工程问题：在随机失谐条件下，如何准确描述整体叶盘结构振动局部化程度的统计分布特性；各叶片之间的材料性能和几何尺寸要控制多大的误差，才能保证整体叶盘结构振动特性满足要求。实际上，这些工程问题可归结为随机失谐整体叶盘结构的动态不确定性设计，但目前已有的分析设计方法基本没有实际工程应用价值，其中最主要的瓶颈问题是计算精度和计算效率之间的矛盾没有很好地解决，达不到工程应用的要求。因此，将失谐叶盘结构振动分析的各种模型与不确定性分析的各种方法加以组合，就形成了随机失谐叶盘结构动态不确定性分析的多种方法。这些方法具有不同的计算精度和效率，对叶盘结构进行不确定性分析具有重要意义。

1.1.3 学术意义及工程应用价值

失谐叶盘结构振动分析的参数模型可分为集中参数模型和连续参数模型。参数模型虽然计算量小，但精度太低，达不到工程应用的要求，只能用来进行叶盘结构失谐的机理性、规律性的探索研究。

失谐叶盘结构振动分析的有限元模型分为整体有限元模型（见图 1-4）和子结构有限元模型（见图 1-5）。整体有限元模型的精度高，但其计算量过大，不利于工程实际应用；子结构有限元模型既能有效地提高计算效率，也能保证一定的精度，目前已得到广泛应用，是失谐叶盘结构振动分析最有前景、最有实用价值的方法。

图 1-4 整体有限元模型　　　　　图 1-5 子结构有限元模型

将摄动法与有限元模型相结合，进而形成随机有限元方法，在理论上虽能解决结构响应的变异性问题，但在随机变量维数较大时，计算量大，精度较低，而且该方法不能直接使用目前的通用有限元软件，还需自编程序，通用性差，因此不适合工程应用。直接的蒙特卡罗（Mento-Carlo，MC）法只要仿真次数足够多，就可以达到很高的精度，但其计算效率低。以响应面法（Response Surface Method，RSM）为代表的各种代理模型方法，可以大大提高仿真统计的效率，已在结构可靠性分析和优化设计等领域获得了广泛的应用。将 MC 法和 RSM 分别与参数模型、整体有限元模型、子结构有限元模型加以组合，可以得到可用于随机失谐叶盘结构动态不确定性分析的若干方法，见表 1-1。

表 1-1　随机失谐叶盘结构动态不确定性分析的若干方法

随机失谐叶盘结构分析方法	计算效率		计算精度	
	振动分析	统计分析	振动分析	统计分析
参数模型+代理模型	高	高	低	较高
参数模型+MC 法	高	低	低	高
整体有限元模型+代理模型	低	高	高	较高
整体有限元模型+MC 法	低	低	高	高
子结构有限元模型+代理模型	较高	高	较高	较高
子结构有限元模型+MC 法	较高	低	较高	高

从表 1-1 中可以看到，子结构有限元模型与代理模型相结合，使计算效率和计算精度实现了较好的平衡，是进行随机失谐叶盘结构动态不确定性分析的有效途径。但是，笔者所在课题组通过对国内外相关研究的深入分析，发现问题远没有想象得这么简单。前期初步研究表明，将子结构有限元模型和代理模型直接结合起来，进行随机失谐叶盘结构振动分析，其计算效率和计算精度还是不能满足工程应用的要求。

对于计算效率问题而言，构造代理模型需要的计算次数虽然比直接 MC 法模拟降低了一个数量级，但一般也至少需要几百次到几千次的循环计算。而且，对失谐叶盘结构进行振动分析时，必须以整个叶盘结构为对象进行分析，这样进行一次叶盘结构振动分析的计算量就很大，构造代理模型时进行循环计算的计算量问题就变得十分突出。对于计算精度问题而言，失谐导致叶盘结构的随机变量维数大大增加，这为构造代理模型的精度保证带来了相当大的难度，因为变量维数是影响代理模型精度的最重要因素之一。

总之，本书提出将子结构有限元模型与代理模型加以融合而不是简单结合，经验证，在保证计算精度的情况下，计算效率大大提高，能以工程应用可接受的计算精度和效率实现随机失谐整体叶盘结构的动态可靠性设计，研究成果具有原始创新性，对发展随机结构振动力学和结构可靠性设计理论具有重要的学术意义和工程应用价值。

1.2 国内外研究现状及存在的问题

对叶盘结构的研究，主要包括对叶盘结构的错频、颤振、灵敏度、频率转向、优化，模型建立及求解方法、模态振型、非线性、响应、多级多部件结构、气动、流-固耦合及科里奥利力等的研究。

1.2.1 叶盘结构振动特性研究现状

Li 和 Bah 等人通过实验研究和理论分析发现，失谐叶盘结构振动时表现为一个或某几个叶片产生较大振动，而其余叶片为微弱振动，即失谐叶盘结构出现"振动局部化"现象；He 等人建立了飞机在亚声速情况下的减缩模型，研究了频率转向对局部化模态失谐的影响；Hou 对频率转向和模态局部化问题从能量的角度做了深入研究；Petrov 考虑了气动力对结构失谐和频率转向的影响，分析了实体扇区失谐结构的受迫响应。参考文献 [28-30] 实际上是在考虑不同因素的情况下，对频率转向和模态振型进行了研究。

参考文献 [31-34] 对叶盘结构振动响应进行了不同程度的研究，主要包括稳态响应和瞬态响应的研究。Wei 和 Pierre 研究了叶盘结构具有确定性失谐量时的稳态响应。参考文献 [2,10,16,35,36] 研究了叶盘结构失谐前后叶片最大稳态振幅的增大程度，即"局部化因子"问题，主要用来衡量模态和响应的局部化程度。参考文献 [14,19,22,29,32,37-46] 考虑了一些非线性因素（如摩擦和裂纹等），对失谐叶盘结构进行了大量的研究。

"主动失谐"，即"人为失谐"可以丰富叶盘结构的模态成分，增强模态间的耦合，能够有效地抑制颤振的发生，因此主动失谐的研究为抑制颤振的发生起了重要作用。参考文献 [4,10,20,47-55] 对失谐叶盘结构的错频和颤振做了大量的研究。如何识别并合理预测实际工作中叶盘结构的失谐量也是一个重要研究方向，参考文献 [3,4,16,21-23,25,31,56-67] 对叶盘结构的失谐和预测进行了大量的研究。由于存在制造误差及发动机在运转中不断磨损等情况，因此如何有效地对发动机进行在线识别预测将成为未来研究的热点。

为了准确预测响应结果，在研究时有必要考虑实际气动力的影响。在对叶盘结构失谐问题大量研究的基础上，很多学者对失谐叶盘结构的优化问题做了进一步研究。有些学者还对叶盘结构的其他方面做了研究，如参考文献 [12,16,21,23,35,60,84-93] 对多级轮盘、科里奥利力、叶盘结构的压电装置等做了一定程度的研究。

对于叶盘结构的研究，关键是建立合理的模型，而叶盘结构的分析模型主要有三种，即集中参数模型、连续参数模型、有限元模型。参考文献[2,29,41-43,46]采用集中参数模型对失谐叶盘结构进行了研究。集中参数模型从机理上解释了失谐叶盘的基本问题，如模态局部化、受迫响应局部化、频率转向、耦合度等，但这种模型没有系统的建模方法，人为因素较多，精度低，所以另一种较集中参数模型精度高的模型，即连续参数模型发展起来。参考文献[29,45,94-98]采用连续参数模型对叶盘结构进行了研究，连续参数模型实际上是一种半解析方法，板和梁虽然可以提高模拟精度，但人为干扰较大，很难真正模拟实际叶片和轮盘，模拟精度仍然较低，所以之后有限元模型得到发展。参考文献[99-102]利用有限元方法直接建立实际叶盘结构分析模型，但有限元模型的计算量太大，而且经常要用到MC模拟，所以时间耗费巨大。因此，为了提高效率，国内外学者和工程界在有限元模型的基础上研究了减缩模型。参考文献[10,28,38,51,103-106]将叶盘系统分为轮盘和叶片两类子结构，然后根据边界条件将其连接起来，因此这种模型又称为动态子结构模型。Castanier提出了一种基于固定界面子结构失谐叶盘结构模态减缩模型（Reduced Order Model，ROM），以带有无质量叶片的轮盘扇区有限元模型计算得到的模态振型作为轮盘子结构的模态振动描述，而叶片子结构的振动由一种以叶片作为根部固定悬臂结构或一种以根部界面的轮盘振动位移导致的叶片刚体位移的振型描述，进一步减少了模型的阶数。参考文献[1,13,22,39,46,65,68,77,80]基于整体的减缩模型，避免了子结构分解带来的误差，该模型不仅使计算时间大大缩短，而且计算精度也有所提高。

1.2.2　叶盘结构可靠性研究现状

对于失谐叶盘结构来说，失谐因素往往是随机分布的，因此对其进行可靠性分析受到人们的重视。参考文献[1,2,33,39]采用不同的方法，如MC法、支持向量机（Support Vector Machine，SVM）法，RSM等对叶盘结构进行了可靠性分析，他们采用MC法估算了失谐叶盘的疲劳寿命，分析了叶盘系统受迫振动响应的统计特性，之后他们又应用摄动法和概率分析理论建立了概率密度函数，但这些方法在小阻尼大失谐时的误差大、精度低，而且对振幅最值的均值和方差等类似概率统计问题进行求解时比较困难，因此限制了其发展。近些年，科研工作者对叶盘结构的可靠性进行了深入的研究，还有些学者采用二阶矩法（Second Order Reliability Method，SORM）、RSM、SVM、人工神经网络（Artificial Neural Network，ANN），以及若干种方法的综合法等对结构或系统进行了研究，但对于复杂的航空发动机叶盘结构不太实用。

对于航空发动机叶盘结构，除了进行统计分布、均值方差研究，还包括输入变量对输出变量影响研究，即对其进行灵敏度研究。参考文献［3,65,66,68,75-77,80,93,106］针对不同模型分别考虑不同的影响因素，进行了失谐叶盘结构灵敏度研究，Kenyon 采用谐波扰动法，建立剪切弹簧环模型，获得 Mathieu 方程，研究了在微小失谐情况下受迫响应的灵敏度，采用灵敏度系数法对实际叶盘结构有限元模型进行优化；Chan 推导了每个扇区系统的单自由度模型的灵敏度，定义了叶片相互耦合率，阐述了最大放大因素灵敏度的置信度，作为设计叶盘参数的参考；通过控制失谐叶盘自由度和观察失谐叶盘的放大系数，评估了线性失谐模式变成一个有效的错频失谐模式的潜能。我国的廖海涛等人在灵敏度分析基础上提出了运用遗传算法和序列二次规划混合优化方法确定最差失谐形式的方法，评估了失谐的最大不利影响。失谐敏感度分析表明，失谐叶片最大的幅值放大系数随失谐强度的增加而增大，并在失谐强度上界处取得极值。通过对叶盘结构灵敏度不同程度的研究，为其识别预测优化奠定了一定的理论基础。

1.2.3　叶盘结构研究存在的问题和发展趋势

参考文献［107］对叶盘结构研究存在的问题及发展趋势做了详细的陈述。失谐叶盘结构系统的集中参数模型和连续参数模型精度低，有限元模型虽然精度高但计算量太大，不便于工程应用，因而发展了减缩降阶模型，有效地提高了计算效率。但是，减缩模型如果简化得不合理，响应预测、失谐优化、失谐识别预测的精度会受到影响，有时还可能会产生很大的差异。因此，不断应用相关学科的最新成果，发展更高效率、更高精度、更具适用性和稳定性的减缩模型及其求解方法，仍是失谐叶盘结构长期的研究方向。

不同的模型一般采用的求解方法不同，对于集中参数模型和连续参数模型，一般采用摄动法；对于有限元模型及减缩模型，很多学者分别采用不同方法得出的结果有时会存在很大差异，甚至出现完全相反的结果，合理的求解方法会使得计算精度更高。因此，对模型求解方法做进一步的深入研究是必要的。叶盘结构随机失谐是客观存在的，研究随机失谐叶盘结构的动态不确定性与设计方法，更具有工程实际应用价值。对于失谐叶盘结构的研究，早期主要集中于可靠性方面，包括其统计特性、概率分析、概率密度分布函数、灵敏度等，主要采用 MC 法进行模拟，并采用一些其他能够提高效率和精度的求解方法，但还没有在计算精度和计算效率方面达到工程应用的要求。此外，动态装配设计在失谐叶盘结构领域中研究的还比较少，在一般失谐周期结构研究中，主要集中在单级叶盘的局部化研究，而对多部件或多级的研究还很少，因此多部件及多级失谐叶盘结构的动态装配设计的研究将成为未来研究的重点。

总的来看，近十几年以来，失谐叶盘结构的研究已经取得了长足进步，从理论和实验两方面充分揭示了失谐机理，对确定性的叶盘结构失谐振动分析已经趋于成熟。而随机失谐叶盘结构的不确定性研究更具有工程应用价值，但其研究成果还远远不能满足工程界的需要，目前严重缺乏工程可用的高精度且高效率的动态不确定性设计分析方法。

1.3　本章小结

本章介绍了失谐叶盘结构的研究背景及其意义，包括随机失谐整体叶盘结构研究的背景及意义，以及动态不确定性分析研究的意义，提炼出了相关研究的学术意义；介绍了国内外相关领域研究，即叶盘结构振动特性研究、叶盘结构可靠性研究的主要现状；对叶盘结构的错频、颤振、灵敏度、频率转向、优化，模型建立及求解方法、模态振型、非线性、响应、多级多部件结构、气动、流-固耦合及科里奥利力等做了比较详细的综述概括；分析了叶盘结构研究中存在的问题和发展趋势。

第2章

基于动态子结构法的多级多目标协同代理模型基本原理

2

2.1 概述

航空发动机是飞机的"心脏"，其研究的技术难度大、耗资多、周期长，是一个世界公认的、复杂的多学科综合性系统工程。其中，叶盘结构作为典型的转子结构，属于复杂旋转机械结构，是发动机关键功能转换部件，在航空发动机设计研制过程中，叶盘结构通常被设计成谐调的，可以通过建立单一扇区模型达到对整体叶盘结构的分析研究。但实际上，叶盘结构受到加工误差、运行中的不均匀磨损和材料性质分散性等不确定因素的影响，其各扇区间物理或几何参数不可避免地存在偏差，实际的叶盘结构存在随机失谐，使得能量集中于个别叶片，易于引起该叶片的振动加剧，造成某些叶片的振动响应幅值过高，从而增加叶片振动疲劳失效的危险。国内外研究机构和学者对叶盘结构进行了大量的研究。一些学者只是对叶盘结构进行了确定性分析，而航空发动机叶盘在实际工作中受到多个复杂因素（如离心力、温度、科里奥利力、机械力，以及制造误差、材料性质和使用中磨损的不均匀等）的共同作用，而这些因素都具有随机性且随着工作状态的不同而变化，因此需要考虑它们的随机性，进行动态概率统计分析非常必要。参考文献［2］虽然对叶盘结构的概率统计特性进行了研究，但建立的模型为集中参数或连续参数模型，该模型对理论研究有一定的价值，但人为因素影响较大，计算精度低，对于实际工程而言误差比较大。

目前，机械结构可靠性分析方法比较成熟，主要有蒙特卡罗法、二阶矩法、响应面法、人工神经网络模型、支持向量机模型、Kriging 模型等。随着抽样的增加，MC 法的精度不断提高，当达到一定规模时，它的计算值可以作为精确值来衡量其他方法的计算精度；其他几种方法不同程度地提高了对小型结构可靠性分析的计算效率，使得一般结构概率设计分析的计算效率和计算精度基本满足了工程应用的需要。然而，对于航空发动机叶盘这样复杂庞大的结构，不仅计算效率会降低，而且精度也会降低。

基于以上方法的不足，本著作对混合界面子结构法做了修正，提出了修正的混合界面子结构法（Correctional Hybrid Interface Substructural Component Modal Synthesis Method，CHISCMSM），在此基础上，又提出了基于动态子结构法的多级多目标协同有限元-极值响应面法（Multi-Stage Multi-Objective Collaborative Finite Element-Extremum Response Surface Method based on Dynamic Substructural Method，MSMO-CFE-ERSM-DSM）对叶盘结构进行概率分析，不仅保证了计算精度，而且计算效率也得到显著提高。

2.2 动态子结构法及减缩原理

动态子结构法分为自由界面子结构法、固定界面子结构法与混合界面子结构法。动态子结构法的基本思想是一种"化整为零"的分析方法，首先将整个结构分割为若干相对简单的子结构，分别对每一个子结构进行离散、分析和处理，运用有限元方法、解析法和试验法等求得其动态特征信息；然后利用子结构间的力平衡条件及位移协调条件将它们降阶模态综合，得到整体结构的动力特性。该方法所用模型的规模远远小于整体结构的有限元模型，而且可对各个子结构进行并行计算，计算效率更高，同时其精度不逊于整体结构有限元计算。该方法是实现大型复杂结构系统有限元分析的有效方法，同时可对该模型结构进行改进和校验，如某子结构发生变化，只需要重新对该子结构设置为超单元（Superelement），而其他子结构保持不变，直接调用原有的超单元矩阵文件，可大大提高计算效率。

2.2.1 轮盘子结构减缩模型

航空发动机叶盘结构是复杂的机械结构，若直接对其进行有限元分析，需要将其离散为成千上万个自由度，这需要耗费大量的时间且对计算机的配置要求很高，而且对于航空发动机叶盘这样复杂的结构，进行概率分析需要抽样很多次，这样计算量非常庞大，因此为了提高计算效率而又不影响其精度，需要将其划分为叶片和轮盘子结构，采用动态子结构法对其进行研究。

设叶片和轮盘的子结构刚度、质量矩阵及位移向量分别为 K^b、M^b、$\widetilde{K}_d^h$、$\widetilde{M}_d^h$、x^b、$\widetilde{x}^d$，则

$$\begin{cases} \boldsymbol{K}^{\mathrm{b}} = \begin{pmatrix} \boldsymbol{K}^{\mathrm{b}}_{BB} & \boldsymbol{K}^{\mathrm{b}}_{B\varGamma} \\ \boldsymbol{K}^{\mathrm{b}}_{B\varGamma} & \boldsymbol{K}^{\mathrm{b}}_{\varGamma\varGamma} \end{pmatrix} & \boldsymbol{M}^{\mathrm{b}} = \begin{pmatrix} \boldsymbol{M}^{\mathrm{b}}_{BB} & \boldsymbol{M}^{\mathrm{b}}_{B\varGamma} \\ \boldsymbol{M}^{\mathrm{b}}_{B\varGamma} & \boldsymbol{M}^{\mathrm{b}}_{\varGamma\varGamma} \end{pmatrix} \\[4mm] \widetilde{\boldsymbol{K}}^{h}_{\mathrm{d}} = \begin{pmatrix} \widetilde{\boldsymbol{K}}^{h}_{\mathrm{d},SS} & \widetilde{\boldsymbol{K}}^{h}_{\mathrm{d},S\varGamma} \\ \widetilde{\boldsymbol{K}}^{h\mathrm{T}}_{\mathrm{d},S\varGamma} & \widetilde{\boldsymbol{K}}^{h}_{\mathrm{d},\varGamma\varGamma} \end{pmatrix} & \widetilde{\boldsymbol{M}}^{h}_{\mathrm{d}} = \begin{pmatrix} \widetilde{\boldsymbol{M}}^{h}_{\mathrm{d},SS} & \widetilde{\boldsymbol{M}}^{h}_{\mathrm{d},S\varGamma} \\ \widetilde{\boldsymbol{M}}^{h\mathrm{T}}_{\mathrm{d},S\varGamma} & \widetilde{\boldsymbol{M}}^{h}_{\mathrm{d},\varGamma\varGamma} \end{pmatrix} \\[4mm] \boldsymbol{x}^{\mathrm{b}} = \begin{pmatrix} \boldsymbol{x}^{\mathrm{b}}_{B} \\ \boldsymbol{x}^{\mathrm{b}}_{\varGamma} \end{pmatrix} & \widetilde{\boldsymbol{x}}^{\mathrm{d}} = \begin{pmatrix} \widetilde{\boldsymbol{x}}^{\mathrm{d}}_{S} \\ \widetilde{\boldsymbol{x}}^{\mathrm{d}}_{\varGamma} \end{pmatrix} \end{cases} \tag{2-1}$$

式中，B 为叶片子结构内部自由度；$\varGamma$ 为界面自由度；S 为轮盘内部自由度；h 为谐波阶次。

　　在工作中，由于叶盘结构失谐对轮盘的影响不大，将其作为谐调子结构，以处理自由截面子结构。当轮盘处于频率为 ω 的自由振动时，其运动方程为

$$\left[\widetilde{\boldsymbol{K}}^{h}_{\mathrm{d},SS} \right] \{ \widetilde{\boldsymbol{x}}^{\mathrm{d}} \} - \omega^2 \left[\widetilde{\boldsymbol{M}}^{h}_{\mathrm{d},SS} \right] \{ \widetilde{\boldsymbol{x}}^{\mathrm{d}} \} = \begin{pmatrix} 0 \\ f^{\mathrm{d}}_{\varGamma} \end{pmatrix} \tag{2-2}$$

式中，$f^{\mathrm{d}}_{\varGamma}$ 为轮盘界面力。

设

$$\widetilde{\boldsymbol{x}}^{\mathrm{d}} = \begin{pmatrix} \widetilde{\boldsymbol{x}}^{\mathrm{d}}_{S} \\ \widetilde{\boldsymbol{x}}^{\mathrm{d}}_{\varGamma} \end{pmatrix} = \begin{pmatrix} \widetilde{\boldsymbol{\varPhi}}^{h}_{\mathrm{d},S} & \widetilde{\boldsymbol{\varPsi}}^{h}_{\mathrm{d},S} \\ \widetilde{\boldsymbol{\varPhi}}^{h}_{\mathrm{d},\varGamma} & \widetilde{\boldsymbol{\varPsi}}^{h}_{\mathrm{d},\varGamma} \end{pmatrix} \begin{pmatrix} \widetilde{\boldsymbol{p}}^{\mathrm{d}}_{\varphi} \\ \widetilde{\boldsymbol{p}}^{\mathrm{d}}_{\psi} \end{pmatrix} \tag{2-3}$$

式中，$\widetilde{\boldsymbol{\varPhi}}^{h}_{\mathrm{d}}$ 为截断的正则模态集；$\widetilde{\boldsymbol{\varPsi}}^{h}_{\mathrm{d}}$ 为附加模态集；$\widetilde{\boldsymbol{p}}^{\mathrm{d}}_{\varphi}$ 和 $\widetilde{\boldsymbol{p}}^{\mathrm{d}}_{\psi}$ 分别为对应的模态坐标。

　　将式（2-3）左乘 $\begin{pmatrix} \widetilde{\boldsymbol{\varPhi}}^{h}_{\mathrm{d},S} & \widetilde{\boldsymbol{\varPsi}}^{h}_{\mathrm{d},S} \\ \widetilde{\boldsymbol{\varPhi}}^{h}_{\mathrm{d},\varGamma} & \widetilde{\boldsymbol{\varPsi}}^{h}_{\mathrm{d},\varGamma} \end{pmatrix}^{\mathrm{T}}$，利用特征向量对刚度和质量矩阵的正交性，可得

$$\widetilde{\boldsymbol{p}}^{\mathrm{d}}_{\varphi} = \left([\boldsymbol{\varLambda}_{\mathrm{d}}] - \omega^2_{\mathrm{d}} [\boldsymbol{I}] \right)^{-1} \left[\widetilde{\boldsymbol{\varPhi}}_{\mathrm{d}} \right]^{\mathrm{T}} \begin{pmatrix} 0 \\ f^{\mathrm{d}}_{\varGamma} \end{pmatrix} \tag{2-4}$$

故位移为

$$\{ \widetilde{\boldsymbol{x}}^{\mathrm{d}} \} = \left[\widetilde{\boldsymbol{\varPhi}}_{\mathrm{d}} \right] \left([\boldsymbol{\varLambda}_{\mathrm{d}}] - \omega^2_{\mathrm{d}} [\boldsymbol{I}] \right)^{-1} \left[\widetilde{\boldsymbol{\varPhi}}_{\mathrm{d}} \right]^{\mathrm{T}} \begin{pmatrix} 0 \\ f^{\mathrm{d}}_{\varGamma} \end{pmatrix} \tag{2-5}$$

　　令 $\boldsymbol{H}^{\mathrm{d}} = \left[\widetilde{\boldsymbol{\varPhi}}_{\mathrm{d}} \right] \left([\boldsymbol{\varLambda}_{\mathrm{d}}] - \omega^2_{\mathrm{d}} [\boldsymbol{I}] \right)^{-1} \left[\widetilde{\boldsymbol{\varPhi}}_{\mathrm{d}} \right]^{\mathrm{T}}$，则

$$\{\widetilde{x}^{\mathrm{d}}\} = \begin{Bmatrix} \widetilde{x}_S^{\mathrm{d}} \\ \widetilde{x}_{\varGamma}^{\mathrm{d}} \end{Bmatrix} = \begin{pmatrix} \boldsymbol{H}_{ij}^{\mathrm{d}} & \boldsymbol{H}_{ij}^{\mathrm{d}} \\ \boldsymbol{H}_{ji}^{\mathrm{d}} & \boldsymbol{H}_{jj}^{\mathrm{d}} \end{pmatrix} \begin{pmatrix} 0 \\ f_{\varGamma}^{\mathrm{d}} \end{pmatrix} \tag{2-6}$$

则

$$\{f_{\varGamma}^{\mathrm{d}}\} = [\boldsymbol{H}_{jj}^{\mathrm{d}}]^{-1} \{\widetilde{x}_{\varGamma}^{\mathrm{d}}\} \tag{2-7}$$

或者

$$\widetilde{x}_{\varGamma}^{\mathrm{d}} = \boldsymbol{H}_{jj}^{\mathrm{d}} f_{\varGamma}^{\mathrm{d}} \tag{2-8}$$

由此可得轮盘子结构减缩后的质量矩阵和刚度矩阵分别为

$$\widetilde{\boldsymbol{M}}^{\mathrm{d}} = \begin{pmatrix} \boldsymbol{I} & \widetilde{\boldsymbol{\Phi}}_{\mathrm{d}}^{h\mathrm{T}} \widetilde{\boldsymbol{M}}_{\mathrm{d}}^{h} \widetilde{\boldsymbol{\Psi}}_{\mathrm{d}}^{h} \\ \widetilde{\boldsymbol{\Psi}}_{\mathrm{d}}^{h\mathrm{T}} \widetilde{\boldsymbol{M}}_{\mathrm{d}}^{h} \widetilde{\boldsymbol{\Phi}}_{\mathrm{d}}^{h} & \widetilde{\boldsymbol{\Psi}}_{\mathrm{d}}^{h\mathrm{T}} \widetilde{\boldsymbol{M}}_{\mathrm{d}}^{h} \widetilde{\boldsymbol{\Psi}}_{\mathrm{d}}^{h} \end{pmatrix} \tag{2-9}$$

$$\widetilde{\boldsymbol{K}}^{\mathrm{d}} = \begin{pmatrix} \widetilde{\boldsymbol{\Lambda}}_{\mathrm{d}} & \widetilde{\boldsymbol{\Phi}}_{\mathrm{d}}^{h\mathrm{T}} \widetilde{\boldsymbol{K}}_{\mathrm{d}}^{h} \widetilde{\boldsymbol{\Psi}}_{\mathrm{d}}^{h} \\ \widetilde{\boldsymbol{\Psi}}_{\mathrm{d}}^{h\mathrm{T}} \widetilde{\boldsymbol{M}}_{\mathrm{d}}^{h} \widetilde{\boldsymbol{\Phi}}_{\mathrm{d}}^{h} & \widetilde{\boldsymbol{\Psi}}_{\mathrm{d},\varGamma}^{h} \end{pmatrix} \tag{2-10}$$

2.2.2 叶片子结构减缩模型

由于叶盘结构在工作中主要是叶片失谐，将其作为失谐子结构，处理为固定截面子结构。根据结构特点，当叶片结构处于频率为 ω 的自由振动时，其运动方程为

$$[\boldsymbol{M}^{\mathrm{b}}]\{\ddot{x}^{\mathrm{b}}\} + [\boldsymbol{K}^{\mathrm{b}}]\{x^{\mathrm{b}}\} = \begin{pmatrix} 0 \\ f_{\varGamma}^{\mathrm{b}} \end{pmatrix} \tag{2-11}$$

即

$$\begin{pmatrix} \boldsymbol{M}_{BB}^{\mathrm{b}} & \boldsymbol{M}_{B\varGamma}^{\mathrm{b}} \\ \boldsymbol{M}_{B\varGamma}^{\mathrm{b}} & \boldsymbol{M}_{\varGamma\varGamma}^{\mathrm{b}} \end{pmatrix} \begin{pmatrix} \ddot{x}_B^{\mathrm{b}} \\ \ddot{x}_{\varGamma}^{\mathrm{b}} \end{pmatrix} + \begin{pmatrix} \boldsymbol{K}_{BB}^{\mathrm{b}} & \boldsymbol{K}_{B\varGamma}^{\mathrm{b}} \\ \boldsymbol{K}_{B\varGamma}^{\mathrm{b}} & \boldsymbol{K}_{\varGamma\varGamma}^{\mathrm{b}} \end{pmatrix} \begin{pmatrix} x_B^{\mathrm{b}} \\ x_{\varGamma}^{\mathrm{b}} \end{pmatrix} = \begin{pmatrix} 0 \\ f_{\varGamma}^{\mathrm{b}} \end{pmatrix} \tag{2-12}$$

式中，$f_{\varGamma}^{\mathrm{b}}$ 为叶片界面力。

则叶片的特征方程为

$$[\boldsymbol{K}_{BB}^{\mathrm{b}} - \omega^2 \boldsymbol{M}_{BB}^{\mathrm{b}}] \boldsymbol{\Phi}_{\mathrm{b}} = 0 \tag{2-13}$$

则主模态矩阵为

$$\boldsymbol{\Phi}_{\mathrm{b}} = (\boldsymbol{\Phi}_{\mathrm{b1}} \quad \boldsymbol{\Phi}_{\mathrm{b2}} \cdots \boldsymbol{\Phi}_{\mathrm{bn}}) \tag{2-14}$$

式（2-12）第二行展开，可知约束界面反力由两部分组成，即

$$\{f_{\varGamma}^{\mathrm{b}}\} = \{f_{\varGamma}^{\mathrm{b1}}\} + \{f_{\varGamma}^{\mathrm{b2}}\} = ([\boldsymbol{K}_{B\varGamma}^{\mathrm{b}}] - \omega_{\mathrm{b}}^2 [\boldsymbol{M}_{B\varGamma}^{\mathrm{b}}])\{x_B^{\mathrm{b}}\} + ([\boldsymbol{K}_{\varGamma\varGamma}^{\mathrm{b}}] - \omega_{\mathrm{b}}^2 [\boldsymbol{M}_{\varGamma\varGamma}^{\mathrm{b}}])\{x_{\varGamma}^{\mathrm{b}}\}$$

$$\tag{2-15}$$

由此可见，叶片界面力由两部分，即约束界面子结构振动和约束界面运动产生，而约束模态矩阵 $\boldsymbol{\Psi}_b$ 由式（2-16）计算。

$$\begin{pmatrix} \boldsymbol{K}_{BB}^b & \boldsymbol{K}_{B\Gamma}^b \\ [\boldsymbol{K}_{B\Gamma}^b]^T & \boldsymbol{K}_{\Gamma\Gamma}^b \end{pmatrix}\begin{pmatrix} \boldsymbol{\Psi}_b \\ \boldsymbol{I} \end{pmatrix} = \begin{pmatrix} 0 \\ f_\Gamma^b \end{pmatrix} \tag{2-16}$$

则

$$\boldsymbol{\Psi}_b = -\boldsymbol{K}_{BB}^b(\boldsymbol{K}_{B\Gamma}^b)^T \tag{2-17}$$

可得叶片的模态矩阵为

$$\boldsymbol{U}_{cb}^b = \begin{pmatrix} \boldsymbol{\Phi}_b & \boldsymbol{\Psi}_b \\ 0 & \boldsymbol{I} \end{pmatrix} \tag{2-18}$$

则叶片位移矢量可表示为

$$\boldsymbol{x}^b = \begin{pmatrix} \boldsymbol{x}_B^b \\ \boldsymbol{x}_\Gamma^b \end{pmatrix} = \begin{pmatrix} \boldsymbol{\Phi}_b & \boldsymbol{\Psi}_b \\ 0 & \boldsymbol{I} \end{pmatrix}\begin{pmatrix} \boldsymbol{p}_b^b \\ \boldsymbol{p}_c^b \end{pmatrix} = \boldsymbol{U}_{cb}^b\,\boldsymbol{p}^b \tag{2-19}$$

式中，$\boldsymbol{p}_b^b$ 为叶片内部自由度模态坐标；$\boldsymbol{p}_c^b$ 为叶片与轮盘界面自由度模态坐标。则叶片子结构减缩后的质量矩阵和刚度矩阵分别为

$$\overline{\boldsymbol{M}}^b = \boldsymbol{U}_{cb}^{bT}\boldsymbol{M}^b\boldsymbol{U}_{cb}^b = \begin{pmatrix} \boldsymbol{I} & \boldsymbol{M}_{bc} \\ \boldsymbol{M}_{bc}^T & \boldsymbol{M}_{b,cc} \end{pmatrix} \tag{2-20}$$

$$\overline{\boldsymbol{K}}^b = \boldsymbol{U}_{cb}^{bT}\boldsymbol{K}^b\boldsymbol{U}_{cb}^b = \begin{pmatrix} \boldsymbol{\Lambda}_b & 0 \\ 0 & \boldsymbol{K}_{b,cc} \end{pmatrix} \tag{2-21}$$

其中

$$\boldsymbol{M}_{bc} = \boldsymbol{\Phi}_b^T[\boldsymbol{M}_{BB}^b\boldsymbol{\Psi}_b + \boldsymbol{M}_{B\Gamma}^b]$$
$$\boldsymbol{M}_{b,cc} = \boldsymbol{\Psi}_b^T[\boldsymbol{M}_{BB}^b\boldsymbol{\Psi}_b + \boldsymbol{M}_{B\Gamma}^b] + \boldsymbol{M}_{B\Gamma}^{bT}\boldsymbol{M}_{\Gamma\Gamma}^b$$
$$\boldsymbol{K}_{b,cc} = \boldsymbol{K}_{\Gamma\Gamma}^b + \boldsymbol{K}_{B\Gamma}^{bT}\boldsymbol{\Psi}_b^T \tag{2-22}$$

对不存在叶片间耦合的情况，可以扩展为如下相应 N 个叶片矩阵，见式（2-23）和式（2-24）。

$$\overline{\overline{\boldsymbol{M}}}^b = \begin{pmatrix} \boldsymbol{I} & \boldsymbol{I}\otimes\boldsymbol{M}_{bc} \\ \boldsymbol{I}\otimes\boldsymbol{M}_{bc}^T & \boldsymbol{I}\otimes\boldsymbol{M}_{b,cc} \end{pmatrix} \tag{2-23}$$

$$\overline{\overline{\boldsymbol{K}}}^b = \begin{pmatrix} \boldsymbol{I}\otimes\boldsymbol{\Lambda}_b & 0 \\ 0 & \boldsymbol{I}\otimes\boldsymbol{K}_{b,cc} \end{pmatrix} \tag{2-24}$$

2.2.3　叶片与轮盘子结构综合过程

子结构之间连接的协调条件是影响子结构方法求解精度的关键因素，子结构间的实际连接方式是多种多样的，典型的有螺栓连接、焊接、铆接及扣接等，在

有限元求解中，其连接方式可以处理为刚性连接、柔性连接，或者由简单的位移连续条件来实现，本著作采用界面位移和力双协调条件，即

$$x_\Gamma^b = \widetilde{x}_\Gamma^d \tag{2-25}$$

$$f_\Gamma^b + f_\Gamma^d = 0 \tag{2-26}$$

由式（2-8）和式（2-19），得

$$x_\Gamma^b = \begin{pmatrix} x_{\Gamma,1}^b \\ x_{\Gamma,2}^b \\ \vdots \\ x_{\Gamma,N}^b \end{pmatrix} = \begin{pmatrix} p_{c,1}^b \\ p_{c,2}^b \\ \vdots \\ p_{c,N}^b \end{pmatrix} = p_c^b = \widetilde{F}\,\widetilde{p}_c^d = \widetilde{x}_\Gamma^d \tag{2-27}$$

子结构耦合约束变化表示为

$$\begin{pmatrix} \widetilde{p}_d^d \\ \widetilde{p}_c^d \\ \overline{p}_b^b \\ \overline{p}_c^b \end{pmatrix} = \begin{pmatrix} I & 0 & 0 \\ 0 & I & 0 \\ 0 & \widehat{F} & I \end{pmatrix} \begin{pmatrix} \widetilde{p}_d \\ \widetilde{p}_c \\ \overline{p}_b \end{pmatrix} = T_{cb}\,p_{cb} \tag{2-28}$$

则叶盘结构的综合质量和刚度矩阵为

$$M^{cb} = T_{cb}^T \begin{pmatrix} \widetilde{M}^d & 0 \\ 0 & \overline{\overline{M}}^b \end{pmatrix} T_{cb} = \begin{pmatrix} I & \widetilde{M}_{dc} & 0 \\ \widetilde{M}_{dc}^T & \widetilde{M}_{d,cc} + I \otimes M_{b,cc} & \widehat{F}(I \otimes M_{bc}^T) \\ 0 & (I \otimes M_{bc})\widehat{F} & I \end{pmatrix} \tag{2-29}$$

$$K^{cb} = \begin{pmatrix} \widetilde{\Lambda}_d & 0 & 0 \\ 0 & \widetilde{K}_{d,cc} + I \otimes K_{b,cc} & 0 \\ 0 & 0 & I \otimes \Lambda_b \end{pmatrix} \tag{2-30}$$

2.2.4 修正的失谐整体叶盘结构减缩综合动力学模型

对于物理坐标描述的激励力，发动机的阶次激励在时间上是简谐的，在叶片与叶片之间仅有相位的差别。设第 n 个叶片的相位 φ_n 为

$$\varphi_n = \frac{2\pi C(n-1)}{n} \tag{2-31}$$

式中，C 为发动机激励阶次；n 为叶片数目。

物理坐标下的外力表示为

$$Q = \begin{pmatrix} Q_B \\ Q_\Gamma \end{pmatrix} = \left\{ \begin{array}{c} \sqrt{N} e_{C+1} \otimes f_B^{\mathrm{b}} \\ \sqrt{N} e_{C+1} \otimes f_\Gamma^{\mathrm{b}} \end{array} \right\} \tag{2-32}$$

式中，e_{C+1} 为复 Fourier 矩阵的第 $C+1$ 列；f_B^{b} 和 f_Γ^{b} 分别为作用于叶片内部和界面力。

由式（2-3）、式（2-19）和式（2-28）得模态力为

$$F^{\mathrm{cb}} = \begin{pmatrix} 0 \\ F_{\mathrm{c}}^{\mathrm{cb}} \\ F_{\mathrm{b}}^{\mathrm{cb}} \end{pmatrix} \tag{2-33}$$

其中

$$F_{\mathrm{c}}^{\mathrm{cb}} = \begin{pmatrix} 0 \\ \vdots \\ 0 \\ \sqrt{N} f_{C,\mathrm{c}}^{\mathrm{T}} e_{C+1} \otimes \{ \Psi_{\mathrm{b}}^{\mathrm{T}} f_B \} + f_\Gamma \\ \sqrt{N} f_{C,\mathrm{s}}^{\mathrm{T}} e_{C+1} \otimes \{ \Psi_{\mathrm{b}}^{\mathrm{T}} f_B \} + f_\Gamma \\ 0 \\ \vdots \\ 0 \end{pmatrix} \tag{2-34}$$

$$F_{\mathrm{b}}^{\mathrm{cb}} = \sqrt{N} e_{C+1} \otimes \Phi_{\mathrm{b}}^{\mathrm{T}} f_B \tag{2-35}$$

由于叶盘结构制造加工或安装、材料的分散性及工作磨损等原因，会引起叶片几何参数上的差异，而结构几何失谐又会导致各个叶片的刚度和质量发生变化，运动方程中发生变化的参数增多，这时如果仍按传统处理方法仅仅把叶片刚度或弹性模量作为失谐变量，得到的结果将无法模拟真实结构的振动状态，本著作对传统的失谐叶盘结构动力学模型进行了修正，同时考虑刚度、质量及几何尺寸的失谐（见 2.2.5 小节的算例 1）。由于叶盘结构在工作中主要是叶片失谐，而对轮盘影响不大，所以设轮盘为谐调结构，叶片为失谐结构，则第 n 个叶片第 k 阶模态的失谐模态刚度和失谐模态质量分别表示为

$$\overline{\Lambda}_{\mathrm{b},n}^{k} = (\overline{\omega}_{\mathrm{b},n}^{k})^2 = (1 + \delta_n^k) \Lambda_{\mathrm{b}}^{k}, \quad n = 1, \cdots, N, \quad k = 1, \cdots, m_{\mathrm{b}} \tag{2-36}$$

$$\overline{I}_{\mathrm{b},n}^{k} = (1 + \Delta m_n^k) I, \quad n = 1, \cdots, N, \quad k = 1, \cdots, m_{\mathrm{b}} \tag{2-37}$$

式中，Λ_{b}^{k} 为第 k 阶模态的谐调模态刚度；δ_n^k 为第 n 个叶片的刚度失谐参数；Δm_n^k 为第 n 个叶片第 k 阶模态质量失谐参数；m_{b} 为模态截断后所选叶片模态数。

失谐刚度和失谐质量矩阵分别表示为

$$\overline{\boldsymbol{K}}^{\mathrm{cb}} = \begin{pmatrix} \widetilde{\boldsymbol{\Lambda}}_{\mathrm{d}} & 0 & 0 \\ 0 & \widetilde{\boldsymbol{K}}_{\mathrm{d,cc}} + \boldsymbol{I} \otimes \boldsymbol{K}_{\mathrm{b,cc}} & 0 \\ 0 & 0 & (1+\boldsymbol{\delta}_n^k)\boldsymbol{\Lambda}_{\mathrm{b}}^k \end{pmatrix} \qquad (2\text{-}38)$$

$$\overline{\boldsymbol{M}}^{\mathrm{cb}} = \boldsymbol{T}_{\mathrm{cb}}^{\mathrm{T}} \begin{pmatrix} \widetilde{\boldsymbol{M}}^{\mathrm{d}} & 0 \\ 0 & \overline{\overline{\boldsymbol{M}}}^{\mathrm{b}} \end{pmatrix} \boldsymbol{T}_{\mathrm{cb}} = \begin{pmatrix} (1+\Delta m_n^k)\boldsymbol{I} & \widetilde{\boldsymbol{M}}_{\mathrm{dc}} & 0 \\ \widetilde{\boldsymbol{M}}_{\mathrm{dc}}^{\mathrm{T}} & \widetilde{\boldsymbol{M}}_{\mathrm{d,cc}} + \boldsymbol{I} \otimes \boldsymbol{M}_{\mathrm{b,cc}} & \hat{\boldsymbol{F}}(\boldsymbol{I} \otimes \boldsymbol{M}_{\mathrm{bc}}^{\mathrm{T}}) \\ 0 & (\boldsymbol{I} \otimes \boldsymbol{M}_{\mathrm{bc}})\hat{\boldsymbol{F}} & (1+\Delta m_n^k)\boldsymbol{I} \end{pmatrix}$$

$$(2\text{-}39)$$

由式（2-28）、式（2-29）、式（2-33）和式（2-38）可得失谐叶盘结构在模态坐标 $\boldsymbol{p}_{\mathrm{cb}}$ 下的动力学方程，即

$$\overline{\boldsymbol{M}}^{\mathrm{cb}} \ddot{\boldsymbol{p}}_{\mathrm{cb}} + \overline{\boldsymbol{C}}^{\mathrm{cb}} \dot{\boldsymbol{p}}_{\mathrm{cb}} + \overline{\boldsymbol{K}}^{\mathrm{cb}} \boldsymbol{p}_{\mathrm{cb}} = \boldsymbol{F}^{\mathrm{cb}} \qquad (2\text{-}40)$$

式中，$\overline{\boldsymbol{C}}^{\mathrm{cb}}$ 为黏性模态阻尼，且满足

$$\overline{\boldsymbol{C}}^{\mathrm{cb}} = \begin{pmatrix} 0 & 0 & 0 \\ 0 & 0 & 0 \\ 0 & 0 & \boldsymbol{I} \otimes \mathrm{diag}[2\boldsymbol{\zeta}^k]\sqrt{\boldsymbol{\Lambda}_{\mathrm{b},n}^k} \end{pmatrix} \qquad (2\text{-}41)$$

由于叶盘结构维数为各叶片子结构的主模态数 m_{b}、轮盘子结构的各次谐波主模态数 m_{d} 和各界面自由度数（约束模态）$m_{\varGamma}$ 之和，而主模态数都远小于各子结构物理自由度数。因此，最后得到了自由度数大大降低的减缩模型。

若不考虑阻尼，则式（2-40）简化为

$$\overline{\boldsymbol{M}}^{\mathrm{cb}} \ddot{\boldsymbol{p}}_{\mathrm{cb}} + \overline{\boldsymbol{K}}^{\mathrm{cb}} \boldsymbol{p}_{\mathrm{cb}} = \boldsymbol{F}^{\mathrm{cb}} \qquad (2\text{-}42)$$

其特征方程为

$$\left(\overline{\boldsymbol{K}}^{\mathrm{cb}} - \omega^2 \overline{\boldsymbol{M}}^{\mathrm{cb}} \right) \{ \boldsymbol{\phi} \} = 0 \qquad (2\text{-}43)$$

求解上述特征方程可得 $m_{\mathrm{b}}+m_{\mathrm{d}}+m_{\varGamma}$ 个特征值，即 ω_1^2，$\cdots$，ω_i^2，$\cdots$，ω_{b}^2，$\cdots$，$\omega_{\mathrm{b+d}}^2$，$\cdots\omega_{\mathrm{b+d+}\varGamma}^2$

对应的特征向量为

$$\{ \boldsymbol{\phi}_1, \cdots, \boldsymbol{\phi}_i, \cdots, \boldsymbol{\phi}_{\mathrm{b}}, \cdots, \boldsymbol{\phi}_{\mathrm{b+d}}, \cdots, \boldsymbol{\phi}_{\mathrm{b+d+}\varGamma} \} \qquad (2\text{-}44)$$

令

$$\mathrm{b+d}+\varGamma = \alpha \qquad (2\text{-}45)$$

则模态矩阵为

$$\boldsymbol{\Phi} = \begin{bmatrix} \boldsymbol{\phi}_1 & \boldsymbol{\phi}_2 \cdots \boldsymbol{\phi}_\alpha \end{bmatrix} \qquad (2\text{-}46)$$

由于模态矩阵 $\boldsymbol{\Phi}$ 对刚度和质量矩阵 $\overline{\boldsymbol{K}}^{\mathrm{cb}}$、$\overline{\boldsymbol{M}}^{\mathrm{cb}}$ 具有正交性，即有

$$\boldsymbol{\Phi}^{\mathrm{T}} \overline{\boldsymbol{M}}^{\mathrm{cb}} \boldsymbol{\Phi} = \overline{\overline{\boldsymbol{M}}}^{\mathrm{cb}} \qquad (2\text{-}47)$$

$$\boldsymbol{\Phi}^{\mathrm{T}}\overline{\boldsymbol{K}}^{\mathrm{cb}}\boldsymbol{\Phi}=\overline{\overline{\boldsymbol{K}}}^{\mathrm{cb}} \tag{2-48}$$

则结构模态方程变为

$$\overline{\overline{\boldsymbol{M}}}^{\mathrm{cb}}\ddot{\boldsymbol{p}}_{\mathrm{cb}}+\overline{\overline{\boldsymbol{C}}}^{\mathrm{cb}}\dot{\boldsymbol{p}}_{\mathrm{cb}}+\overline{\overline{\boldsymbol{K}}}^{\mathrm{cb}}\boldsymbol{p}_{\mathrm{cb}}=\overline{\boldsymbol{F}}^{\mathrm{cb}} \tag{2-49}$$

设结构在动载荷作用下的响应 $\{p_{\mathrm{cb}}\}$ 由 α 个线性无关的向量 $\{\phi_1\}$，$\{\phi_2\}$，…，$\{\phi_{\alpha}\}$ 表示，则

$$\{p_{\mathrm{cb}}\}=x_1\{\phi_1\}+x_2\{\phi_2\}+\cdots+x_n\{\phi_{\alpha}\} \tag{2-50}$$

则式（2-49）变为

$$\overline{\overline{\boldsymbol{M}}}^{\mathrm{cb}}\ddot{\boldsymbol{X}}+\overline{\overline{\boldsymbol{C}}}^{\mathrm{cb}}\dot{\boldsymbol{X}}+\overline{\overline{\boldsymbol{K}}}^{\mathrm{cb}}\boldsymbol{X}=\overline{\boldsymbol{F}}^{\mathrm{cb}} \tag{2-51}$$

即

$$\begin{pmatrix} m_1 & 0 & \cdots & 0 \\ 0 & m_2 & \cdots & 0 \\ \vdots & \vdots & & \vdots \\ 0 & 0 & \cdots & m_{\alpha} \end{pmatrix}\begin{pmatrix} \ddot{x}_1 \\ \ddot{x}_2 \\ \vdots \\ \ddot{x}_{\alpha} \end{pmatrix}+\begin{pmatrix} c_1 & 0 & \cdots & 0 \\ 0 & c_2 & \cdots & 0 \\ \vdots & \vdots & & \vdots \\ 0 & 0 & \cdots & c_{\alpha} \end{pmatrix}\begin{pmatrix} \dot{x}_1 \\ \dot{x}_2 \\ \vdots \\ \dot{x}_{\alpha} \end{pmatrix}+\begin{pmatrix} k_1 & 0 & \cdots & 0 \\ 0 & k_2 & \cdots & 0 \\ \vdots & \vdots & & \vdots \\ 0 & 0 & \cdots & k_{\alpha} \end{pmatrix}\begin{pmatrix} x_1 \\ x_2 \\ \vdots \\ x_{\alpha} \end{pmatrix}=\begin{pmatrix} \overline{F}_1^{\mathrm{cb}} \\ \overline{F}_2^{\mathrm{cb}} \\ \vdots \\ \overline{F}_{\alpha}^{\mathrm{cb}} \end{pmatrix} \tag{2-52}$$

由此，得到尚未连接的整个结构的运动方程。

由振动理论知，结构动力特性主要由少数低阶模态决定，当减缩后的自由度仍然很高时，则式（2-50）可进一步表示为

$$\{p_{\mathrm{cb}}\}=x_1\{\phi_1\}+x_2\{\phi_2\}\cdots+x_{\beta}\{\phi_{\beta}\}=\sum_{i=1}^{\beta}x_i\{\phi_i\}\ (\beta<\alpha) \tag{2-53}$$

式中，β 为二次降阶后的自由度数。

将式（2-53）带入式（2-51）或（2-52）中，则有

$$\overline{\overline{\boldsymbol{M}}}{}'^{\mathrm{cb}}_{\beta\times\beta}\ddot{\boldsymbol{X}}_{\beta\times1}+\overline{\overline{\boldsymbol{C}}}{}'^{\mathrm{cb}}_{\beta\times\beta}\dot{\boldsymbol{X}}_{\beta\times1}+\overline{\overline{\boldsymbol{K}}}{}'^{\mathrm{cb}}_{\beta\times\beta}\boldsymbol{X}_{\beta\times1}=\overline{\overline{\boldsymbol{F}}}{}'^{\mathrm{cb}}_{\beta\times1} \tag{2-54}$$

式中，$\overline{\overline{\boldsymbol{M}}}{}'^{\mathrm{cb}}_{\beta\times\beta}$、$\overline{\overline{\boldsymbol{C}}}{}'^{\mathrm{cb}}_{\beta\times\beta}$、$\overline{\overline{\boldsymbol{K}}}{}'^{\mathrm{cb}}_{\beta\times\beta}$ 分别为二次减缩模态质量、阻尼、刚度矩阵。

$$\overline{\overline{\boldsymbol{M}}}{}'^{\mathrm{cb}}_{\beta\times\beta}=\boldsymbol{\Phi}^{\mathrm{T}}_{\alpha\times\beta}\overline{\overline{\boldsymbol{M}}}^{\mathrm{cb}}_{\alpha\times\alpha}\boldsymbol{\Phi}_{\alpha\times\beta}$$

$$\overline{\overline{\boldsymbol{C}}}{}'^{\mathrm{cb}}_{\beta\times\beta}=\boldsymbol{\Phi}^{\mathrm{T}}_{\alpha\times\beta}\overline{\overline{\boldsymbol{C}}}^{\mathrm{cb}}_{\alpha\times\alpha}\boldsymbol{\Phi}_{\alpha\times\beta}$$

$$\overline{\overline{\boldsymbol{K}}}{}'^{\mathrm{cb}}_{\beta\times\beta}=\boldsymbol{\Phi}^{\mathrm{T}}_{\alpha\times\beta}\overline{\overline{\boldsymbol{K}}}^{\mathrm{cb}}_{\alpha\times\alpha}\boldsymbol{\Phi}_{\alpha\times\beta} \tag{2-55}$$

由于子结构的综合是在各子结构模态坐标 p 的集合 p_{cb} 中进行的，所以约束条件应该用 p_{cb} 来表示。显然，p_{cb} 与模态矩阵 $\boldsymbol{\Phi}$ 有关，选用不同的 $\boldsymbol{\Phi}$，约束条件的表达式也有所不同。

设已知连接界面点的位移在物理坐标中的相容方程为

$$\boldsymbol{H}\{p_{\mathrm{cb}}\}=0 \tag{2-56}$$

式中，$\boldsymbol{H}$ 为约束方程系数矩阵。

即

$$H\boldsymbol{\Phi}_{\beta\times\beta}\{X\}_{\beta\times1}=0 \tag{2-57}$$

令

$$B=H\boldsymbol{\Phi} \tag{2-58}$$

即

$$B\{X\}_{\beta\times1}=0 \tag{2-59}$$

将式（2-54）、式（2-59）联立即可求得子结构连接后的整体结构的运动方程。由于子结构之间的相互约束，式中已含有不独立的坐标，若将 $\{X\}$ 分解为独立坐标 $\{X_i\}$ 和非独立坐标 $\{X_f\}$，则式（2-59）变为

$$\begin{pmatrix} B_i & B_f \end{pmatrix}\begin{pmatrix} X_i \\ X_f \end{pmatrix}=0 \tag{2-60}$$

则 $\{X\}$ 表示为

$$\{X\}=\begin{pmatrix} X_i \\ X_f \end{pmatrix}=\begin{pmatrix} I \\ -B_f^{-1}B_i \end{pmatrix}\{X_i\}=[S]\{X_i\} \tag{2-61}$$

将式（2-61）代入式（2-54），等号左侧乘 S^{T}，得

$$M^*\ddot{X}_i+C^*\dot{X}_i+K^*X_i=F^{*\mathrm{cb}} \tag{2-62}$$

其中

$$\begin{cases} M^*=S^{\mathrm{T}}\overline{\overline{M}}'^{\mathrm{cb}}S \\ C^*=S^{\mathrm{T}}\overline{\overline{C}}'^{\mathrm{cb}}S \\ K^*=S^{\mathrm{T}}\overline{\overline{K}}'^{\mathrm{cb}}S \end{cases} \tag{2-63}$$

式（2-63）实质为 m 个独立的微分方程，由此可求得整体结构的固有频率，以及主模态、模态振型、运动情况等。

2.2.5 算例1

为了验证 CHISCMSM 的计算效率和计算精度，对刚度、质量及几何参数同时失谐的整体叶盘结构进行了模态分析，且与传统的混合界面子结构法（Traditional HISCMSM，THISCMSM）及高保真整体有限元法（High Fidelity Integral Structure Finite Element Method，HFISFEM）进行比较分析，所有计算都在同一台计算机完成（后续章节的所有分析都是在该计算机环境中完成的）。

1. 模态综合法的分析流程

模态综合法是一种求解大型复杂结构十分有效的手段，把整体结构分为若干子部件进行分析，将结构的特征矩阵进行缩聚，再综合求解其模态，其分析流程如图 2-1 所示。

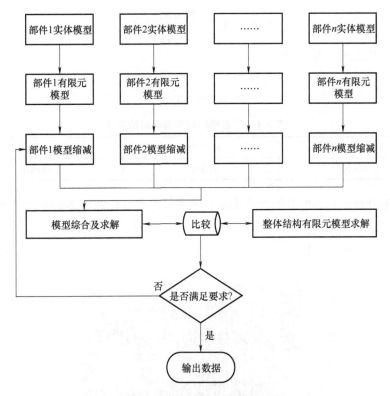

图 2-1　模态综合法分析流程

以某型发动机的叶盘结构为例进行分析，叶盘结构材料谐调时的参数见表2-1。由于制造加工、材料分散、安装误差及运转磨损等因素的影响，实际制造出的各个叶片的几何尺寸可能会存在一定的差异，设第 i 个叶片的厚度失谐量为

$$\Delta d_i = d_0 A_{\text{int}} \sin \left[\frac{2\pi N_\text{h}}{N_\text{b}}(i-1) \right] \tag{2-64}$$

式中，d_0 为谐调叶片厚度；A_{int} 为失谐幅值；N_b 为叶片数；N_h 为谐波数。

则失谐后第 i 个叶片的厚度为

$$d_i = d_0 + \Delta d_i \tag{2-65}$$

叶片的刚度失谐实际为弹性模量的失谐，设第 i 个叶片的失谐弹性模量为

$$\Delta E_i = E_0 A_{\text{int}} \sin \left[\frac{2\pi N_\text{h}}{N_\text{b}}(i-1) \right] \tag{2-66}$$

式中，E_0 为谐调叶片弹性模量。

则失谐后第 i 个叶片的弹性模量为

$$E_i = E_0 + \Delta E_i \tag{2-67}$$

而质量失谐通过改变叶片的密度来模拟，设第 i 个叶片的失谐密度为

$$\Delta\rho_i = \rho_0 A_{\mathrm{int}} \sin\left[\frac{2\pi N_{\mathrm{h}}}{N_{\mathrm{b}}}(i-1)\right] \qquad (2\text{-}68)$$

式中，ρ_0 为谐调叶片密度。

则失谐后第 i 个叶片的密度为

$$\rho_i = \rho_0 + \Delta\rho_i \qquad (2\text{-}69)$$

表 2-1　叶盘结构材料谐调时的参数

弹性模量 E/Pa	泊松比 ν	密度 ρ/(kg/m³)
1.84×10^{11}	0.3156	8.56×10^3

失谐叶盘结构各叶片的弹性模量、密度及厚度变化如图 2-2~图 2-4 所示。

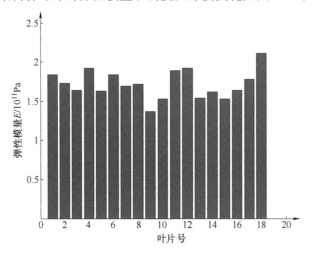

图 2-2　各叶片的弹性模量变化

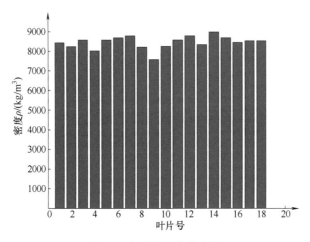

图 2-3　各叶片的密度变化

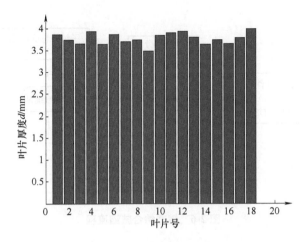

图 2-4　各叶片的厚度变化

2. 失谐叶盘结构的减缩模型

航空发动机叶盘结构主要是由轮盘和叶片这两个重要结构和众多附件组成，其性能的优劣主要受每个子结构和综合结构性能的影响，所以研究叶盘综合结构的建模及其动态性能有着重要的意义。叶盘综合结构的子结构层次如图 2-5 所示。

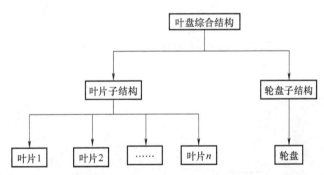

图 2-5　叶盘综合结构的子结构层次

叶盘结构的模态综合减缩具体分为生成、求解使用和扩展三部分，具体的流程如图 2-6 所示。

在研究中，将整体叶盘结构划分为叶片子结构和轮盘子结构，由于轮盘轴孔受到轴的约束，而叶片和轮盘的接触面是叶片和轮盘的关键连接部分，因此将轴孔、叶片和轮盘的接触部分作为主自由度，如图 2-7 所示。

在以往的计算中将轮盘凝聚为一个超单元，叶片部分作为非超单元计算，而这里将叶片和轮盘分别凝聚为超单元。轮盘凝聚及减缩后的叶片子结构如图 2-8 所示，叶片凝聚及减缩后的轮盘子结构如图 2-9 所示。

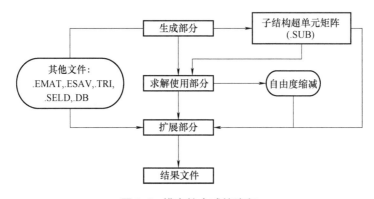

图 2-6 模态综合减缩流程

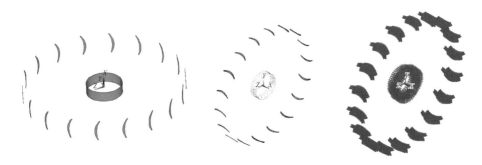

图 2-7 随机失谐整体叶盘结构的主自由度

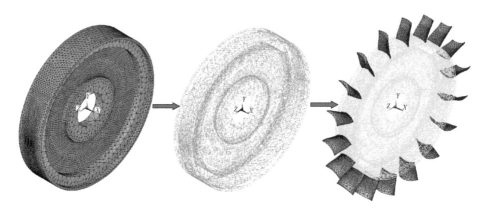

图 2-8 轮盘凝聚及减缩后的叶片子结构

3. 计算精度和计算效率验证

当转速为 1046 rad/s 时，分别采用修正的混合界面子结构法、传统的混合界面子结构法和高保真整体有限元法计算前 40 阶次失谐叶盘结构的模态频率，以及两种子结构法与整体法计算得到频率的偏差，见表 2-2 和图 2-10。各种方法求得不同阶次的计算时间及节省率见图 2-11 和表 2-3。

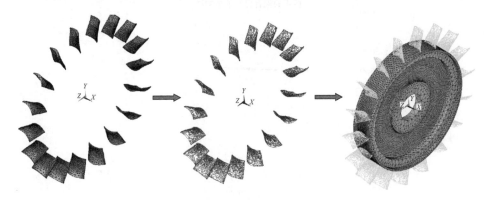

图 2-9　叶片凝聚及减缩后的轮盘子结构

表 2-2　三种方法分析的模态频率及偏差

阶次	高保真整体有限元法 频率 f/Hz	修正的混合界面子结构法 频率 f/Hz	偏差	传统的混合界面子结构法 频率 f/Hz	偏差
1	289.032	289.17	0.138	289.202	0.170
2	289.421	289.99	0.569	289.641	0.220
3	351.083	351.24	0.157	351.221	0.138
4	1199.173	1200.1	0.927	1200.027	0.854
5	1200.290	1201.1	0.810	1201.257	0.967
6	1703.851	1704.6	0.749	1704.687	0.836
7	2524.466	2525.3	0.834	2524.871	0.405
8	2531.147	2532.1	0.953	2531.936	0.789
⋮	⋮	⋮	⋮	⋮	⋮
35	4679.511	4680.6	1.089	4680.598	1.087
36	4687.428	4688.5	1.072	4688.502	1.074
37	4694.241	4695.3	1.059	4695.319	1.078
38	4703.490	4704.6	1.110	4704.615	1.125
39	4713.368	4714.5	1.132	4714.472	1.104
40	4720.371	4721.5	1.129	4721.524	1.153

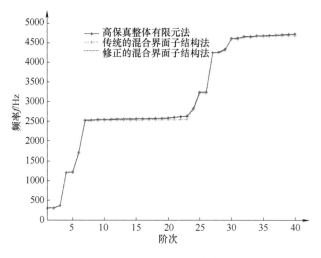

图 2-10　三种方法模态

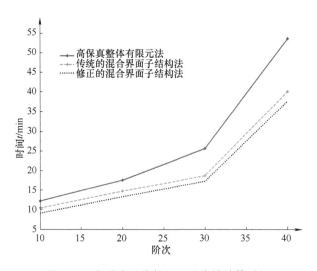

图 2-11　各种方法求得不同阶次的计算时间

表 2-3　各种方法求得不同阶次的计算时间及节省率

阶次	高保真整体有限元法	传统的混合界面子结构法		修正的混合界面子结构法	
	计算时间 t/min	计算时间 t/min	节省率（%）	计算时间 t/min	节省率（%）
10	12.3	10.5	14.63	9.2	25.20
20	17.6	14.8	15.91	13.4	23.86
30	25.7	18.7	27.23	17.6	31.52
40	53.7	40.2	25.14	37.8	29.60

由图 2-10 和表 2-2 可以看出，修正的混合界面子结构法和传统的混合界面子结构法的模态频率计算结果与高保真整体有限元法十分接近，误差非常小，计算精度较高，可以满足工程要求；由图 2-11 和表 2-3 可以看出，从计算效率来看，修正的混合界面子结构法和传统的混合界面子结构法在相同的工作环境下的计算时间都有所缩短，节省率分别为 $23.86\% \sim 31.52\%$、$14.63\% \sim 27.23\%$，可见，修正的混合界面子结构法的计算精度比传统的混合界面子结构法高。

2.3　基于动态子结构多级多目标协同有限元-极值响应面法

随着科学技术的发展，以及应用中对产品的质量、寿命等要求的提高，传统机械结构只进行确定性设计的设计方法已经不再适用，必须在确定性设计的基础上对其进行动态概率设计，很多概率设计方法已经应用在机械结构的设计中，但是大部分都是对单个结构的概率设计，对于相对较小的模型计算精度和计算效率可以接受，而对于复杂庞大的结构直接应用概率设计，计算精度降低，或者虽然精度能够满足设计要求，但是计算效率极低，因此需要寻求一种既能满足精度要求，又使得计算效率不降低的方法，本著作在白广忱教授提出的分布协调策略的基础上，提出了一种协同的代理模型方法，该方法实际是一种基于复合函数的协同响应面法（Collaborative RSM，CRSM）。

复合函数协同响应面法实际是一种将复杂的复合函数分解为多个子函数的协同概率分析方法。复杂的复合函数往往涉及多个输入变量与输出响应之间的高度非线性（称为多目标响应），且他们的函数关系常常是隐式的，不能用具体的表达式来清楚地表达输入输出之间的复杂函数关系。为了更有效地处理非线性的和隐式的复合函数的概率分析，寻求一种代理模型方法（如 RSM）是一个很好的思想，而且复合函数往往涉及多层次、多子函数（称为多级函数），因此，在 RSM 的基础上，尝试提出了一种多级多目标协同响应面法（MSMO-CRSM）。该方法的基本思想：在利用 RSM 解决复合函数概率分析时，首先将复杂的复合函数分解为多个简单的子函数，如果子函数依然存在复合关系，继续对其分解，直到子函数被分解为单函数为止，然后对每个层次的子函数建立子模型，再根据子函数与总复合函数，即主函数的关系，通过这样一层一层地分析建立相应的代理模型，完成复合函数的概率分析。如果子函数与主函数之间的函数关系也存在高度非线性或隐式性，也需要建立其近似响应面模型。

因此，最底层子函数即单函数代理模型的建立是复杂复合函数概率分析的研究基础，这样将复杂函数关系分解为多个单函数，提高了计算效率和计算精度，首先研究单函数概率分析的代理模型。

2.3.1 单函数概率分析原理

单函数概率分析在前期的确定性动态设计的基础上将影响设计的一些相关因素设为随机输入变量，用来评估模型输入参数的不确定性对输出结果的影响，以检验前期的确定性设计是否合理，进而确定结果的分布情况，如果前期设计不合理，可以及时更正，这样能避免过设计。

1. 蒙特卡罗法

蒙特卡罗法即 MC 法，又称为随机模拟法或统计试验法，是通过随机抽样的手段进行可靠性分析的一种主要方法。MC 法的理论基础是切比雪夫（Chebyshev）定理和伯努利（Bernoulli）定理。对于解析法难以处理的分布，用模拟法来求解不需要考虑功能函数的非线性和极限状态曲面的复杂性，具有直观、精确、通用性强等显著优点。随着模拟次数的增加，模拟结果的精度也随之提高。但是，当失效概率 P_f 非常小时，需要模拟很多次才可能出现 1 次失效事件。因此，在失效概率非常小的情况下，由于所需的模拟次数 n 太大，模拟计算的时间太长，成本太高，n 越大则计算效率越低。当模拟次数足够多时，其精度显著提高，一般将其作为其他方法的辅助方法或用来检验其他方法的精度（在后续章节用 MC 法来检验其他方法的精度）。

航空发动机随机失谐整体叶盘结构的概率分析为动态随机过程，若直接利用 MC 法进行抽样，需要从 $t_0 = 0$ 时刻开始，在整个运动时域 T 内对航空发动机随机失谐整体叶盘结构的随机过程进行模拟。要想得到足够高的分析计算精度，在求解其动力学方程时，时间步长 Δt 很小，因此，一次抽样仿真的计算量就很大，若要达到计算精度要求需要抽样上万次，几乎无法实现。为了利用 MC 法对复杂函数进行概率分析，寻找一个能代替原复杂函数进行模拟的简便代理计算模型非常有必要，即在各随机输入变量相同分布特征下仍然保持原复杂函数的基本特征，也就是需要找到合适的方法通过输入端的输入参数得到函数的响应值，即响应面法。

2. 响应面法

响应面法又称为代理模型法，其基本原理是功能函数的重构。它忽略了系统内部原有的复杂关系，只用响应面函数来模拟系统的输入输出关系。具体方法是首先假设一个极限状态变量（或输出响应）与基本变量之间的简单解析表达式（响应面），为了保证响应面函数能够在失效概率（或输出响应）上收敛于真实的隐式极限状态函数的失效概率（或输出响应），要通过一系列确定性试验，合理地选取试验点和迭代策略，从而确定表达式中的未知系数，最终获得确定的解析表达式。在得到响应面函数的具体表达式以后，可以利用 MC 法通过响应面函数进行可靠性分析，也可以用一次二阶矩（FOSM）法或修正的一次二阶矩

（Advanced FOSM）法求解重构响应面的可靠度指标，进行可靠性分析。

响应面模型主要有二次响应面模型、泰勒级数模型、人工神经网络模型、Kriging 模型等。其中应用较多的是二次响应面模型，既可以不含交叉项（即经典响应面法），也可以包含交叉项。其主要工作包括：选择响应面函数的形式；抽取试验样本点的方式；响应面函数的拟合方法。

不含交叉项和包含交叉项的二次响应面函数分别为

$$\hat{g}(\boldsymbol{X}) = a_0 + \sum_{i=1}^{n} b_i x_i + \sum_{i=1}^{n} c_i x_i^2 \tag{2-70}$$

$$\hat{g}(\boldsymbol{X}) = a_0 + \sum_{i=1}^{n} b_i x_i + \sum_{i=1}^{n} c_i x_i^2 + \sum_{1 \leqslant i \leqslant j \leqslant n}^{n} d_{ij} x_i x_j \tag{2-71}$$

式中，a_0 为响应面函数的常数项；b_i 为响应面函数的一次项系数；x_i 为基本随机输入变量；c_i 为响应面函数的二次项系数；d_{ij} 为响应面函数的交叉项系数。

包含交叉项的二次响应面函数分析求解过程与经典二次响应面函数类似，不再分析，本著作采用式（2-71）对航空发动机叶盘结构进行分析，式（2-71）比式（2-70）多了交叉项，因此在计算上精度更高。

若利用响应面法进行概率分析，首先需要系统函数和随机参量的分布特征，拟合和确定响应面函数的系数。然后基于 MC 法，根据模型仿真的总抽样次数和失效次数进行概率分析，即计算失效概率 P_f 和可靠度 R 为

$$\begin{cases} P_f = P[H(\boldsymbol{x}) \leqslant 0] \approx \dfrac{N_f}{N} \\ R = P[H(\boldsymbol{x}) \geqslant 0] \approx 1 - P_f = 1 - \dfrac{N_f}{N} \end{cases} \tag{2-72}$$

式中，$H(\boldsymbol{x})$ 为极限状态函数；N 为总的样本数；N_f 为 $H(\boldsymbol{x}) \leqslant 0$ 时的样本数。

还可以根据输入输出变量的分布特征来计算函数输出响应的可靠性和可靠度。若系统真实输出为 $Y(\boldsymbol{X})$，则系统的极限状态函数为

$$g(\boldsymbol{X}) = Y(\boldsymbol{X}) - \hat{Y}(\boldsymbol{X}) \tag{2-73}$$

当 $g(\boldsymbol{X}) > 0$ 时为安全模式，当 $g(\boldsymbol{X}) < 0$ 时系统失效。若各随机输入变量相互独立，其均值和方差矩阵分别为 $\boldsymbol{\mu} = [\mu_1, \mu_2, \cdots, \mu_r]$、$\boldsymbol{D} = [\sigma_1^2, \sigma_2^2, \cdots, \sigma_r^2]$，则系统极限状态函数 $g(\boldsymbol{X})$ 的均值和方差为

$$E[g(\boldsymbol{X})] = \mu_g(\mu_1, \mu_2, \cdots, \mu_r, \mu_\delta, \sigma_1^2, \sigma_2^2, \cdots, \sigma_r^2, \sigma_\delta^2) \tag{2-74}$$

$$D[g(\boldsymbol{X})] = D_g(\mu_1, \mu_2, \cdots, \mu_r, \mu_\delta, \sigma_1^2, \sigma_2^2, \cdots, \sigma_r^2, \sigma_\delta^2) \tag{2-75}$$

式中，μ_g 为极限状态函数 $g(\boldsymbol{X})$ 的均值计算函数；D_g 为极限状态函数 $g(\boldsymbol{X})$ 的方差计算函数。

由于各随机输入变量相互独立，因此极限状态函数 $g(\boldsymbol{X})$ 服从高斯分布，则可靠性指标和可靠度分别为

$$\begin{cases} \beta = \dfrac{\mu_g}{\sqrt{D_g}} \\ R = \Phi(\beta) \end{cases} \tag{2-76}$$

式中，$\Phi(\ )$为标准正态分布。

对于任意分布 $\Phi(\ )$ 都可以用 MC 法计算可靠度，得到可靠度之后，可根据以下过程求出各个随机输入变量的灵敏度。

可靠性灵敏度一般定义为失效概率对基本变量分布参数的偏导数，若令失效概率为 P_f，则

$$P_f = 1 - R \tag{2-77}$$

则失效概率的灵敏度为

$$\begin{cases} \dfrac{\partial P_f}{\partial \mu} = \dfrac{1}{r} \displaystyle\sum_{i=1}^{r} \dfrac{\partial P_{fi}}{\partial \mu_{xi}} = \dfrac{\partial (1 - R)}{\partial \mu} \\[4mm] \dfrac{\partial P_f}{\partial \sigma_X} = \dfrac{1}{r} \displaystyle\sum_{i=1}^{r} \dfrac{\partial P_{fi}}{\partial \sigma_{xi}} = \dfrac{\partial (1 - R)}{\partial \sigma_X} \end{cases} \tag{2-78}$$

即

$$\begin{cases} \dfrac{\partial R}{\partial \mu} = \dfrac{\partial R}{\partial \beta} \left(\dfrac{\partial \beta}{\partial \mu_g} \dfrac{\partial \mu_g}{\partial \mu} + \dfrac{\partial \beta}{\partial D_g} \dfrac{\partial D_g}{\partial \mu} \right) \\[4mm] \dfrac{\partial R}{\partial D} = \dfrac{\partial R}{\partial \beta} \left(\dfrac{\partial \beta}{\partial \mu_g} \dfrac{\partial \mu_g}{\partial D} + \dfrac{\partial \beta}{\partial D_g} \dfrac{\partial D_g}{\partial D} \right) \\[4mm] \dfrac{\partial R}{\partial \beta} = \varphi(\beta) \\[4mm] \dfrac{\partial \beta}{\partial \mu_g} = \dfrac{1}{\sigma_g} \\[4mm] \dfrac{\partial \mu_g}{\partial \mu} = \left(\dfrac{\partial \mu_g}{\partial \mu_1}, \dfrac{\partial \mu_g}{\partial \mu_2}, \cdots, \dfrac{\partial \mu_g}{\partial \mu_r} \right) \\[4mm] \dfrac{\partial \beta}{\partial D_g} = -\dfrac{\mu_g}{2} D_g^{-\frac{3}{2}} \\[4mm] \dfrac{\partial D_g}{\partial \mu} = \left(\dfrac{\partial D_g}{\partial \mu_1}, \dfrac{\partial D_g}{\partial \mu_2}, \cdots, \dfrac{\partial D_g}{\partial \mu_r} \right) \\[4mm] \dfrac{\partial \mu_g}{\partial D} = \left(\dfrac{\partial \mu_g}{\partial \sigma_1^2}, \dfrac{\partial \mu_g}{\partial \sigma_2^2}, \cdots, \dfrac{\partial \mu_g}{\partial \sigma_r^2} \right) \\[4mm] \dfrac{\partial D_g}{\partial D} = \left(\dfrac{\partial D_g}{\partial \sigma_1^2}, \dfrac{\partial D_g}{\partial \sigma_2^2}, \cdots, \dfrac{\partial D_g}{\partial \sigma_r^2} \right) \end{cases} \tag{2-79}$$

上文所求得的可靠性灵敏度估计值只是近似的，当样本容量很小时，可靠性灵敏度估计有很大的随机性，为了更加清楚地了解可靠性灵敏度的收敛性和精度，需要对式（2-78）中所列的可靠性灵敏度的数学期望和方差进行分析，则

$$
\begin{cases}
E\left(\dfrac{\partial P_f}{\partial \mu}\right) = E\left(\dfrac{1}{r}\sum_{i=1}^{r}\dfrac{\partial P_{fi}}{\partial \mu_{xi}}\right) = E\left(\dfrac{\partial(1-R)}{\partial \mu}\right) \\[3mm]
Var\left(\dfrac{\partial P_f}{\partial \mu}\right) = Var\left(\dfrac{1}{r}\sum_{i=1}^{r}\dfrac{\partial P_{fi}}{\partial \mu_{xi}}\right) = Var\left(\dfrac{\partial(1-R)}{\partial \mu}\right) \\[3mm]
E\left(\dfrac{\partial P_f}{\partial \sigma_X}\right) = E\left(\dfrac{1}{r}\sum_{i=1}^{r}\dfrac{\partial P_{fi}}{\partial \sigma_{xi}}\right) = E\left(\dfrac{\partial(1-R)}{\partial \sigma_X}\right) \\[3mm]
Var\left(\dfrac{\partial P_f}{\partial \sigma_X}\right) = Var\left(\dfrac{1}{r}\sum_{i=1}^{r}\dfrac{\partial P_{fi}}{\partial \sigma_{xi}}\right) = Var\left(\dfrac{\partial(1-R)}{\partial \sigma_X}\right)
\end{cases}
\tag{2-80}
$$

即

$$
\begin{cases}
E\left(\dfrac{\partial R}{\partial \mu}\right) = E\left[\dfrac{\partial R}{\partial \beta}\left(\dfrac{\partial \beta}{\partial \mu_g}\dfrac{\partial \mu_g}{\partial \mu} + \dfrac{\partial \beta}{\partial D_g}\dfrac{\partial D_g}{\partial \mu}\right)\right] = \varphi(\beta)\dfrac{1}{\sigma_g}E\left(\dfrac{\partial \mu_g}{\partial \mu}\right) + \varphi(\beta)\left(-\dfrac{\mu_g}{2}D_g^{-\frac{3}{2}}\right)E\left(\dfrac{\partial D_g}{\partial \mu}\right) \\[3mm]
Var\left(\dfrac{\partial R}{\partial \mu}\right) = Var\left[\dfrac{\partial R}{\partial \beta}\left(\dfrac{\partial \beta}{\partial \mu_g}\dfrac{\partial \mu_g}{\partial \mu} + \dfrac{\partial \beta}{\partial D_g}\dfrac{\partial D_g}{\partial \mu}\right)\right] = \varphi^2(\beta)\sigma_g^{-2}Var\left(\dfrac{\partial \mu_g}{\partial \mu}\right) + \varphi^2(\beta)\left(-\dfrac{1}{4}\mu_g^2 D_g^{-3}\right)Var\left(\dfrac{\partial D_g}{\partial \mu}\right) \\[3mm]
E\left(\dfrac{\partial R}{\partial D}\right) = E\left[\dfrac{\partial R}{\partial \beta}\left(\dfrac{\partial \beta}{\partial \mu_g}\dfrac{\partial \mu_g}{\partial D} + \dfrac{\partial \beta}{\partial D_g}\dfrac{\partial D_g}{\partial D}\right)\right] = \varphi(\beta)\dfrac{1}{\sigma_g}E\left(\dfrac{\partial \mu_g}{\partial D}\right) + \varphi(\beta)\left(-\dfrac{\mu_g}{2}D_g^{-\frac{3}{2}}\right)E\left(\dfrac{\partial D_g}{\partial D}\right) \\[3mm]
Var\left(\dfrac{\partial R}{\partial D}\right) = Var\left[\dfrac{\partial R}{\partial \beta}\left(\dfrac{\partial \beta}{\partial \mu_g}\dfrac{\partial \mu_g}{\partial D} + \dfrac{\partial \beta}{\partial D_g}\dfrac{\partial D_g}{\partial D}\right)\right] = \varphi^2(\beta)\sigma_g^{-2}Var\left(\dfrac{\partial \mu_g}{\partial D}\right) + \varphi^2(\beta)\left(-\dfrac{1}{4}\mu_g^2 D_g^{-3}\right)Var\left(\dfrac{\partial D_g}{\partial D}\right)
\end{cases}
\tag{2-81}
$$

变异系数见式（2-82），反应各个变量之间的分散程度，实际上为标准偏差和数学期望的绝对值比率。

$$
\left.
\begin{aligned}
Cov\left(\dfrac{\partial P_f}{\partial \mu}\right) &= \dfrac{\sqrt{Var\left(\dfrac{\partial P_f}{\partial \mu}\right)}}{\left|E\left(\dfrac{\partial P_f}{\mu}\right)\right|} = Cov\left(\dfrac{\partial(1-R)}{\partial \mu}\right) = \dfrac{\sqrt{Var\left(\dfrac{\partial(1-R)}{\partial \mu}\right)}}{\left|E\left(\dfrac{\partial(1-R)}{\partial \mu}\right)\right|} \\[3mm]
Cov\left(\dfrac{\partial P_f}{\partial \sigma_X}\right) &= \dfrac{\sqrt{Var\left(\dfrac{\partial P_f}{\partial \sigma_X}\right)}}{\left|E\left(\dfrac{\partial P_f}{\partial \sigma_X}\right)\right|} = Cov\left(\dfrac{\partial(1-R)}{\partial \sigma_X}\right) = \dfrac{\sqrt{Var\left(\dfrac{\partial(1-R)}{\partial \sigma_X}\right)}}{\left|E\left(\dfrac{\partial(1-R)}{\partial \sigma_X}\right)\right|}
\end{aligned}
\right\}
\tag{2-82}
$$

即

$$Cov\left(\frac{\partial R}{\partial \mu}\right) = \frac{\sqrt{Var\left(\frac{\partial R}{\partial \mu}\right)}}{\left|E\left(\frac{\partial R}{\partial \mu}\right)\right|} = \frac{\sqrt{\varphi^2(\beta)\,\sigma_g^{-2}\,Var\left(\frac{\partial \mu_g}{\partial \mu}\right) + \varphi^2(\beta)\left(-\frac{1}{4}\mu_g^2 D_g^{-3}\right)Var\left(\frac{\partial D_g}{\partial \mu}\right)}}{\left|\varphi(\beta)\frac{1}{\sigma_g}E\left(\frac{\partial \mu_g}{\partial \mu}\right) + \varphi(\beta)\left(-\frac{\mu_g}{2}D_g^{-\frac{3}{2}}\right)E\left(\frac{\partial D_g}{\partial \mu}\right)\right|}$$

$$Cov\left(\frac{\partial R}{\partial D}\right) = \frac{\sqrt{Var\left(\frac{\partial R}{\partial D}\right)}}{\left|E\left(\frac{\partial R}{\partial D}\right)\right|} = \frac{\sqrt{\varphi^2(\beta)\,\sigma_g^{-2}\,Var\left(\frac{\partial \mu_g}{\partial D}\right) + \varphi^2(\beta)\left(-\frac{1}{4}\mu_g^2 D_g^{-3}\right)Var\left(\frac{\partial D_g}{\partial D}\right)}}{\left|\varphi(\beta)\frac{1}{\sigma_g}E\left(\frac{\partial \mu_g}{\partial D}\right) + \varphi(\beta)\left(-\frac{\mu_g}{2}D_g^{-\frac{3}{2}}\right)E\left(\frac{\partial D_g}{\partial D}\right)\right|}$$

$$(2\text{-}83)$$

2.3.2 多级多目标协同响应面法

多级多目标协同响应面法（MSMO-CRSM）需要先按复合函数的子函数和涉及层次将复合函数分解为若干层次和子函数，再对每个子函数建立分析模型。基于 CRSM 的复合函数概率分析流程如图 2-12 所示。

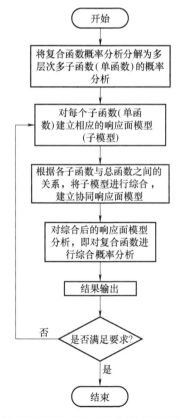

图 2-12 基于 MSMO-CRSM 的复合函数概率分析流程

复合函数往往涉及多层次的多子函数，若子函数依然是复合函数，还需要进一步分解，直到分解为单函数为止，设复合函数可分解为 $m(m \in \mathbf{Z})$ 个一级子函数，每个一级子函数分解为 n 个子系统和变量，假设复合函数的输出响应和输入变量分别用 Y 和 X 表示，则该复合函数见式（2-84）~式（2-85）。

$$X = (X_1, X_2, \cdots, X_i, \cdots, X_m) \tag{2-84}$$

$$Y = f(X) = f(f_1(X_1), f_2(X_2), \cdots, f_i(X_i), \cdots, f_m(X_m)) \tag{2-85}$$

式中，$f( )$ 是复合函数。

令

$$Y_i = f_i(X_i) \tag{2-86}$$

则式（2-85）可表示为

$$Y = f(Y_1, Y_2, \cdots, Y_i, \cdots, Y_m) \tag{2-87}$$

该函数关系称为总协调函数，该层次称为系统层，其中 $Y_i(i=1,2,\cdots,m)$ 是一级子函数。第 i 个一级子函数又可分解 $n(n \in \mathbf{Z})$ 个二级子函数，即

$$Y_i = f(Y_{i1}, Y_{i2}, \cdots, Y_{ij}, \cdots, Y_{in}) \tag{2-88}$$

则 m 个一级子函数可分解为 $m \times n$ 个二级子函数。

令

$$X_i = (X_{i1}, X_{i2}, \cdots, X_{ij}, \cdots, X_{in}) \tag{2-89}$$

则

$$Y_{ij} = f(X_{ij}) \tag{2-90}$$

实际原复合函数与原始变量的关系可表示为

$$
\begin{aligned}
Y = f(X) &= f(f_1(X_1), f_2(X_2), \cdots, f_i(X_i), \cdots, f_m(X_m)) \\
&= f(f_1(f_{11}(x_{11}), \cdots, f_{1j}(x_{1j}), \cdots, f_{1n}(x_{1n})), f(f_2(f_{21}(x_{21}), \cdots, f_{2j}(x_{1j}), \cdots, \\
&\quad f_{2n}(x_{2n})), \cdots, f(f_i(f_{i1}(x_{i1}), \cdots, f_{ij}(x_{ij}), \cdots, f_{in}(x_{in})), \cdots, f(f_m(f_{m1}(x_{m1}), \cdots, \\
&\quad f_{mj}(x_{mj}), \cdots, f_{mn}(x_{mn}))
\end{aligned}
\tag{2-91}
$$

式中，x_{ij} 为原始变量。

式（2-90）称为二级协调函数。本著作将一级子系统层和二级子系统层统称为子系统层，将原始变量层称为变量层。三层复合函数分解与综合示意图如图 2-13 所示。

通过以上分析可得到 X 和 $\boldsymbol{x}_{ij}$ 的关系，即

$$X = \bigcup_{i=1}^{i=m} \bigcup_{j=1}^{j=n} \boldsymbol{x}_{ij} \tag{2-92}$$

这就把一个复杂的复合函数问题分解为多个层次的多个子函数问题。基于协同响应面法的基本思想，就可以建立复合函数的各层次子函数的响应面模型。

首先，根据原始变量 x_{ij} 与二级子函数输出响应 Y_{ij} 的概率分布特征，基于 MC 法建立二级子系统的响应面模型。例如，第 i 个一级子函数的第 j 个二级子函数

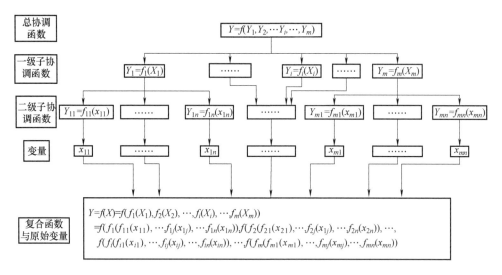

图2-13　三层复合函数分解与综合示意图

$\overline{Y}_{ij}$与其原始变量$\boldsymbol{x}_{ij}$的响应面模型记作

$$\overline{Y}_{ij} = \overline{f}(\boldsymbol{x}_{ij}) \tag{2-93}$$

式中，$i = 1, 2, \cdots, m; j = 1, 2, \cdots, n$。

这种关系称为二级子系统的协调响应面模型。

在二级子系统的分布式响应面模型建立之后，将其输出响应$\overline{Y}_{ij}$作为相应一级子系统的响应面模型的随机输入变量$\overline{X}_i$，于是，$\overline{X}_i$与$\overline{Y}_{ij}$的关系可表达为

$$\overline{X}_i = \{\overline{Y}_{ij}\}, j = 1, 2, \cdots, n \tag{2-94}$$

根据一级子系统协调函数$\overline{Y}_i$及其随机输入参数$\overline{X}_i$的数值分布特征，可建立一级子系统的响应面模型，即

$$\overline{Y}_i = f(\overline{X}_i), i = 1, 2, \cdots, m \tag{2-95}$$

这种关系称为一级子系统的协调响应面模型。

同理，一级子系统的协调响应面模型的输出响应$\overline{Y}_i$可以作为系统的总协调响应面模型的随机输入变量$\overline{X}$，即

$$\overline{X} = \{\overline{Y}^{(i)}\}, i = 1, 2, \cdots, m \tag{2-96}$$

同理，可以建立系统层的总协调响应面模型，即

$$\overline{Y} = f(\overline{X}) \tag{2-97}$$

在复合函数概率分析过程中，经过各层子系统的子函数分析后，可以以式（2-97）为响应面模型代替原复合函数进行概率分析。由式（2-97）可知，其

变量数与一级子函数的数量相同，这就大大减少了复合函数概率分析的变量数，能大大改善计算效率问题。另外，由子系统的协调响应面模型［式（2-93）和式（2-95）］可知，相对复合函数的整体分析，子系统协调响应面函数的变量数大大减少，响应面模型更加简单，这样可以更有效地解决函数的非线性和隐式函数问题，能使多目标、多级响应面模型的计算效率和计算精度大大改善。

如果需要得知复合函数整体输出响应 $\overline{Y}$ 与原始变量 X 之间的响应面模型，可由式（2-93）~式（2-97）可得出总体响应面模型，即

$$\overline{Y} = f(X) \qquad (2\text{-}98)$$

在进行复合函数分析时，也可以以式（2-98）为总体响应面模型进行概率分析。然而，与总协调响应面模型［式（2-97）］相比，式（2-98）含有的随机输入变量多［由式（2-91）可以看出］，计算效率会很低，并且也不易解决输出响应与输入变量之间的非线性关系，计算精度会受到很大影响。

在建立各层次响应面模型时，首先选择足够数量的试验点（试验样本），代入各层次的响应面函数［见式（2-93）、式（2-95）、式（2-97）和式（2-98）］，拟合各响应面函数，确定其响应面函数系数，得到相应的确切响应面函数表达式。然后，基于数值仿真方法（如 MC 法），可以用该响应面函数进行模拟试验，进而进行各层次输出响应概率分析。

上述过程是将式（2-98）的总响应面模型分解为形如式（2-93）、式（2-95）和式（2-97）等多个子响应面模型，这种方法称为 MSMO-CRSM。

2.3.3 基于动态子结构法的多级多目标协同代理模型的极值响应面法

航空发动机叶盘结构的概率分析是一种复杂的动态概率研究方法，由于载荷的动态性、材料参数和边界条件的非线性，叶盘结构响应分析问题是一个随机过程问题。另外，由于叶盘结构概率分析的极限状态方程不能表示为显函数，目前机械结构概率分析只能用数值模拟法或代理模型法。采用传统的数值模拟法进行机械结构动态概率分析的计算量极大，在实际工程上进行应用是不可取的；目前的代理模型法主要是响应面法及其改进方法，基本能满足一般结构的确定性分析或概率分析。响应面法虽然能提高计算效率，但由于不能保证每次仿真输出有效值的时刻始终落在所选择的时间，或者对多个响应面模型进行概率分析会导致计算误差比较大、计算效率低，甚至无法实现相应的概率分析。另外，计算精度与响应面数正相关，如果想得到理想精度，需要建立无穷多个响应面模型，这会造成计算效率更低。而叶盘结构响应概率分析是一个随机过程分析，因此用传统的响应面法进行航空发动机叶盘结构动态可靠性分析的计算量仍然非常大，而且计算效率不高，不能有效地满足其精度和效率的需要，因此，本著作基于二次函数的

形式，提出了机械结构概率分析或可靠性分析的有限元-极值响应面法（Finite Element-Extremum Response Surface Method，FE-ERSM），并分别建立了相应的数学模型，考虑输入变量的随机性和不确定性，进行航空发动机叶盘结构的动态概率分析，且该方法能在不降低计算精度的前提下显著提高计算效率。

1. 极值响应面法基本理论

首先，用 MC 法小批量抽取输入参数随机样本，对每个抽样样本求解系统动力学方程，得到系统的动态输出响应；然后，将全部抽样样本输入对应的动态输出响应的极值，作为新的输出响应——极值输出响应，构造反映输入参数与极值输出之间关系的函数——极值响应面函数，选取 s 组随机输入变量及对应的输出极值响应面数据，代入极值响应面函数，确定极值响应面函数的系数；最后，用极值响应面函数代替机械结构的有限元模型，基于 MC 法进行大量抽样，将抽样数据代入极值响应面函数，计算系统的动态极值输出响应，从而进行概率分析，这种方法称为 FE-ERSM。

而本著作是对每个抽样样本求解有限元模型，用该响应函数代替有限元模型计算系统的动态极值输出响应。该方法不计算系统每一时刻的输出响应，只计算不同随机输入变量对应的输出响应极值，然后用 MC 法进行抽样，将抽样数据代入极值响应面函数，代替有限元模型计算系统的动态极值输出响应，从而进行系统的概率分析，其流程如图 2-14 所示。

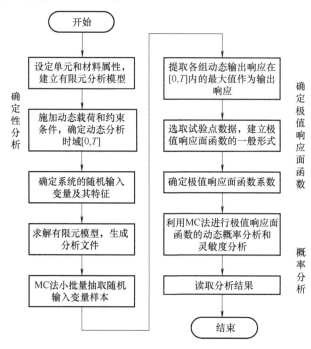

图 2-14　FE-ERSM 动态概率分析流程

可以看出，该方法是将原来非线性复杂机械响应分析的随机过程问题转化为随机输入变量问题，极大地减少了计算时间，提高了计算效率，使得从前一些难以实现的可靠性分析问题成为可能。

2. 极值响应面法数学模型

设某有限元模型第 j 组输入样本为 $\boldsymbol{X}^{(j)}$，在 $[0,T]$ 时域内的输出响应为 $\boldsymbol{Y}^j(t,X^j)$，该输出响应在 $[0,T]$ 时域内的最大值为 $\boldsymbol{Y}^j_{\max}(X^j)$，将不同输入样本在 $[0,T]$ 内输出响应的最大值 $\boldsymbol{Y}^j_{\max}(X^j)$ 构成的集合 $\{\boldsymbol{Y}^{(j)}_{\max}(\boldsymbol{X}^{(j)}):j\in\mathbf{Z}_+\}$ 的全部数值点拟合的曲线作为新的输出响应曲线 $\boldsymbol{Y}$，则 $\boldsymbol{X}^{(j)}$ 与 $\boldsymbol{Y}$ 的函数关系可以表示为

$$\boldsymbol{Y}=f(\boldsymbol{X})=\{\boldsymbol{Y}^{(j)}_{\max}(X^j):j\in\mathbf{Z}_+\} \tag{2-99}$$

将式（2-99）写成响应面函数形式，即

$$\boldsymbol{Y}_{\max}=A+\boldsymbol{B}\boldsymbol{Y}^j_{\max}+(\boldsymbol{Y}^j_{\max})^{\mathrm{T}}\boldsymbol{C}\boldsymbol{Y}^j_{\max} \tag{2-100}$$

已知 A 为常数项，若令 $X=Y^j_{\max}$，则式（2-100）变为

$$\boldsymbol{Y}_{\max}(\boldsymbol{X})=A+\boldsymbol{B}\boldsymbol{X}+\boldsymbol{X}^{\mathrm{T}}\boldsymbol{C}\boldsymbol{X} \tag{2-101}$$

其中

$$\boldsymbol{B}=(\begin{matrix}b_1 & b_2 & \cdots & b_r\end{matrix}) \tag{2-102}$$

$$\boldsymbol{C}=\begin{pmatrix} c_{11} & 0 & 0 & \cdots & 0 \\ c_{21} & c_{22} & 0 & \cdots & 0 \\ c_{31} & c_{32} & c_{33} & \cdots & 0 \\ \vdots & \vdots & \vdots & & \vdots \\ c_{r1} & c_{r2} & c_{r3} & \cdots & c_{rr} \end{pmatrix} \tag{2-103}$$

$$\boldsymbol{X}^{(j)}=(\begin{matrix}x_1^{(j)} & x_2^{(j)} \cdots x_r^{(j)}\end{matrix})^{\mathrm{T}} \tag{2-104}$$

式中，$j=1$，2，3，$\cdots$，M，M 为样本点数；r 为输入变量数。

式（2-100）或式（2-101）称为极值响应面函数，由该函数确定的输入输出关系曲线（或曲面）称为极值响应曲线（或极值响应曲面），在求解极值响应面函数系数时，在极值输出响应中选取足够数量的试验点，将试验点的数据代入式（2-100）或式（2-101）中，确定极值响应面函数的系数 A、B、C，得到极值响应面函数的表达式。然后用该极值响应面函数代替有限元模型进行相应的概率分析。

3. 随机输入变量的选取

在加工和实际使用中，航空发动机叶盘结构的材料参数和工作条件都存在不确定性，由于基于有限元的概率分析为参数化建模分析，因此参数的选取非常重要，在此采用最值选取法，其选取过程如下。

1）选取输入变量 X 中某个变量 X_i 中元素的最大值，记作 $x_{i\max}$，X_i 中所有元素均除以 $x_{i\max}$，即

$$\alpha = (\alpha_1, \alpha_2, \cdots, \alpha_k) = (x_1, x_2, \cdots, x_k)/x_{imax} \qquad (2\text{-}105)$$

则

$$X_i = (x_1, x_2, \cdots, x_k) = \alpha \cdot x_{imax} = (\alpha_1, \alpha_2, \cdots, \alpha_k) \cdot x_{imax} \qquad (2\text{-}106)$$

2）将输入变量 X 中的所有变量，即 $X = (X_1, X_2, \cdots, X_r)$ 中每个变量中元素的最大值形成数组集合 $\widetilde{X} = \{x_{1max}, x_{2max}, \cdots, x_{rmax}\}$，若用 Y 表示 $\widetilde{X}$，即 $Y = (y_1, y_2, \cdots, y_r)$，则 X 与 Y 各个元素之间仍然存在一一对应关系，即

$$X = (X_1, X_2, \cdots, X_r) \leftrightarrow Y = (y_1, y_2, \cdots, y_r) \qquad (2\text{-}107)$$

假设 X、Y 两个随机输入变量相邻两点分别为 $[x_i, x_{i+1}]$ 和 $[y_i, y_{i+1}]$，并且存在一一对应关系，则 $[y_i, y_{i+1}]$ 中任一点 y_{ik} 相对应的 x_{ik} 为

$$x_{ik} = x_i + (x_{i+1} - x_i)\left(\frac{y_{ik} - y_i}{y_{i+1} - y_i}\right), k \in \mathbf{Z}_+ \qquad (2\text{-}108)$$

3）用 x_{imax} 代替 X_i 中各个元素来分析对输出响应影响，再根据 X_i 中各个元素与 x_{imax} 之间的相关性确定 X_i 中各个元素对系统输出的影响。

该方法只需考虑一类变量的最大值对输出响应的影响，大大减少了随机输入变量的个数，为概率分析提供了方便，能显著节约计算时间并提高计算效率与精度。

前人对失谐叶盘结构的研究建立的模型，如集中参数模型、连续参数模型，计算精度低，人为干扰因素大，从而使概率分析结果的误差较大，不适合工程应用。随着计算机技术的发展，有限元模型逐渐发展壮大，虽然精度有所提高，但是计算量非常大，计算效率极低，而且在进行概率分析时，多数都采用 MC 法，如果需要达到精度要求，需要模拟足够多的系数，这给计算带来极大的困难，对于有限元模型可能无法实现。于是，发展了一种减缩降阶的有限元模型，即动态子结构，该方法使得单元数和自由度数大大减少，但是计算精度并不降低，从而使计算效率大大提高，在工程上得到了广泛的应用。本著作对动态子结构有限元模型进行改进，提出了 CHISCMSM，建立了协同综合有限元减缩模型，在此基础上结合 FE-ERSM 和 MSMO-CRSM，提出了 MSMO-CFE-ERSM-DSM，该方法可以大大提高随机失谐整体叶盘结构动态不确定性分析的计算效率，也能保证一定的精度，其分析流程如图 2-15 所示。

2.3.4 算例 2

动态子结构法建立有限元模型的计算精度和计算效率已经在 2.2.5 小节验证，在此以某发动机叶盘结构为例，来验证 MSMO-CFE-ERSM-DSM 的有效性。

首先选取某航空发动机叶盘结构作为研究对象，简化其叶片的冷却孔，轮盘的圆角、凸台等，材料选取某种镍合金，各参数设置与 2.2.5 小节算例相同。以

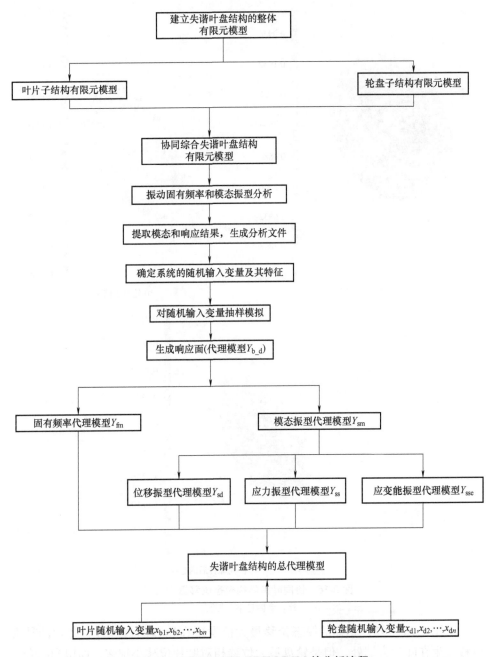

图 2-15　MSMO-CFE-ERSM-DSM 的分析流程

某阶带有预应力的模态振型（位移）为例，分别求得叶片子结构、轮盘子结构及协同综合后整体叶盘结构的位移振型云图，如图 2-16 所示。

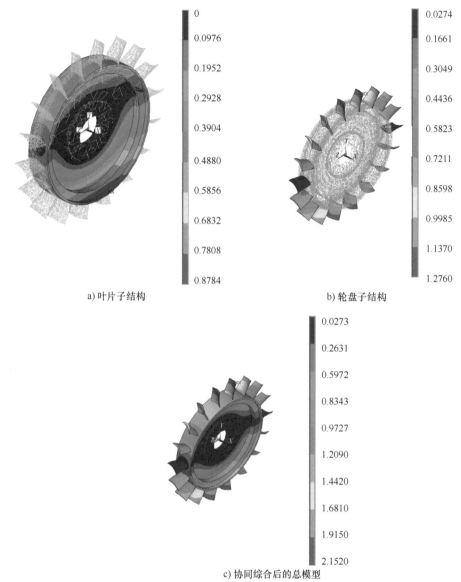

| 0 |
| 0.0976 |
| 0.1952 |
| 0.2928 |
| 0.3904 |
| 0.4880 |
| 0.5856 |
| 0.6832 |
| 0.7808 |
| 0.8784 |

a) 叶片子结构

| 0.0274 |
| 0.1661 |
| 0.3049 |
| 0.4436 |
| 0.5823 |
| 0.7211 |
| 0.8598 |
| 0.9985 |
| 1.1370 |
| 1.2760 |

b) 轮盘子结构

| 0.0273 |
| 0.2631 |
| 0.5972 |
| 0.8343 |
| 0.9727 |
| 1.2090 |
| 1.4420 |
| 1.6810 |
| 1.9150 |
| 2.1520 |

c) 协同综合后的总模型

图 2-16   协同叶盘结构模态位移振型云图

注：彩图见书后插页。

由图 2-16 可知，轮盘的模态位移最大值发生在轮盘的边缘处，叶片的最大位移发生在叶片尖端处，但是轮盘最大位移相对叶片位移小很多，而协同综合有限元减缩模型（Collaborative Comprehensive Finite Element Reduced Order Modeling，CCFEROM）的最大位移依然发生在叶片尖端处，从位移最大值可以看出，整体叶盘结构的位移值小于叶片和轮盘最值位移之和，误差为 0.0024mm，满足实际工程要求。

　　假设各个变量均服从高斯分布且相互独立，经过抽样，直接对整体叶盘结构进行概率分析，采用 MSMO-CFE-ERSM-DSM 对模态位移进行相对概率分析，如图 2-17 所示。用样本点拟合响应面系数，则得到响应面函数，见式（2-109）~式（2-110）。

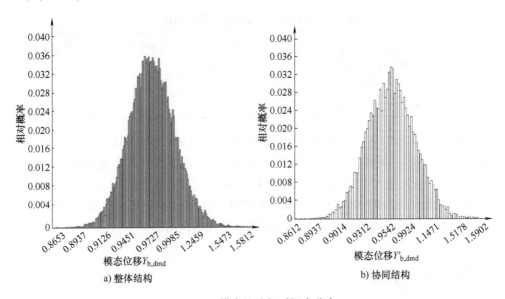

a) 整体结构　　　　　　　　　　　　　　b) 协同结构

图 2-17　模态位移相对概率分布

$$Y_{b\_dmd} = 2.258 \times 10^{-3} - 1.424 \times 10^{-5}E + 3.245 \times 10^{-5}\omega + 5.325 \times 10^{-5}\rho - 2.457 \times 10^{-5}\nu +$$
$$1.432 \times 10^{-6}\rho^2 + 2.784 \times 10^{-6}E^2 + 3.574 \times 10^{-6}\omega^2 - 1.783 \times 10^{-7}\rho E + 5.231 \times$$
$$10^{-7}\rho\omega - 4.213 \times 10^{-7}E\omega \tag{2-109}$$

$$Y'_{b\_dmd} = 2.771 \times 10^{-3} - 1.510 \times 10^{-5}E_b - 1.721 \times 10^{-5}E_d + 3.289 \times 10^{-5}\omega + 4.228 \times 10^{-6}\rho_b +$$
$$4.115 \times 10^{-6}\rho_d - 2.308 \times 10^{-6}\nu_b - 2.518 \times 10^{-6}\nu_d + 1.334 \times 10^{-6}\rho_b^2 + 1.334 \times$$
$$10^{-6}\rho_d^2 + 2.319 \times 10^{-6}E_b^2 + 2.271 \times 10^{-6}E_d^2 - 2.295 \times 10^{-7}\rho_b E_b - 2.455 \times$$
$$10^{-7}\rho_d E_d + 4.537 \times 10^{-7}\rho_b\omega + 4.463 \times 10^{-7}\rho_d\omega - 4.620 \times 10^{-7}E_b\omega - 4.724 \times$$
$$10^{-7}E_d\omega + 4.786 \times 10^{-6}\omega^2 \tag{2-110}$$

式中，E 为叶片与轮盘综合后叶盘结构的弹性模量；ω 为叶盘结构转速；ρ 为叶片与轮盘综合后叶盘结构的密度；ν 为叶片与轮盘综合后叶盘结构的泊松比；E_b 为叶片的弹性模量；E_d 为轮盘的弹性模量；ρ_b 为叶片的密度；ρ_d 为轮盘的密度；ν_b 是叶片的泊松比；ν_d 是轮盘的泊松比。

　　由图 2-17 可知，采用 CHISCMSM 与 MSMO-CFE-ERSM-DSM 对整体叶盘进行模态位移概率分析，分布几乎相同，可见基于 MSMO-CFE-ERSM-DSM 用在叶盘结构分析中是可行的，且计算时间大大减少。

为了验证该方法的效率和精度，采用 MSMO-CFE-ERSM-DSM、MC 法及基于动态子结构多级多目标协同有限元-响应面法（MSMO-CFE-RSM-DSM）分别对叶盘结构的模态位移进行概率分析，并比较计算结果。在计算过程中，这三种方法都是 10^4 次模拟计算，以 MC 法计算为基准，则计算时间和计算精度见表 2-4。

表 2-4　三种方法概率分析计算时间比较

方法	Y'_{b_dmd}，t/h	Y_{b_dmd}，t/h	计算精度
MSMO-CFE-ERSM-DSM	3.24	—	0.9923
MC 法	—	72.41	1
MSMO-CFE-RSM-DSM	12.65	—	0.9954

由表 2-4 可以看出，本著作提出的 MSMO-CFE-ERSM-DSM 的计算效率比 MSMO-CFE-RSM-DSM 计算效率提高 74.38%，MC 比直接对高保真整体有限元法采用 MC 法计算效率提高 95.52%，而计算精度与 MC 法相当，满足工程要求。因此，本著作提出的 MSMO-CFE-ERSM-DSM，是一种对叶盘结构概率分析非常有效的方法，可以将该方法拓展到其他机械结构的应用中。

2.4　本章小结

本章研究了 MSMO-CFE-ERSM-DSM 的基本原理，包括动态子结构法和减缩原理，以及多级多目标协同响应面法。在分析动态子结构法减缩过程中，分别研究了不同特征的叶片和轮盘的减缩过程，以及它们的综合过程，并对原减缩力学模型进行了修正，在原本只考虑叶片刚度失谐的基础上，同时考虑了叶片质量失谐及叶片几何尺寸的失谐；基于算例验证了该方法在叶盘结构中的计算精度和计算效率是可行的。在分析多级多目标协同响应面法的过程中，首先介绍了传统的单一函数概率分析方法，包括 MC 法和二次响应面法；其次，从数学角度提出了复杂复合函数概率分析的协同响应面方法，分析了其数学原理；最后，研究了基于动态子结构法的多级多目标协同代理模型的响应面法，给出分析流程，且通过算例验证了该方法是失谐叶盘结构研究的有效方法，在保证计算精度的前提下，计算效率显著提高。本章将动态子结构法与多级多目标协同响应面法合理结合，丰富和发展了振动力学、概率理论及统计方法的内容，为本著作的随机失谐整体叶盘结构的振动特性下的模态及响应的概率设计分析提供了理论和方法基础。

第3章

随机失谐整体叶盘结构的固有频率研究

3

3.1 概述

叶盘结构的振动特性通常与其固有频率有着密切的关系，不同的输入条件可能会引起固有频率的不同变化。在现代航空发动机设计中，轮盘的型面不断减薄，叶片与轮盘的耦合作用愈加显著，模态成分非常密集，对小量的失谐非常敏感，可能会导致结构的动力特性与相应的谐调状态有很大的差异。失谐导致的振动局部化会使得部分叶盘扇区的振动水平显著升高，使得少数叶片出现振动过大并产生较高的疲劳应力，甚至发生断裂，有必要对其模态进行研究。

本著作为了对模态及振动响应进行不确定性研究，而概率分析是以定量分析为基础，故首先需要对叶盘结构模态频率进行确定性分析，为对其进行不确定性分析奠定基础。因此，本章采用 CHISCMSM 对航空发动机叶盘结构的模态频率进行分析。

3.2 随机失谐整体叶盘结构固有频率分析

3.2.1 离心力对叶盘结构固有频率的影响

航空发动机在高转速下工作，转速越高，离心力越大，因此研究离心力对其影响实际是研究旋转速度对其影响，在不同的转速下采用 CHISCMSM 对其前40 阶固有频率进行计算，见表 3-1 和图 3-1（各阶有限元模型同 2.3.4 小节的算例，后续章节的热载荷及二者共同作用下叶盘结构各阶有限元模型同 2.3.4 小节的算例）。设整体叶盘结构的叶片刚度失谐量为3%（后续章节叶盘结构失谐量都为叶片刚度失谐量3%），叶盘结构失谐后与其谐调时相比，不同转速下的固有频率改变量如图3-2所示。

表3-1　不同转速下的固有频率　　　　　　　　（单位：Hz）

阶次	0rad/s			800rad/s			1046rad/s			1147rad/s		
	谐调	失谐	偏差	谐调	失谐	偏差	谐调	失谐	偏差	谐调	失谐	偏差
1	212.19	212.91	0.72	259.69	260.30	0.61	288.61	289.17	0.56	301.69	302.23	0.54
2	212.98	213.96	0.98	260.37	261.19	0.82	289.25	289.99	0.74	302.31	303.03	0.72
3	308.62	309.53	0.91	333.79	334.63	0.84	350.45	351.24	0.79	358.26	359.03	0.77
4	1163.2	1168.6	5.4	1181.8	1187.1	5.3	1194.8	1200.1	5.3	1201.0	1206.3	5.3
5	1163.4	1169.7	6.3	1181.9	1188.2	6.3	1194.9	1201.1	6.2	1201.2	1207.4	6.2
6	1692.4	1702.5	10.1	1693.8	1703.8	10	1694.7	1704.6	9.7	1695.2	1705.1	9.9
7	2481.5	2501.7	20.2	2495.0	2515.6	20.6	2504.6	2525.3	20.7	2509.2	2530.0	20.8
8	2482.4	2508.8	26.4	2495.9	2522.5	26.6	2505.4	2532.1	26.7	2510.0	2536.8	26.8
⋮	⋮	⋮	⋮	⋮	⋮	⋮	⋮	⋮	⋮	⋮	⋮	⋮
36	4665.6	4683.3	17.7	4668.4	4686.3	17.9	4670.4	4688.5	18.1	4671.4	4689.6	18.2
37	4667.2	4690.0	22.8	4670.0	4693.1	23.1	4672.0	4695.3	23.3	4672.9	4696.4	23.5
38	4671.9	4698.6	26.7	4674.7	4702.1	27.4	4676.6	4704.6	28.0	4677.6	4705.8	28.2
39	4672.3	4709.0	36.7	4675.1	4712.2	37.1	4677.0	4714.5	37.5	4678.0	4715.6	37.6
40	4674.2	4715.3	41.4	4677.0	4719.0	42.0	4678.9	4721.5	42.6	4679.9	4722.6	42.7

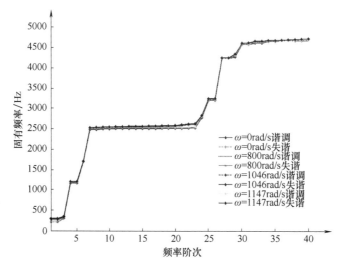

图3-1　不同转速下的固有频率

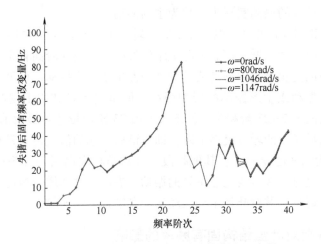

图 3-2　不同转速下失谐后的固有频率改变量

由表 3-1 和图 3-1 可见，固有频率随着转速的增大而增大，且低阶频率增大的幅度大于高阶频率增大的幅度，如当转速从 0rad/s 增加到 800rad/s 时，谐调和失谐后叶盘结构的第 1 阶频率分别增加 47.5Hz、47.39Hz，第 40 阶频率分别增加 2.8Hz、3.7Hz；当转速从 800rad/s 增加到 1046rad/s 时，谐调和失谐后叶盘结构的第 1 阶频率分别增加 28.92Hz、28.87Hz，第 40 阶频率分别增加 1.9Hz、2.5Hz；当转速从 1046rad/s 增加到 1147rad/s 时，谐调和失谐后叶盘结构的第 1 阶频率分别增加 13.08Hz、13.06Hz，第 40 阶频率分别增加 1.0Hz、1.1Hz。可见转速对低阶频率的影响较大。

由图 3-1 还可以发现，叶盘结构在高速旋转过程中，出现了不同的频率带，即不同的模态族（各阶振动形态可由如 2.3.4 小节算例的有限元模型观察得到，在后续章节的热载荷及二者共同作用下叶盘结构的振动形态都由如 2.3.4 小节算例的有限元模型观察得到）。例如，在第 1~2 阶，频率较低且非常接近，主要是轮盘主导的 1 节径弯曲振动，但是从第 3 阶开始频率有所增大，出现了伞形振动，实际为轮盘主导的节径弯曲振动的过渡频率。第 4~5 阶则出现了轮盘主导的 2 节径弯曲振动。第 6 阶频率突然增加较大，实际为轮盘主导到叶片主导振动的过渡频率，该阶频率处出现了盘-片耦合弯曲振动。从第 7~23 阶开始出现了叶片主导的弯曲振动，频率带较宽，频率非常密集，对小量失谐非常敏感。第 24 阶振动形式与第 6 阶相似，为盘-片耦合弯曲振动。第 25~26 阶出现了与第 4~5 阶相似的振动形式，为轮盘主导的 3 节径弯曲振动。第 27~28 阶则出现了轮盘主导的多节径振动。第 29 阶出现了盘-片耦合的扭转振动，而第 30~40 阶则出现了非常危险的叶片主导的扭转振动或弯扭耦合振动。可见频率较小处为轮盘主导的振动，而频率较大的频率带为叶片主导或过渡区，高阶频率带为叶片主导振动，因此叶盘结构的振动实际为叶片为主的振动。

由表 3-1 和图 3-2 可以发现，在不同的转速下，叶盘结构失谐后其各阶频率比谐调时都有所增大，低阶模态下叶盘结构失谐后的前 3 阶固有频率的增量变化很小，主要原因是轮盘主导振动或叶盘结构发生了伞形振动，可见失谐对低阶模态下轮盘主导振动或伞形振动的影响很小，但是当叶盘结构出现叶片主导振动时，如失谐后的第 7~23 阶频率急剧增大，第 23 阶增量达到最大值，从第 24 阶叶盘结构失谐后频率的增量突然下降，即失谐后频率的值变化不是很大，第 36~40 阶频率增大幅度也较大。在其他频段，叶盘结构失谐后，其频率增量变化有所波动，主要是过渡区域或轮盘主导的振动，失谐后频率增量相比叶片主导的振动要小一些，可见失谐对叶片主导振动的叶盘结构影响比较大。

3.2.2 热载荷对叶盘结构固有频率的影响

在高燃气温度作用下，叶盘结构材料的性能可能发生变化，从而引起其固有频率的变化，因此研究热载荷对其固有频率的影响非常有必要。在不同的温度下采用 CHISCMSM 对其前 40 阶固有频率进行计算，见表 3-2 和图 3-3。叶盘结构失谐后与其谐调时相比，不同温度下的固有频率改变量如图 3-4 所示。

表 3-2 不同温度下的固有频率　　　　　　　　（单位：Hz）

阶次	0℃			650℃			850℃			1050℃		
	谐调	失谐	偏差	谐调	失谐	偏差	谐调	失谐	偏差	谐调	失谐	偏差
1	212.19	212.91	0.72	261.59	262.52	0.93	274.74	275.73	0.99	287.18	288.22	1.04
2	212.98	213.96	0.98	262.30	263.52	1.22	275.43	276.72	1.29	287.86	289.21	1.35
3	308.62	309.53	0.91	389.58	390.80	1.22	410.93	412.22	1.29	431.07	432.44	1.37
4	1163.2	1168.6	5.4	1149.4	1154.6	5.2	1145.0	1150.3	5.3	1140.6	1145.8	5.2
5	1163.4	1169.7	6.3	1149.5	1155.7	6.2	1145.2	1151.3	6.1	1140.8	1146.9	6.1
6	1692.4	1702.5	10.1	1696.4	1706.6	10.2	1697.9	1708.1	10.2	1699.1	1709.4	10.3
7	2481.5	2501.7	20.2	2481.6	2502.2	20.6	2481.6	2502.3	20.7	2481.6	2502.4	20.8
8	2482.4	2508.8	26.4	2482.4	2509.2	26.8	2482.4	2509.3	26.9	2482.5	2509.4	26.9
⋮	⋮	⋮	⋮	⋮	⋮	⋮	⋮	⋮	⋮	⋮	⋮	⋮
35	4652.2	4674.7	22.5	4651.8	4679.0	27.2	4651.8	4680.5	28.7	4651.8	4682.1	30.3
36	4665.6	4683.3	17.7	4665.3	4686.1	20.8	4665.2	4687.1	21.9	4665.1	4688.1	23.0
37	4667.2	4690.0	22.8	4666.9	4693.3	26.4	4666.8	4694.4	27.6	4666.7	4695.4	28.7
38	4671.9	4698.6	26.7	4671.6	4702.7	31.1	4671.5	4703.8	32.3	4671.5	4704.8	33.0
39	4672.3	4709.0	36.7	4672.0	4711.9	39.9	4671.9	4712.8	40.9	4671.8	4713.7	41.9
40	4674.2	4715.3	41.4	4674.0	4719.9	45.9	4673.9	4721.1	47.2	4673.8	4722.2	48.4

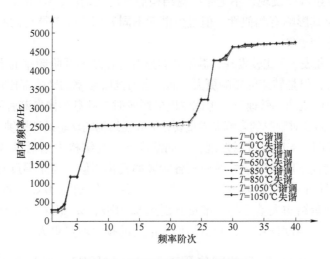

图 3-3　不同温度下的固有频率

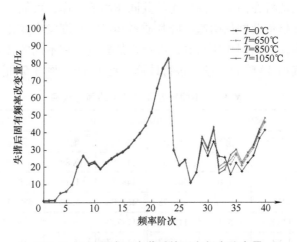

图 3-4　不同温度下失谐后的固有频率改变量

　　由表 3-2 和图 3-3 可见，随着温度的升高，固有频率的变化与转速对其影响不同。对于谐调叶盘结构和失谐叶盘结构，前 3 阶频率都随着温度的升高而增大，但是第 4~5 阶频率开始随着温度的升高而下降，主要原因在于温度使得叶盘结构的弹性模量减小。第 7~23 阶频率基本不变，但是对于谐调叶盘结构，随着温度的升高频率有减小的趋势，主要原因在于温度使得叶盘结构的弹性模量减小；对于失谐叶盘结构，随着温度的升高，频率有增大的趋势，主要原因可能是叶盘结构失谐后，叶盘质量、密度、尺寸变化等因素比弹性模量对叶盘结构的影响更大。

由图 3-3 还可以发现，不论是叶盘结构静频还是动频，都出现了不同的频率带，与转速对其影响有相似性，但是失谐后不同温度下叶盘结构的频率带比不同转速下的频率带更宽。

由表 3-1 和表 3-2 比较发现，温度和转速对叶盘结构低阶频率的影响比对高阶频率的影响大，但是转速的影响更大，而二者对高阶频率的影响都比较小。相对而言，在同一温度或同一转速下，考虑温度的影响时，叶盘结构失谐后频率带变化更大，可见考虑温度对频率的影响非常重要，为叶盘结构的动态设计提供了参考价值。

图 3-3 和图 3-4 比较可以发现，不同温度下叶盘结构失谐后其各阶频率变化基本与不同转速下叶盘结构失谐后其各阶频率变化相似，但是温度对失谐叶盘结构的叶片主导频率段影响更大。例如，当温度分别为 0℃、650℃、850℃、1050℃时，叶盘结构失谐后频率增量分别达 82.0Hz、82.6Hz、83.3Hz、82.9Hz，相对转速而言，温度作用下，叶盘结构失谐后的频率增量更大。

3.2.3　离心力和热载荷共同作用对叶盘结构固有频率的影响

实际航空发动机在高温、高转速的共同作用下工作，可能引起叶盘结构的刚度、材料的弹性模量及磨损引起的叶片质量和尺寸厚度发生变化，因此有必要研究离心力和热载荷的共同作用对其固有频率的影响。在不同的转速和温度下采用 CHISCMSM 对其前 40 阶固有频率进行计算，见表 3-3、图 3-5 和图 3-6。

表 3-3　不同转速和温度下的固有频率　　（单位：Hz）

阶次	1046rad/s，650℃			1046rad/s，1050℃			1147rad/s，650℃		
	谐调	失谐	偏差	谐调	失谐	偏差	谐调	失谐	偏差
1	326.07	326.85	0.78	346.64	347.53	0.89	337.59	338.35	0.76
2	326.68	327.68	1.0	347.24	348.38	1.14	338.19	339.17	0.98
3	422.67	423.78	1.11	460.78	462.05	1.27	429.01	430.10	1.09
4	1181.2	1186.3	5.1	1172.6	1177.7	5.1	1187.5	1192.6	5.1
5	1181.3	1187.4	6.1	1172.7	1178.7	6.0	1187.6	1193.7	6.1
6	1698.9	1709.0	10.1	1701.5	1711.6	10.1	1699.4	1709.4	10.0
7	2504.6	2525.8	21.2	2504.7	2526.0	21.3	2509.2	2530.5	21.3
⋮	⋮	⋮	⋮	⋮	⋮	⋮	⋮	⋮	⋮
35	4656.9	4685.4	28.5	4661.7	4690.2	28.5	4658.0	4686.9	28.9
36	4670.1	4691.6	21.5	4669.9	4693.6	23.7	4671.0	4692.7	21.7
37	4671.6	4698.7	27.1	4671.4	4700.9	29.5	4672.6	4699.8	27.2
38	4674.9	4709.3	34.4	4673.8	4710.7	36.9	4674.9	4709.2	34.3
39	4676.7	4717.4	40.7	4676.6	4719.0	42.4	4677.7	4718.4	40.7
40	4678.6	4725.4	46.8	4678.5	4727.5	49.0	4679.6	4726.5	46.9

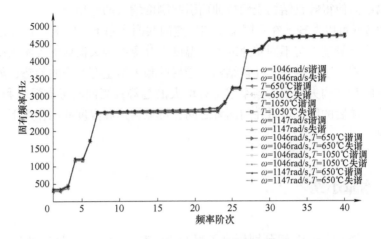

图 3-5　不同转速和温度下的固有频率

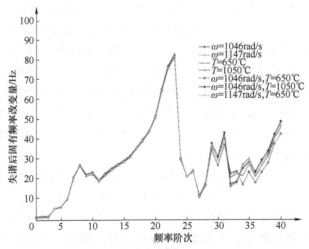

图 3-6　不同转速和温度下失谐后的固有频率改变量

注：彩图见书后插页。

由表 3-1~表 3-3 和图 3-5 可见，当同时考虑温度和转速时，根据不同的温度和转速，有时温度起主要作用，有时转速其主要作用。例如，相对只考虑转速 $\omega=1046\text{rad/s}$ 而言，当转速 $\omega=1046\text{rad/s}$、温度 $T=650℃$ 时，谐调叶盘结构和失谐叶盘结构的第 1~3 阶、第 6 阶、第 24 阶、第 27~29 阶和第 32~33 阶的频率都有所提高，实际上转速对叶盘结构频率的影响大于温度的影响，即离心力使得叶盘结构受到拉伸作用，而离心力具有迫使叶盘结构回到平衡位置的趋势，引起了刚度增大，该作用大于温度引起弹性模量减小的作用。但是，第 4~5 阶和第 25~26阶的频率减小，实际上温度起了主导作用，即温度引起弹性模量减小的作用大于离心力使得叶盘结构受到拉伸而引起刚度增大的作用。

由图 3-6 可以发现，在不同温度和转速的共同作用下，叶盘结构失谐后的各阶频率变化趋势基本与不同转速或不同温度下叶盘结构失谐后的各阶频率变化相似。但是随着转速的提高，叶盘结构失谐后的频率增量有减小的趋势；随着温度的升高，叶盘结构失谐后的频率增量有增大的趋势；当同时考虑温度和转速时，叶盘结构失谐后的频率增量在前两者之间，可见转速和温度共同作用下有改善频带的效果。

3.3　本章小结

本章采用 CHISCMSM 分别研究了离心力、热载荷，以及同时考虑二者时对失谐量为 3% 的随机失谐叶盘结构固有频率的影响，为对其进行概率分析奠定基础。研究表明，不论叶盘结构是否失谐，其固有频率都随着转速的提高而增大，而且低阶频率增大的幅度大于高阶频率增大的幅度，转速对低阶频率的影响较大。同一转速主导振动的不同形式下，不同阶频率增量是不同的，低频段下易出现叶片主导的弯曲振动且频段较宽，高频段下易出现叶片主导的扭转及弯扭耦合振动。而热载荷对随机失谐叶盘结构的影响与离心力对其影响有所不同，随着温度的增加，叶盘结构的频率不仅有增大的趋势，而且还有减小的趋势，可能是温度引起弹性模量及叶盘质量、密度、尺寸等发生变化，共同作用的结果。温度对低阶频率的影响大于对高阶频率的影响，不同温度下失谐叶盘结构的频率带比不同转速下的频率带更宽，而且温度比转速对失谐叶盘结构高阶频率的影响更大。当同时考虑温度和转速时，有时转速对叶盘结构固有频率影响大，有时温度对叶盘结构影响大。当转速起主要作用时，实际离心力引起的叶盘结构刚度增大大于温度引起的弹性模量减小；当温度起主导作用时，即温度引起的弹性模量减小大于离心力使得叶盘结构受到拉伸作用而引起的刚度增大。不论是在高速旋转过程中，还是在高温作用下，亦或是二者共同影响下，叶盘结构出现了不同的频率带，即不同的模态族，而不同的频率带由不同的振型主导。失谐后叶盘结构的频率带变宽，叶片主导振动下，失谐对叶盘结构影响比较大，而且随着频率的增大，叶盘结构的危险性逐渐增大，其中叶片主导的频率段为最危险区。

第4章

随机失谐整体叶盘结构的模态振型研究

4.1 概述

叶盘结构的振动特性不仅与其固有频率有密切关系，而且与模态振型也有着必然的关系。通常对模态振型进行定量分析来研究失谐叶盘结构的失谐程度，采用局部化因子对其进行研究，物理意义明确，很好地说明了叶盘的失谐程度，当小量失谐时，局部化因子不仅可以对叶盘结构进行定量分析，同时也能进行不确定性分析，即定性分析。但是一旦失谐非常严重，变形非常大，可能在正方向达到最大后开始向负方向变化，而局部化因子不能反映振型的变化方向，特别是当失谐非常严重时，在对失谐叶盘结构进行定性分析时，概率分布图中局部化因子不能表达振型的方向变化。

为了对叶盘结构进行定性分析，本著作初步做了试探性研究，取局部化因子的表达因素——"振型最大值"作为研究对象。单纯对"振型最大值"进行定量研究没有绝对意义，但是对其进行定性分析，有一定的相对意义，能够反映振型的变化趋势及振型是否发生方向变化，因此为了对失谐叶盘结构模态振型进行定性分析，即对其进行不确定性分析。首先需要对其进行定量分析，将"振型"作为定量分析的目标，需要找出作为定性分析的最合理的定量阶次振型。而在对随机失谐叶盘结构进行概率分析时，虽然可以取任意某一阶振型的某一个任意值作为定性分析的基础，但是这样不能找到叶盘结构最危险的变化趋势，而将叶盘结构各阶"振型最大值"作为研究对象，则可以找到叶盘结构最危险部位的变化趋势，相对取任意某一阶振型的某一个任意值作为定性分析而言更好一些，因此本章将局部化因子的表达因素——"振型最大值"作为定量分析的目标，对各阶"振型最大值"进行确定性分析，为研究叶盘结构危险部位的不确定性分析奠定基础。本著作只是做了探索性研究，有一定的局限性，是否还有更好的方法值得继续深入探究。

为了研究失谐叶盘结构振型受离心力和热载荷的影响，将失谐叶盘结构与谐调叶盘结构在相同温度和转速下的同阶振型进行比较；为了更好地对失谐叶盘结构的振型进行不确定性研究，将提取谐调叶盘结构和失谐叶盘结构的各阶振型的最大值作为研究对象，从而更加合理形象地描述叶盘结构失谐后振型的变化情况。

4.2 随机失谐整体叶盘结构模态位移振型分析

4.2.1 离心力作用下的模态位移振型分析

在研究高转速下模态频率的基础上，进一步研究其对应的位移振型，采用 CHISCMSM 计算叶盘结构前 40 阶模态位移振型最大值及不同转速下叶盘结构失谐后的模态位移振型最大值改变量，见表 4-1 和图 4-1、图 4-2。

表 4-1 不同转速下的模态位移振型最大值

| 阶次 | 0rad/s | | | 800rad/s | | | 1046rad/s | | | 1147rad/s | | |
	谐调	失谐	偏差	谐调	失谐	偏差	谐调	失谐	偏差	谐调	失谐	偏差
1	1.2689	1.2908	0.0219	1.2704	1.2910	0.0206	1.2715	1.2911	0.0196	1.2721	1.2912	0.0191
2	1.2877	1.2816	-0.0061	1.2889	1.2853	-0.0036	1.2897	1.2877	-0.0020	1.2902	1.2887	-0.0015
3	0.6754	0.6786	0.0032	0.6776	0.6809	0.0033	0.6792	0.6827	0.0035	0.6801	0.6836	0.0035
4	1.8250	1.8394	0.0144	1.8257	1.8408	0.0151	1.8262	1.8417	0.0155	1.8265	1.8422	0.0157
5	1.8367	1.8419	0.0052	1.8381	1.8430	0.0049	1.8391	1.8438	0.0047	1.8396	1.8442	0.0046
6	1.9167	1.9570	0.0403	1.9001	1.9391	0.0391	1.8887	1.9267	0.0381	1.8832	1.9208	0.0376
7	7.1057	15.108	8.0023	7.0961	14.868	7.7719	7.0897	14.690	7.6003	7.0867	14.601	7.5143
8	7.1471	11.460	4.3129	7.1319	11.348	4.2161	7.1215	11.266	4.1445	7.1166	11.226	4.1094
⋮	⋮	⋮	⋮	⋮	⋮	⋮	⋮	⋮	⋮	⋮	⋮	⋮
35	8.7186	14.101	5.3824	8.6978	14.109	5.4112	8.6793	14.579	5.8997	8.6685	14.802	6.1335
36	7.8155	17.573	9.7575	7.8189	17.259	9.4401	7.8206	16.972	9.1514	7.8214	16.809	8.9876
37	9.2688	16.806	7.5372	9.2447	16.465	7.2203	9.2306	16.159	6.9284	9.2243	15.987	6.7627
38	9.4873	13.897	4.4097	9.4389	13.673	4.2341	9.4069	13.472	4.0651	9.3913	13.363	3.9717
39	9.4471	14.103	4.6559	9.4053	13.571	4.1657	9.3826	13.421	4.0384	9.3729	13.335	3.9621
40	9.3423	13.747	4.4047	9.2484	14.084	4.8356	9.2051	14.254	5.0489	9.1885	14.319	5.1305

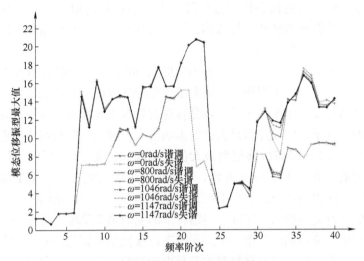

图 4-1　不同转速下的模态位移振型最大值

注：彩图见书后插页。

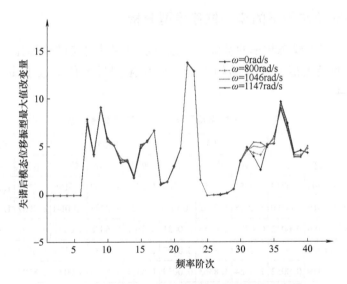

图 4-2　不同转速下的模态位移振型最大值改变量

　　由表 4-1 和图 4-1 可见，对于谐调叶盘结构，其前 6 阶模态位移振型最大值比较小，且第 3 阶出现了最小值，从第 7 阶开始模态位移振型最大值突然增大，到第 24 阶急剧减小，之后发生了类似的变化趋势，主要原因可能是第一个周期下能量的集聚。而叶盘结构失谐后，其变化趋势与谐调叶盘结构基本相似，但是从第 7 阶开始模态位移振型最大值增大了很多，而前 6 阶模态位移振型最大值基本和谐调叶盘结构的模态位移振型最大值相差不大，叶盘结构的频率刚好从第 7

阶开始发生突变，可见模态位移振型与频率大小有着密切关系。叶盘结构失谐后，其模态位移振型对转速比较敏感，特别是叶片主导的频率密集区域对应的模态位移振型对转速更加敏感。

由表 4-1 和图 4-2 发现，在不同的转速下，叶盘结构失谐后的各阶模态位移振型有所增加，但前 6 阶模态位移振型最大值的增量很小，主要原因是轮盘主导振动或叶盘结构发生了伞形振动，可见转速对轮盘主导振动或伞形振动下的失谐叶盘结构的低阶模态位移振型最大值的影响不大，但是当叶盘结构出现叶片主导振动时，第 7~23 阶模态位移振型最大值急剧增大，第 22 阶模态位移振型最大值增量达到最大值。从第 24 阶开始，叶盘结构失谐后模态位移振型最大值的增量突然下降，即失谐后模态位移振型最大值的改变量减小，而第 36 阶模态位移振型最大值增量突然增大，实际上与第一个周期的第 7 阶模态位移振型最大值突变有类似原因，所不同的是第一个周期模态位移振型主要是由叶片的弯曲振动引起的，而第二个周期模态位移振型主要是由叶片的扭转振动引起的，可见扭转振动的破坏性更大。

4.2.2 热载荷作用下的模态位移振型分析

在研究高温下模态频率的基础上，进一步研究其对应的位移振型，前 40 阶模态位移振型最大值及叶盘结构失谐后位移振型最大值的改变量见表 4-2 和图 4-3、图 4-4。

表 4-2 不同温度下的模态位移振型最大值

阶次	0℃			650℃			850℃			1050℃		
	谐调	失谐	偏差	谐调	失谐	偏差	谐调	失谐	偏差	谐调	失谐	偏差
1	1.2689	1.2908	0.0219	1.2753	1.2956	0.0203	1.2772	1.2968	0.0196	1.2792	1.2979	0.0187
2	1.2877	1.2816	-0.0061	1.2915	1.2792	-0.0123	1.2926	1.2785	-0.0141	1.2937	1.2812	-0.0125
3	0.6754	0.6786	0.0032	0.6825	0.6856	0.0031	0.6847	0.6878	0.0031	0.6891	0.68997	0.00087
4	1.8250	1.8394	0.0144	1.8181	1.8348	0.0167	1.8159	1.8333	0.0174	1.8137	1.8319	0.0182
5	1.8367	1.8419	0.0052	1.8324	1.8363	0.0039	1.8311	1.8345	0.0034	1.8299	1.8328	0.0029
6	1.9167	1.9570	0.0403	1.9250	1.9649	0.0399	1.9275	1.9673	0.0398	1.9300	1.9697	0.0397
7	7.1057	15.108	8.0023	7.1130	15.121	8.008	7.1154	15.125	8.0096	7.1179	15.129	8.0111
8	7.1471	11.460	4.3129	7.1504	11.491	4.3406	7.1514	11.500	4.3486	7.1524	11.509	4.3566
⋮	⋮	⋮	⋮	⋮	⋮	⋮	⋮	⋮	⋮	⋮	⋮	⋮
35	8.7186	14.101	5.3824	8.6232	15.309	6.6858	8.5141	15.707	7.1929	8.6866	15.873	7.1864
36	7.8155	17.573	9.7575	7.8399	15.979	8.1391	7.8488	15.207	7.3582	7.8605	14.320	6.4595
37	9.2688	16.806	7.5372	9.2260	15.271	6.045	9.2149	15.155	5.9401	9.2026	15.221	6.0184

（续）

阶次	0℃			650℃			850℃			1050℃		
	谐调	失谐	偏差	谐调	失谐	偏差	谐调	失谐	偏差	谐调	失谐	偏差
38	9.4873	13.897	4.4097	9.3662	13.311	3.9448	9.3233	13.615	4.2917	9.2726	13.974	4.7014
39	9.4471	14.103	4.6559	9.3880	13.243	3.855	9.3759	12.926	3.5501	9.3627	12.571	3.2083
40	9.3423	13.747	4.4047	9.1748	13.938	4.7632	9.1516	13.742	4.5904	9.1349	13.488	4.3531

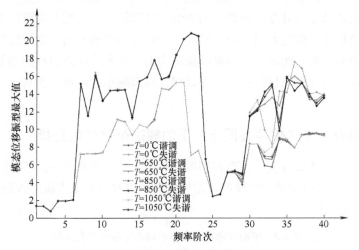

图 4-3　不同温度下的模态位移振型最大值

注：彩图见书后插页。

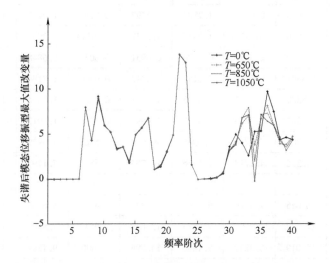

图 4-4　不同温度下的模态位移振型最大值改变量

由表 4-2 和图 4-3 可见，不同温度下的模态位移振型最大值变化趋势与不同转速下的模态位移振型最大值变化基本相似。同时还可以发现，不论是谐调叶盘结构还是失谐叶盘结构，在不同的温度下，其相同阶次下的模态位移振型最大值相差不大。

由图 4-4 发现，在不同的温度下，叶盘结构失谐后的各阶模态位移振型比谐调时都有所增加，但叶盘结构失谐后的前 6 阶模态位移振型最大值改变量非常小，主要原因是轮盘主导振动或叶盘结构发生了伞形振动，但是当叶盘结构出现叶片主导振动时，第 7~23 阶模态位移振型最大值改变量急剧增大。进入第二个周期后，随着温度的升高，叶盘结构失谐后各阶频率下的模态位移振型最大值增量有减小的趋势，即随着温度的升高，谐调叶盘结构和失谐叶盘结构的各阶模态位移振型最大值都有所增大，但是叶盘结构失谐后各阶模态位移振型最大值与相应谐调叶盘结构的模态位移振型最大值相差越来越小，可见高温对于谐调叶盘结构也是很危险的。

4.2.3 离心力和热载荷共同作用下的模态位移振型分析

在研究高温和高转速下模态频率的基础上，进一步研究其对应的位移振型，前 40 阶模态位移振型最大值及叶盘结构失谐后位移振型最大值的改变量见表 4-3 和图 4-5、图 4-6。

表 4-3 不同转速和温度下的模态位移振型最大值

阶次	1046rad/s, 650℃			1046rad/s, 1050℃			1147rad/s, 650℃		
	谐调	失谐	偏差	谐调	失谐	偏差	谐调	失谐	偏差
1	1.2764	1.2969	0.0205	1.2802	1.2997	0.0195	1.2767	1.2971	0.0204
2	1.2934	1.2856	-0.0078	1.2956	1.2842	-0.0114	1.2938	1.2867	-0.0071
3	0.6858	0.6889	0.0031	0.6900	0.6931	0.0031	0.6848	0.6896	0.0048
4	1.8192	1.8371	0.0179	1.8147	1.8343	0.0196	1.8194	1.8376	0.0182
5	1.8349	1.8382	0.0033	1.8323	1.8348	0.0025	1.8354	1.8386	0.0032
6	1.8967	1.9343	0.0376	1.9017	1.9390	0.0373	1.8912	1.9283	0.0371
7	7.0960	14.701	7.605	7.0948	14.6819	7.5862	7.0929	14.612	7.5191
8	7.1247	11.296	4.1713	7.1266	14.709	7.5824	7.1197	11.256	4.1363
⋮	⋮	⋮	⋮	⋮	⋮	⋮	⋮	⋮	⋮
35	8.5721	16.045	7.4729	6.7997	14.223	7.4233	8.6766	16.060	7.3834
36	7.8480	14.679	6.831	7.8873	12.839	4.9517	7.8507	14.318	6.4673
37	9.1958	15.019	5.8232	9.1880	14.994	5.806	9.1894	14.991	5.8016
38	9.2729	13.691	4.4181	9.1571	14.144	4.9869	9.2509	13.760	4.5091

（续）

阶次	1046rad/s，650℃			1046rad/s，1050℃			1147rad/s，650℃		
	谐调	失谐	偏差	谐调	失谐	偏差	谐调	失谐	偏差
39	9.3449	12.616	3.2711	9.3083	12.136	2.8277	9.3360	12.487	3.151
40	9.1275	13.878	4.7505	9.1103	14.237	5.1267	9.1213	13.857	4.7357

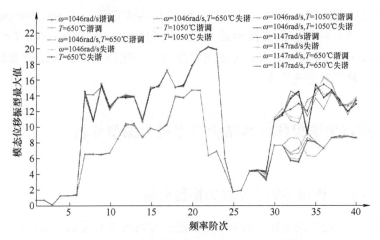

图 4-5　不同转速和温度下的模态位移振型最大值

注：彩图见书后插页。

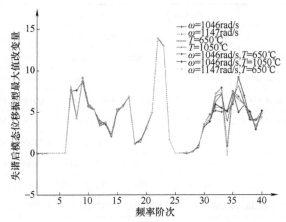

图 4-6　不同转速和温度下的模态位移振型最大值改变量

注：彩图见书后插页。

由表 4-3 和图 4-5 可见，不论是谐调叶盘结构还是失谐叶盘结构，在不同转速和温度的共同作用下，模态位移振型最大值的变化趋势与只考虑温度或只考虑转速时的变化趋势基本相同。但是，各阶模态位移振型最大值更接近只考虑转速时的模态位移振型最大值，其主要原因是模态位移振型对转速的敏感程度要比温度大。由此可见，当叶盘结构在高转速下工作时，适当的温度延缓了叶盘结构的破坏性，失谐叶盘结构对转速更敏感。

由图 4-6 可知，在不同的转速和温度下，叶盘结构失谐后各阶模态位移振型最大值改变量的变化趋势基本与只考虑转速或温度时相似，但比只考虑相应转速和温度时都有所减小，进一步说明当叶盘结构在高转速下工作时，适当的温度有利于叶盘结构的工作。同时可以发现，叶盘结构失谐后，当 $\omega = 1046\text{rad/s}$、$T = 1050℃$时，第 8 阶模态位移振型最大值增量明显比 $\omega = 1046\text{rad/s}$、$T = 650℃$ 和 $\omega = 1147\text{rad/s}$、$T = 650℃$时大，可见当温度达到一定程度后，失谐叶盘结构的模态位移振型对其敏感性增强。

4.3　随机失谐整体叶盘结构模态应力振型分析

4.3.1　离心力作用下的模态应力振型分析

在研究高转速下模态频率的基础上，进一步研究其对应的应力振型，前 40 阶模态应力振型最大值及失谐后模态应力振型最大值改变量见表 4-4 和图 4-7、图 4-8。

表 4-4　不同转速下的模态应力振型最大值（$\times 10^{12}$）

阶次	0rad/s			800rad/s			1046rad/s			1147rad/s		
	谐调	失谐	偏差	谐调	失谐	偏差	谐调	失谐	偏差	谐调	失谐	偏差
1	0.5013	0.4999	-0.0014	0.5129	0.5121	-0.0008	0.5207	0.5202	-0.0005	0.5243	0.5240	-0.0003
2	0.4720	0.4771	0.0051	0.4832	0.4881	0.0049	0.4908	0.4954	0.0046	0.4944	0.4988	0.0044
3	0.4770	0.4776	0.0006	0.4839	0.4850	0.0011	0.4887	0.4901	0.0012	0.4910	0.4924	0.0014
4	0.9393	1.0541	0.1148	0.9397	1.0554	0.1157	0.9410	1.0564	0.1154	0.9401	1.0569	0.1168
5	0.9289	1.1687	0.2398	0.9278	1.1681	0.2403	0.9270	1.1676	0.2406	0.9266	1.1674	0.2408
6	2.5641	2.4930	-0.0711	2.5269	2.4553	-0.0716	2.5011	2.4292	-0.0719	2.4887	2.4166	-0.0721
7	14.152	28.453	14.301	14.128	27.992	13.864	14.112	27.649	13.537	14.105	27.471	13.366
8	13.974	21.354	7.38	13.939	21.132	7.193	13.915	20.971	7.056	13.903	20.892	6.989
⋮	⋮	⋮	⋮	⋮	⋮	⋮	⋮	⋮	⋮	⋮	⋮	⋮
37	19.647	43.429	23.782	19.635	42.640	23.005	19.633	41.911	22.278	19.633	41.494	21.861
38	20.237	31.164	10.927	20.173	30.722	10.549	20.131	30.310	10.179	20.111	30.086	9.975
39	20.282	31.258	10.976	20.232	29.191	8.959	20.211	28.127	7.916	20.203	27.965	7.762
40	20.079	28.838	8.759	19.916	29.583	9.667	19.850	29.966	10.116	19.828	30.115	10.287

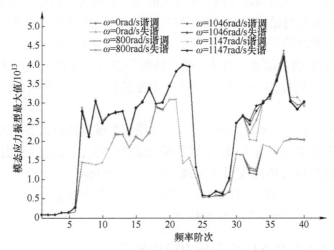

图 4-7　不同转速下的模态应力振型最大值

注：彩图见书后插页。

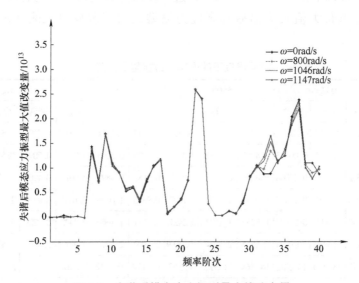

图 4-8　失谐后模态应力振型最大值改变量

由表 4-4 和图 4-7 可见，对于谐调叶盘结构，其前 6 阶模态应力振型最大值
比较小，从第 7 阶开始模态应力振型最大值突然增大，第 7~23 阶之间的应力在
不断波动中逐渐增大，第 22 阶模态应力振型最大值达到最大，到第 24 阶急剧减
小，之后发生了类似的变化趋势，但是模态应力振型最大值的数值比前 23 阶大
很多，可能是第一个周期下能量的集聚导致的。可见第 1~23 阶为一个振动周
期，从第 24 阶开始进入第二个振动周期，但是比前一个振动周期的应力值要大，

以此类推，以后每个周期都比前一个周期的应力数值大。而叶盘结构失谐后，其变化趋势与谐调叶盘结构基本相似，但是第 7～23 阶和第 30～40 阶模态应力振型最大值比谐调叶盘结构的增大了很多，在该阶次下正好为叶片主导的弯曲振动、扭转振动或片-盘耦合振动。因此，叶盘结构失谐后，叶片主导的振动对转速的敏感性提高，可见模态应力振型受叶片主导的振动及盘-片耦合振动的影响比较大。

由图 4-8 发现，在不同的转速下，叶盘结构失谐后各阶模态应力振型最大值比谐调时都有所增加，第 7～23 阶模态应力振型最大值改变量发生波动，第 22 阶模态应力振型最大值改变量达到最大值，如 $\omega = 0\mathrm{rad/s}$、$800\mathrm{rad/s}$、$1046\mathrm{rad/s}$、$1147\mathrm{rad/s}$ 时，叶盘结构失谐后模态应力振型最大值改变量分别达 25.938×10^{12}、25.849×10^{12}、25.783×10^{12}、25.748×10^{12}。

4.3.2 热载荷作用下的模态应力振型分析

在研究高温下模态频率的基础上，进一步研究其对应的应力振型，前 40 阶模态应力振型最大值及失谐后模态应力振型最大值改变量见表 4-5 和图 4-9、图 4-10。

表 4-5 不同温度下的模态应力振型最大值（$\times 10^{12}$）

阶次	0℃			650℃			850℃			1050℃		
	谐调	失谐	偏差	谐调	失谐	偏差	谐调	失谐	偏差	谐调	失谐	偏差
1	0.50126	0.4999	-0.00136	0.5274	0.5247	-0.0027	0.5343	0.5311	-0.0032	0.5407	0.5371	-0.0036
2	0.47197	0.4771	0.00513	0.4957	0.5028	0.0071	0.5026	0.5095	0.0069	0.5091	0.5158	0.0067
3	0.47692	0.4776	0.00068	0.4856	0.4871	0.0015	0.4882	0.4897	0.0015	0.4907	0.4922	0.0015
4	0.93925	1.0541	0.11485	0.9394	1.0491	0.1097	0.9395	1.0476	0.1081	0.9397	1.0461	0.1064
5	0.92892	1.1687	0.23978	0.9252	1.1673	0.2421	0.9241	1.1669	0.2428	0.9229	1.1665	0.2436
6	2.5641	2.4930	-0.0711	2.5843	2.5144	-0.0699	2.5904	2.5210	-0.0694	2.5966	2.5275	-0.0691
7	14.152	28.453	14.301	14.169	28.522	14.353	14.174	28.542	14.368	14.179	28.563	14.384
8	13.974	21.354	7.380	13.983	21.435	7.452	13.986	21.459	7.473	13.988	21.483	7.495
⋮	⋮	⋮	⋮	⋮	⋮	⋮	⋮	⋮	⋮	⋮	⋮	⋮
36	16.648	36.990	20.342	16.703	33.557	16.854	16.723	31.913	15.190	16.750	30.030	13.280
37	19.647	43.429	23.782	19.558	39.376	19.818	19.535	37.617	18.082	19.509	35.564	16.055
38	20.237	31.164	10.927	19.977	29.768	9.791	19.884	30.138	10.254	19.774	30.903	11.129
39	20.282	31.258	10.976	20.153	27.721	7.568	20.126	28.178	8.052	20.096	29.877	9.781
40	20.079	28.838	8.759	19.722	29.033	9.311	19.673	28.559	8.886	19.638	28.690	9.052

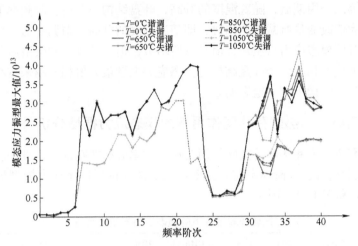

图 4-9　不同温度下的模态应力振型最大值

注：彩图见书后插页。

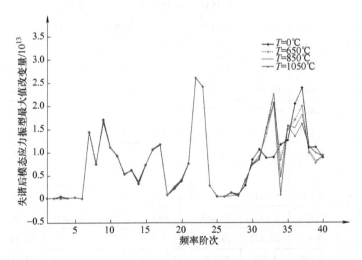

图 4-10　不同温度下的模态应力振型最大值改变量

　　由表 4-5 和图 4-9 可见，不同温度下的模态应力振型最大值变化趋势与不同转速下的模态应力振型最大值变化基本相似，但进入第二个振动周期后，随着温度的升高，同阶模态应力最大值在增大，可见第一个振动周期中叶盘结构模态应力振型最大值受温度影响较小，但是温度对第二个周期模态应力振型最大值影响较大。

　　由图 4-10 可知，在不同的温度下，叶盘结构失谐后的各阶模态应力振型比谐调时都有所增加，低阶模态应力振型最大值的改变量很小，但第 7~23 阶模态应力振型最大值急剧增大，到第 22 阶模态应力振型最大值改变量达到最大值。

但是进入第二个周期后，随着温度的升高，叶盘结构失谐后各阶频率下的模态应力振型最大值改变量有减小的趋势，即随着温度的升高，谐调叶盘结构和失谐叶盘结构的各阶模态应力振型最大值都有所增大，但是叶盘结构失谐后各阶模态应力振型最大值与相应谐调叶盘结构的模态应力振型最大值相差越来越小，可见高温对谐调叶盘结构也有一定影响。

4.3.3 离心力和热载荷共同作用下的模态应力振型分析

在研究离心力和热载荷共同作用对模态频率分析的基础上，进一步研究其对应的应力振型，前 40 阶模态应力振型最大值及失谐后模态应力振型最大值改变量见表 4-6 和图 4-11、图 4-12。

表 4-6　不同转速和温度下的模态应力振型最大值（$\times 10^{12}$）

阶次	1046rad/s，650℃			1046rad/s，1050℃			1147rad/s，650℃		
	谐调	失谐	偏差	谐调	失谐	偏差	谐调	失谐	偏差
1	0.5436	0.5421	−0.0015	0.5554	0.5531	−0.0023	0.5467	0.5453	−0.0014
2	0.5114	0.5183	0.0069	0.5231	0.5299	0.0068	0.5144	0.5212	0.0068
3	0.4963	0.4977	0.0014	0.5005	0.5021	0.0016	0.4983	0.4998	0.0015
4	0.9403	1.0514	0.1111	0.9405	1.0485	0.108	0.9404	1.0519	0.1115
5	0.9232	1.1663	0.2431	0.9208	1.1655	0.2447	0.9228	1.1661	0.2433
6	2.5206	2.4499	−0.0707	2.5327	2.4627	−0.07	2.5081	2.4373	−0.0708
7	14.127	27.713	13.586	14.137	27.752	13.615	14.119	27.540	13.421
8	13.923	21.051	7.128	13.928	21.099	7.171	13.912	20.972	7.06
⋮	⋮	⋮	⋮	⋮	⋮	⋮	⋮	⋮	⋮
36	16.779	30.900	14.121	16.868	26.979	10.111	16.296	30.281	13.985
37	19.560	36.082	16.522	19.489	31.643	12.154	19.560	35.197	15.637
38	19.841	30.413	10.572	19.587	31.358	11.771	19.807	30.583	10.776
39	20.125	29.020	8.895	20.040	31.186	11.146	20.119	29.488	9.369
40	19.686	28.964	9.278	19.651	30.980	11.329	19.686	29.269	9.583

由图 4-11 可知，对于谐调叶盘结构，当同时考虑转速和温度时，其各阶模态应力振型最大值在第一个振动周期内与只考虑温度或只考虑转速时相差无几，但是进入第二个振动周期后，除了第 32～33 阶模态应力振型最大值与只考虑温度或只考虑转速时有差别，其他阶基本相同，但当叶盘结构失谐后，其各阶模态应力振型最大值显著增大，危险性增强，与谐调结构所不同的是，进入第二个振动周期后，模态应力振型从第 30 阶开始基本在各阶都出现了不同程度的波动，可见当同时考虑温度和转速时，在叶盘结构进入第二个振动周期后，失谐叶盘结

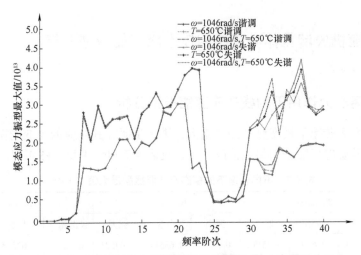

图 4-11　不同转速和温度共同作用下的模态应力振型最大值

注：彩图见书后插页。

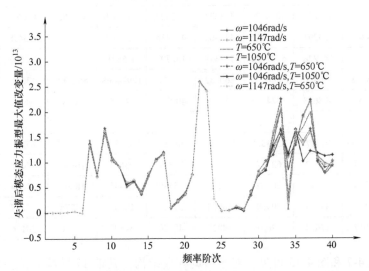

图 4-12　失谐后在不同转速和温度共同作用下的模态应力振型最大值改变量

注：彩图见书后插页。

构的破坏性增强。

由图 4-12 可知，从第二个振动周期开始，当 $\omega = 1046\text{rad/s}$、$T = 1050℃$ 时，叶盘结构的模态应力振型最大值改变量比 $\omega = 1046\text{rad/s}$、$T = 650℃$ 和 $\omega = 1147\text{rad/s}$、$T = 650℃$ 时有所减小。实际上，这是由于谐调和失谐叶盘结构的模态应力振型最大值都在增大，只是二者相差越来越小，可见温度升高到一定程度后，谐调叶盘结构也比较危险。

4.4 随机失谐整体叶盘结构模态应变能振型分析

4.4.1 离心力作用下的模态应变能振型分析

在研究高转速下模态频率的基础上，进一步研究其对应的应变能振型最大值以失谐后模态应变能振型最大值改变量，见表 4-7 和图 4-13、图 4-14。

表 4-7　不同转速下的模态应变能振型最大值（×10⁵）

阶次	800rad/s			1046rad/s			1147rad/s		
	谐调	失谐	偏差	谐调	失谐	偏差	谐调	失谐	偏差
1	0.59788	0.649	0.05112	0.5899	0.63511	0.04521	0.5898	0.62848	0.03868
2	0.84492	0.84225	−0.00267	0.8324	0.83275	0.00035	0.82634	0.8279	0.00156
3	6.2215	0.62825	−5.59325	0.6074	0.61354	0.00614	0.60038	0.6065	0.00612
4	4.3232	4.2237	−0.0995	4.3273	4.2324	−0.0949	4.3295	4.2367	−0.0928
5	4.4807	4.3291	−0.1516	4.4964	4.3416	−0.1548	4.5042	4.3478	−0.1564
6	7.44925	14.228	6.77875	7.2349	13.797	6.5621	7.1334	13.593	6.4596
7	863.62	14403	13539.38	860.32	13855	12994.68	858.75	13586	12727.25
8	761.95	4086.8	3324.85	758.51	4007.1	3248.59	756.85	3967.3	3210.45
⋮	⋮	⋮	⋮	⋮	⋮	⋮	⋮	⋮	⋮
36	9278.4	92727	83448.6	9262.4	88288	79025.6	9255.7	85828	76572.3
37	17025	79602	62577	11697	75371	63674	16942	73053	56111
38	18308	44470	26162	18143	42588	24445	18064	41604	23540
39	18134	39103	20969	18024	37921	19897	17978	37247	19269
40	15017	47618	32601	14823	49420	34597	14750	50126	35376

由表 4-7 和图 4-13 可见，对于谐调叶盘结构，其前 17 阶模态应变能振型最大值比较小，从第 18 阶开始，模态应变能振型最大值有所增大；进入第二个振动周期后，从第 30 阶开始，模态应变能振型最大值开始增大，在以后的阶次中不断波动，第 34 阶模态应变能振型最大值达到最大，但是模态应变能振型最大值与模态位移振型最大值、模态应力振型最大值所不同的是，进入第二个振动周期后，其值没有急剧增大，而是与第一个振动周期的值相差不大。而叶盘结构失谐后，其变化趋势与谐调叶盘结构差异非常大，从第 7 阶开始，模态应变能振型最大值突然增大，且数值不断振荡并在振荡过程中不断增大。在第一个振动周期中，第 22 阶模态应变能振型最大值达到最大，进入第二个振型周期后，其值迅

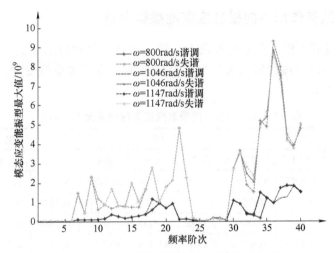

图 4-13　不同转速下的模态应变能振型最大值

注：彩图见书后插页。

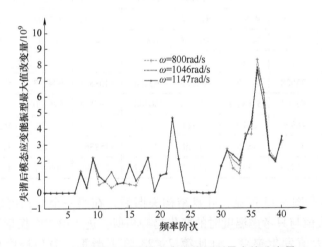

图 4-14　不同转速下的模态应变能振型最大值改变量

速增大，第 36 阶模态应变能振型最大值达到最大，比模态应力振型最大值提前一阶出现最大值。可见叶盘结构失谐后，其破坏性显著增加，其模态应变能振型对转速的敏感性增强。

由图 4-14 可见，在不同的转速下，叶盘结构失谐后的各阶模态应变能振型最大值改变量从第 7 阶开始增加，且在第一个振动周期中，当 $\omega = 800 \text{rad/s}$ 时，模态应变能振型最大值改变量比较小，而当 $\omega = 1046 \text{rad/s}$、$\omega = 1147 \text{rad/s}$ 时，模态应变能振型最大值改变量较大。进入第二个振动周期后，前几阶变化非常小，之后改变量不断增大，到了第 36 阶，模态应变能振型最大值改变量达到最大。

4.4.2 热载荷作用下的模态应变能振型分析

在研究高温下模态频率的基础上，进一步研究其对应的应变能振型，前 40 阶模态应变能振型最大值及失谐后模态应变能振型最大值改变量，见表 4-8 和图 4-15、图 4-16。

表 4-8 不同温度下的模态应变能振型最大值（$\times 10^5$）

阶次	650℃			850℃			1050℃		
	谐调	失谐	偏差	谐调	失谐	偏差	谐调	失谐	偏差
1	0.57114	0.6258	0.05466	0.5648	0.6124	0.0476	0.5583	0.5991	0.0408
2	0.78394	0.7663	−0.01764	0.7617	0.74174	−0.01996	0.7404	0.7183	−0.0221
3	0.56096	0.5665	0.00554	0.5392	0.5445	0.0053	0.5188	0.5239	0.0051
4	4.74628	4.1395	−0.60678	4.1730	4.1179	−0.0551	4.1387	4.0966	−0.0421
5	4.4028	4.2144	−0.1884	4.3864	4.1852	−0.2012	4.3702	4.1563	−0.2139
6	7.9256	15.179	7.2534	7.9749	41.372	33.3971	8.0244	4.1616	−3.8628
7	871.17	15229	14357.83	872.04	15248	14375.96	872.94	15267	14394.06
8	767.56	4185.2	3417.64	767.77	4182.7	3414.93	767.97	4180.6	3412.63
⋮	⋮	⋮	⋮	⋮	⋮	⋮	⋮	⋮	⋮
36	9308.2	73528	64219.8	9320.9	63404	54083.1	9342.3	52961	43618.7
37	5505.2	63394	57888.8	5485.6	60440	54954.4	5464.0	61284	55820
38	17862	40966	23104	17620	42727	25107	17335	46205	28870
39	18008	36290	18282	17939	33775	15836	17865	31093	13228
40	14635	45973	31338	14523	44032	29509	14442	41607	27165

由表 4-8 和图 4-15 可见，叶盘结构失谐后，在第一个振动周期中，模态应变能振型最大值与只考虑温度时的变化趋势相似。进入第二个振型周期后，从第 30 阶开始最大值发生突变，且比第 7～23 阶更严重，振荡幅度更大，如 $T = 850℃$ 时，第 35 阶模态应变能振型最大值为 66.561×10^8，比第 22 阶增大了很多。可见失谐叶盘结构的高阶模态应变能振型对温度的敏感性显著增大。

由图 4-16 可见，在第一个振动周期中，从第 7 阶开始，失谐叶盘结构的模态应变能振型最大值改变量不断振荡，数值在振荡过程中逐渐增大。但是进入第二个振动周期后，模态应变能振型最大值改变量发生了显著的变化，在同一温度下的不同阶模态应变能振型最大值改变量出现了明显的变化，如 $T = 850℃$ 时，第 34～35 阶模态应变能振型最大值改变量分别为 68.84×10^8 和 54.171×10^8。在不同温度下，同一阶模态应变能振型最大值改变量也发生了一定的变化，如 $T = 850℃$、$T = 1050℃$ 时，第 33 阶模态应变能振型最大值改变量分别为 54.083×10^8

和 $43.618×10^8$。

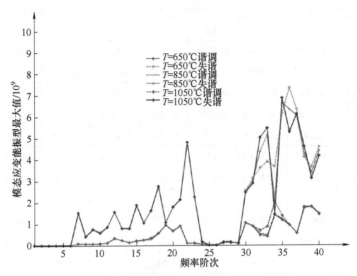

图 4-15　不同温度下的模态应变能振型最大值

注：彩图见书后插页。

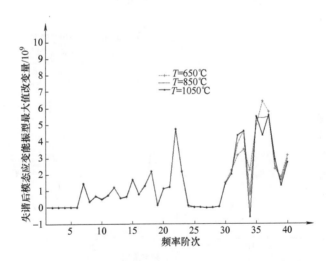

图 4-16　不同温度下的模态应变能振型最大值改变量

4.4.3　离心力和热载荷共同作用下的模态应变能振型分析

在研究离心力和热载荷共同作用下的模态频率的基础上，进一步研究其对应的应变能振型，前 40 阶模态应变能振型最大值及失谐后模态应变能振型最大值改变量，见表 4-9 和图 4-17、图 4-18。

表 4-9 不同转速和温度共同作用下的模态应变能振型最大值（×10⁵）

阶次	1046rad/s，650℃			1046rad/s，1050℃			1147rad/s，650℃		
	谐调	失谐	偏差	谐调	失谐	偏差	谐调	失谐	偏差
1	0.5691	0.5959	0.0268	0.5548	0.5715	0.0167	0.5685	0.5899	0.0214
2	0.7559	0.7467	−0.0092	0.7139	0.6999	−0.0140	0.7503	0.7425	−0.0078
3	0.5321	0.5375	0.0054	0.5005	0.5053	0.0048	0.5281	0.5333	0.0052
4	4.2165	4.1620	−0.0545	3.6188	4.1199	0.5011	4.2183	4.1667	−0.0516
5	4.4425	42.465	38.0225	4.4107	14.264	9.8533	4.4506	4.2530	−0.1976
6	7.3823	140.85	133.4677	7.4738	142.64	135.1662	7.2785	13.876	6.5975
7	862.65	13907	13044.35	864.17	11394	10529.83	861.01	13636	12774.99
⋮	⋮	⋮	⋮	⋮	⋮	⋮	⋮	⋮	⋮
37	16776	59002	42226	16701	58802	42101	16750	58729	41979
38	17384	43591	26207	16680	48084	31404	17271	44285	27014
39	17811	31570	13759	17607	33313	15706	17771	30651	12880
40	14448	45519	31071	14364	48363	33999	14426	45337	30911

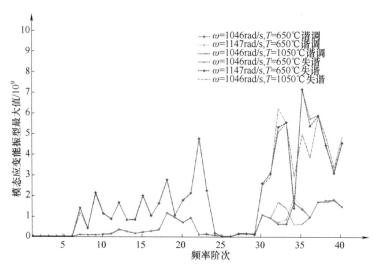

图 4-17 不同转速和温度共同作用下的模态应变能振型最大值

注：彩图见书后插页。

由图 4-17 可知，叶盘结构失谐后，在第一个振动周期内，当 $\omega=1046\text{rad/s}$、$T=650℃$ 时，在相同阶下的模态应变能振型最大值基本与 $\omega=1046\text{rad/s}$ 时相同，可见失谐叶盘结构低阶模态应变能振型对转速比较敏感，但是从第 7 阶开始，模态应变能振型随着阶次的增加，其最大值数值发生了突变，叶盘结构危险性增

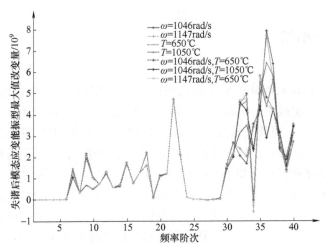

图 4-18　失谐后模态应变能振型最大值改变量

注：彩图见书后插页。

强。进入第二个振动周期后，从第 30 阶开始，模态应变能振型在各阶都出现不同程度的波动，相同阶下的模态应变能振型最大值基本有增大趋势，但是到了后几阶，$\omega=1046\mathrm{rad/s}$、$T=650℃$时的模态应变能振型最大值基本与 $T=650℃$时的相同，失谐叶盘结构高阶模态应变能振型对温度比较敏感。当 $\omega=1046\mathrm{rad/s}$、$T=1050℃$时，进入第二个振动周期后，失谐叶盘结构的模态应变能振型最大值与 $T=1050℃$时的相当，可见失谐叶盘结构高阶模态应变能振型最大值对温度敏感。对于谐调叶盘结构，进入第二个振动周期后，$\omega=1046\mathrm{rad/s}$、$T=1050℃$的某些阶次的模态应变能振型最大值比 $\omega=1046\mathrm{rad/s}$、$T=650℃$和 $\omega=1147\mathrm{rad/s}$、$T=650℃$时的波动幅度更大，可见当 $\omega=1046\mathrm{rad/s}$、$T=1050℃$时，叶盘结构出现故障的可能性更大。失谐叶盘结构进入第二个振动周期后，当 $\omega=1046\mathrm{rad/s}$、$T=1050℃$，$\omega=1046\mathrm{rad/s}$、$T=650℃$和 $\omega=1147\mathrm{rad/s}$、$T=650℃$时，第 32 阶模态应变能振型最大值分别增大 6.2196×10^9、5.0621×10^9、5.3124×10^9，可见不论是失谐叶盘结构还是谐调叶盘结构，当温度升高到一定程度后，温度对高阶模态应变能的敏感性增强。

由图 4-18 可知，在第一个振动周期中，叶盘结构失谐后的模态应变能振型最大值改变量急剧增大，第 22 阶模态应变能振型最大值改变量达到最大值，对于不同的温度和转速，同一阶模态应变能振型最大值改变量变化不大。但是进入第二个振动周期后，当 $\omega=1046\mathrm{rad/s}$、$T=1050℃$时，叶盘结构的模态应变能振型最大值改变量比 $\omega=1046\mathrm{rad/s}$、$T=650℃$和 $\omega=1147\mathrm{rad/s}$、$T=650℃$时的大。当转速一定时，温度升高到一定程度后，对失谐叶盘结构的破坏性增大；而当温度一定时，增大转速，同阶下模态应变能振型最大值改变量变化不大，可见高温对叶盘结构的高阶模态应变能振型影响较大。

4.5 本章小结

本章采用 CHISCMSM 研究了随机失谐叶盘结构的模态振型，包括位移振型、应力振型及应变能振型；研究了不同转速、温度及二者共同作用下，叶盘结构失谐后前 40 阶模态振型最大值变化及最大值改变量。在前 40 阶模态振型中，出现了不同类型的振动形式，如叶片或轮盘分别主导的弯曲振动、扭转振动，以及弯扭耦合振动及过渡区域（即盘-片耦合振动）；出现了两个振动周期，与第一个振动周期相比，第二个振动周期的模态振型数值有所变化，但是变化趋势与第一个振动周期相似。叶盘结构失谐后，其各阶模态振型数值均比谐调时有所增加。

叶盘结构失谐后，其模态位移振型对转速的敏感性增强，特别是叶片主导的频率密集区域对应的模态位移振型最大值急剧增大；不同温度下模态位移振型最大值比不同转速下的更大，温度对失谐叶盘结构的高阶模态位移振型影响较大；不同离心力和热载荷共同作用下，温度升高到一定程度后会加剧对叶盘结构的破坏性。

在离心力的作用下，模态应力振型最大值的改变量不断发生波动，第二个周期后波动比较大；在热载荷的作用下，随着温度的升高，同阶模态应力最大值在增大，温度升高到一定程度后对温度敏感的阶次增多；当同时考虑离心力和热载荷时，模态应力振型稳定性变差，失谐叶盘结构的破坏性增强。

随着转速增大，进入第二个振动周期后的模态应变能振型最大值没有急剧增大，而是与第一个振动周期的值相差不大；在不同的温度下，模态应变能振型的变化趋势与不同转速下的相似，但是数值比离心力作用下的更大，进入第二个振型周期后，多阶模态应变能振型最大值发生波动，振荡加快，数值增大，且波动比第一个周期更严重，振荡幅度更大，可见叶盘结构失谐后，其模态应变能振型对温度的敏感性显著增大；同时考虑温度和转速，当转速一定时，温度升高到一定程度后，对失谐叶盘结构的破坏性增大，而温度一定时，增大转速，同阶下模态应变能振型最大值改变量变化不大。

第5章

5

随机失谐整体叶盘结构的
固有频率概率研究

5.1　概述

　　航空发动机叶盘结构在工作中受到多个复杂因素的共同作用，随着工作状态的不同而变化，因此需要综合考虑各个影响因素的随机性，进行概率分析。概率分析已在水利、土木建筑、地质等领域广泛应用，近年来也开始应用于机械结构的灵敏度分析、不稳定性分析和风险评估等领域，目前，对机械结构概率分析采用的分析方法主要有数值模拟法（如 MC 法）、RSM、ANN 模型、Kriging 模型、SVM 模型等。随着近年来与有限元结合的高精度、高效率概率分析响应面法的发展和应用，一般的机械结构概率设计分析的计算效率和计算精度基本满足了工程应用的需要。

　　而航空发动机叶盘结构是复杂的机械结构，涉及多个学科和非线性的问题，对模态振型分析还涉及多个目标。相对于确定性分析，叶盘结构概率设计的计算量将会大大增加，而且相对谐调叶盘结构，失谐叶盘结构的随机输入变量增多，使得计算量更大，采用 MSMO-CFE-ERSM-DSM，考虑输入变量的随机性和不确定性，对航空发动机的谐调和失谐叶盘结构频率及模态振型进行概率分析。目前该方法在航空发动机的叶盘结构分析中鲜少应用，该方法将随机过程的概率分析转化为随机输入变量的概率分析，不但能解决动态可靠性精度问题，也能克服动态可靠性分析的计算效率问题。该方法能在不降低计算精度的前提下显著提高计算效率。

5.2　随机失谐整体叶盘结构的概率分析基本流程

　　概率分析（Probabilistic Analysis，PA）是用来评估模型的输入参数或假设条

69

件的不确定性对于结果的影响，进而确定结果的分布情况，这样能避免过设计，可以定量给出构件在工作情况下的可靠性以保证其安全性。近年来，概率分析也开始应用于机械结构的灵敏度分析、不稳定性分析和风险评估。可靠性灵敏度一般定义为失效概率对基本变量分布参数的偏导数，用于分析随机输入变量的变化对输出稳定性的影响程度，进而决定哪些参数对可靠性失效影响较大。

航空发动机叶盘结构在工作中受到高温、高压、高转速等影响，工作环境恶劣，由于加工、安装误差及磨损、脱落等导致叶盘结构出现失谐现象，本著作以某型航空发动机I级高压涡轮叶盘结构为研究对象，对其进行概率分析，基本步骤如下。

首先，根据叶盘结构的特点，建立叶盘结构的参数化实体模型；其次，合理选取叶盘结构的输入变量和约束条件，分别建立谐调和失谐叶盘结构的有限元模型，为概率分析奠定基础；再次，对于谐调叶盘结构和失谐叶盘结构，分别考虑转速、温度，以及同时考虑转速和温度，对其进行确定性分析（包括谐调叶盘结构和失谐叶盘结构的频率分析和模态振型分析），以第7阶频率和模态振型作为概率分析的研究对象；最后，选取概率分析方法，完成叶盘结构的概率分析。叶盘结构的概率分析流程如图5-1所示。

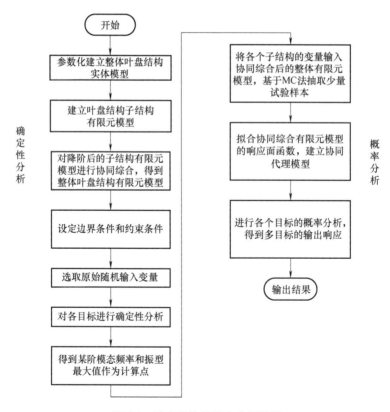

图5-1 叶盘结构的概率分析流程

5.3　算例

航空发动机高压涡轮叶盘结构，其内部温度高、转速高、压力大，构件的机械载荷和热载荷大，结构和承载情况十分复杂，工作条件十分苛刻，其中叶盘结构为复杂旋转机械结构，是航空发动机的关键功能转换部件，其结构设计直接关系到发动机的性能、耐久性、可靠性和寿命。应当从失谐叶盘结构与振动特性出发，针对各种确定性和随机问题，在叶盘结构振动分析的基础上进行概率分析，建立一套失谐叶盘结构振动问题的分析、设计和评价方法，为发动机叶盘结构的设计提供一定的依据。本著作以某型航空发动机叶盘结构为例，以典型叶盘结构的模态特性为研究对象，在 CHISCMSM 的基础上采用 MSMO-CFE-ERSM-DSM 对 CCFEROM 进行概率分析，不仅保证了计算精度，而且计算效率显著提高。同时，验证该方法的可行性和有效性，不论对于理论研究还是实际工程应用都具有重要的意义。

叶盘结构的模态特性通常包括固有频率及模态振型，叶盘结构失谐后可能因变形过大、应力集中或应变能聚集过大而引起故障，因此，本节除了分析频率的概率分布，还研究模态位移振型、模态应力振型及模态应变能振型的概率分布，这样能更好地为叶盘结构的设计提供有意义的指导。谐调叶盘结构和失谐叶盘结构的分析流程如图 5-2 和图 5-3 所示。

5.3.1　谐调整体叶盘结构的频率概率分析

为了更好地研究失谐叶盘结构频率的概率分布，首先分析谐调叶盘结构的概率分布，而发动机是在高温、高压、高转速下工作，在此分别考虑离心力、热载荷，以及同时考虑离心力和热载荷对谐调叶盘结构频率的影响。

1. 考虑离心力对谐调叶盘结构频率进行概率分析

（1）随机输入变量的选取

根据最值选取法选取航空发动机谐调叶盘结构的随机输入变量，包括叶片子结构和轮盘子结构的随机输入变量，由于叶盘为谐调结构，假设叶片和轮盘的随机输入变量相同，分别设为转速 ω、材料密度 ρ、弹性模量 E、泊松比 ν 和叶片厚度 h，假设各个变量均服从高斯分布且相互独立，见表 5-1。

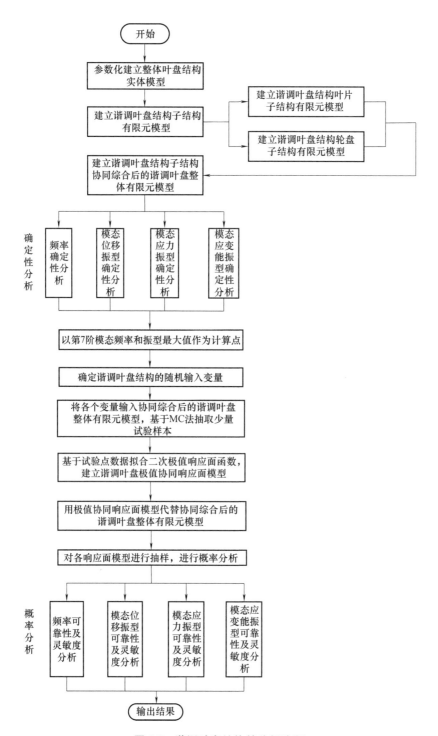

图 5-2　谐调叶盘结构的分析流程

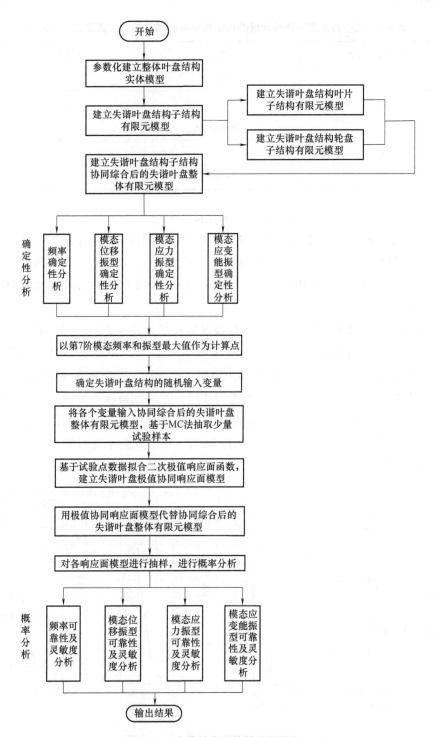

图 5-3　失谐叶盘结构的分析流程

表 5-1 离心力作用下谐调叶盘结构概率分析的随机输入变量及其数字特征

随机输入变量	均值 μ	标准差 σ
$\omega/(\mathrm{rad/s})$	1046	31.38
$E/10^{11}\mathrm{Pa}$	1.84	0.0552
ν	0.3143	0.009429
$\rho/(\mathrm{kg/m^3})$	8560	256.8
h/mm	3.0	0.09

（2）基于 MSMO-CFE-ERSM-DSM 的模拟仿真及概率分析

根据第 3 章对固有频率的分析可知，叶盘结构的第 7 阶频率发生突变，因此以第 7 阶频率作为研究对象，将该阶频率作为计算点，将表 5-1 中的随机输入变量及边界条件导入 CCFEROM，基于 MSMO-CFE-ERSM-DSM 对谐调叶盘结构进行概率分析。

首先，根据表 5-1 中随机输入变量及其抽样统计特征，利用 MC 法对随机输入变量进行小批量抽样，并基于每组变量样本，对 CCFEROM 进行概率分析，提取每个输出响应的最大值作为极值输出响应，构造输出响应样本集；然后，选择二次极值响应面函数的一般形式［见式（2-1）］，基于随机输入变量样本集和相应的极值输出响应样本集，拟合极值响应面，建立极值响应面模型；最后，结合 MC 法，利用极值响应面函数代替 CCFEROM，对提取频率进行概率分析和灵敏度分析。图 5-4 所示为谐调叶盘结构随机输入变量概率特征分布。

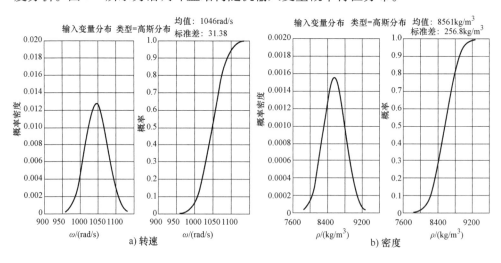

图 5-4 离心力作用下谐调叶盘结构随机输入变量概率特征分布

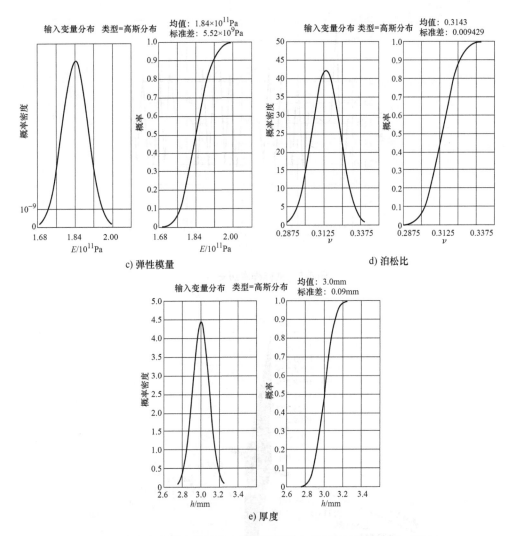

c) 弹性模量　　　　　　　　　d) 泊松比

e) 厚度

图 5-4　离心力作用下谐调叶盘结构随机输入变量概率特征分布（续）

首先，利用响应面矩阵取样法，得到叶盘结构的样本点 41 组，它们的抽样分布服从正态分布，均值和标准差与表 5-1 相符，其中输出响应抽样样本历史如图 5-5 所示。然后，利用这些样本点数值拟合极值响应面函数 [见式(2-101)]，分别确定响应面函数系数 [见式(2-102) ~ 式(2-104)]，得到频率响应面函数，见式 (5-1)。响应面模型建立后，不但得出输出响应与随机输入变量之间的关系，也可得出与某两个随机输入变量的函数关系，为输出响应的设计和控制提供依据。图 5-6 所示为温度、弹性模量与输出响应频率形成的响应面。

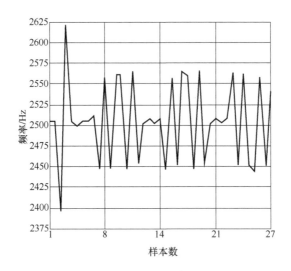

图 5-5　抽样样本历史（一）

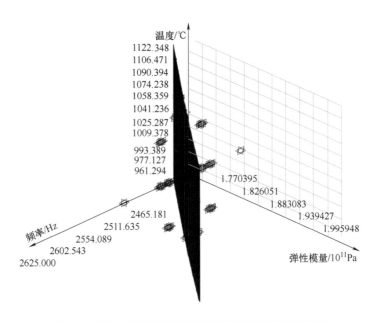

图 5-6　温度、弹性模量与输出响应频率形成的响应面

$$freq = 2054.9 - 57.284\rho + 57.206E + 2.9737\nu + 3.1929\omega + 2.0114\rho^2 - 0.65331E^2 +$$
$$0.14585\nu^2 + 0.108342\omega^2 - 1.3564\rho E - 7.2878 \times 10^{-2}\rho\nu + 7.2223 \times 10^{-2}\rho\omega +$$
$$7.2762 \times 10^{-2}E\nu - 7.2255 \times 10^{-2}E\omega \tag{5-1}$$

极值响应面确定后，利用 MC 法对各对象的极值响应面模型进行 10^4 次抽样，得到谐调叶盘结构响应样本历史图、累积分布函数图及频率分布直方图，如

图 5-7 所示。

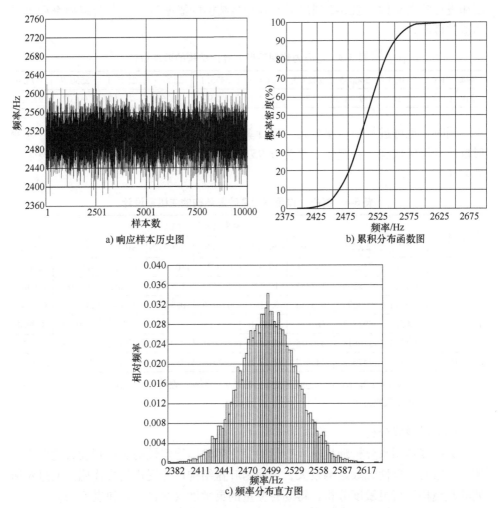

a) 响应样本历史图

b) 累积分布函数图

c) 频率分布直方图

图 5-7　离心力作用下谐调叶盘结构仿真结果分布图

由图 5-4 可知，谐调叶盘结构的随机输入变量的分布都服从高斯分布，与原来的假设相符。由图 5-7 可知，谐调叶盘结构的输出响应频率满足正态分布，其分布特征见表 5-2。

表 5-2　离心力作用下谐调叶盘结构频率概率分析输出响应分布特征

均值/Hz	方差/Hz	最大值/Hz	最小值/Hz
2505. 3	34. 71	2646. 0	2381. 8

根据表 5-1 提供的参数，设置信水平为 0.95，得出谐调叶盘结构频率及相应

的概率，如当频率为 2600.6Hz 时，概率为 99.64%。采用该方法可以很好地控制和设计叶盘结构，表 5-3 列出了谐调叶盘结构的概率设计，即给定频率后可以知道其概率。

表 5-3　离心力作用下谐调叶盘结构的概率设计

频率 f/Hz	2398.1	2400.5	2425.3	2450.4	2475.1	2500.7	2525.1	2550.7	2575.9
概率（%）	0.18	0.14	0.98	5.51	18.99	43.65	71.15	90.07	97.82

同时，也可进行逆概率分析，即计算某可靠度下所需要的变量参数值，为变形量设计提供依据。在置信水平为 0.95 和不同可靠度下，随机输入变量极限值见表 5-4。

表 5-4　离心力作用下谐调叶盘结构的逆概率设计

变量	概率（%）								
	10.12	21.23	40.16	60.17	70.89	80.71	90.89	97.23	99.32
ω/（rad/s）	912.81	946.72	985.36	1009.4	1020.8.9	1028.7	1078.9	1110.7	1130.5
$E/10^{11}$Pa	1.7584	1.8126	1.8347	1.8479	1.8642	1.8873	1.9045	1.9219	1.9462
ν	0.3312	0.3274	0.3215	0.3192	0.3138	0.3094	0.3043	0.2991	0.2987
ρ/（kg/m³）	9005.8	8978.4	8678.9	8540.6	8453.1	8246.7	8171.9	8107.5	8099.4
h/mm	3.1524	3.0811	3.0015	2.9812	2.9641	2.9437	2.9102	2.8973	2.8472
f/Hz	2461.4	2476.2	2498.2	2513.8	2523.4	2535.8	2550.9	2572.41	2586.13

注：表 5-3 和表 5-4 的概率设计及逆概率设计指的是失效概率，在后续各章节的概率设计及逆概率设计均指的是失效概率。

（3）灵敏度分析

灵敏度是用来分析随机输入变量的变化对输出稳定性的影响程度，进而决定哪些参数对可靠性失效影响较大，进而为叶盘结构设计提供指导作用。通过对谐调叶盘结构进行灵敏度分析，得到各变量的灵敏度（见图 5-8 和表 5-5）。

表 5-5　离心力作用下谐调叶盘结构随机输入变量的灵敏度及其影响概率

随机输入变量	ρ	ν	E	h	ω
L	-0.69573	0.01649	0.68512	-0.00943	-0.00645
P_x（%）	46.78	4.56	46.23	1.57	0.86

由图 5-8 可知，在柱状图中，最重要（灵敏度最大）的随机输入变量在最左边，其他变量依次向右排列。灵敏度有正负之分，正表示输出响应随输入参数正变化，负则表示反变化。由表 5-5 和图 5-8 可以看出，对于谐调叶盘结构，叶盘结构的密度对其频率影响最大，其影响概率达 46.78%，其次为弹性模量，其影响概率达 46.23%，可见叶盘结构的密度和弹性模量对其影响程度相当，但是密

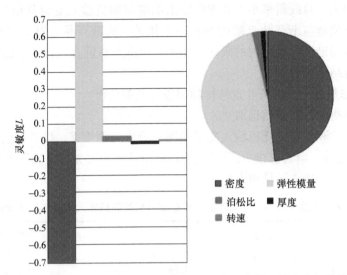

图 5-8　离心力作用下谐调叶盘结构的随机输入变量灵敏度分析结果

注：彩图见书后插页。

度使得谐调叶盘的频率减小，而弹性模量使其增大，叶片厚度对谐调叶盘的频率影响很小。

另外，还可以通过散点图来分析随机输入变量和输出响应之间的关系，图 5-9 所示为离心力作用下谐调叶盘结构频率与弹性模量和密度之间的散点图。

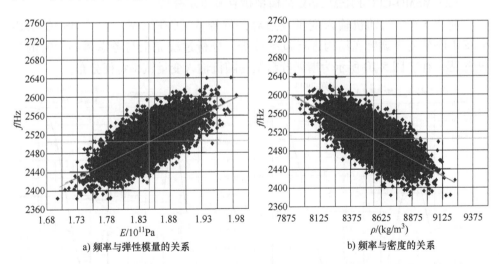

a) 频率与弹性模量的关系　　　　　　　　　b) 频率与密度的关系

图 5-9　离心力作用下谐调叶盘结构频率与随机输入变量的散点图

在散点图中，离散点越靠近图中的斜直线，距离直线越远的离散点越少，表明随机输入变量对输出变量的影响越大，直线斜率大于 0 表明输出响应与随机输入变量正相关，直线斜率小于 0 表明输出响应与随机输入变量负相关。由图 5-9 可知，弹性模量与谐调叶盘结构的频率正相关，离散点靠近直线且分布比较均匀，而密度与谐调叶盘结构的频率负相关，离散点靠近直线且分布比较均匀，与灵敏度分析结果相符。

2. 考虑热载荷对谐调叶盘结构频率进行概率分析

（1）随机输入变量的选取

假设叶片和轮盘的随机输入变量相同，分别为温度 T、材料密度 ρ、弹性模量 E、泊松比 ν、叶片厚度 h、线胀系数 α_l 和导热系数 λ，假设各个变量均服从高斯分布且相互独立，见表 5-6。

表 5-6 热载荷作用下谐调叶盘结构概率分析的随机输入变量及其数字特征

随机输入变量	均值 μ	标准差 σ
$T/℃$	1050	31.50
$E/10^{11}\mathrm{Pa}$	1.84	0.0552
ν	0.3143	0.009429
$\rho/(\mathrm{kg/m^3})$	8560	256.8
$\alpha_l/(10^{-5}/℃)$	1.216	0.03648
$\lambda/[\mathrm{W/(m\cdot ℃)}]$	27.21	0.8163
h/mm	3.0	0.09

（2）MSMO-CFE-ERSM-DSM 的模拟仿真及概率分析

将表 5-6 中的随机输入变量及边界条件导入 CCFEROM，基于 MSMO-CFE-ERSM-DSM 对谐调叶盘结构进行概率分析，分析过程完全与考虑离心力时的分析过程一样。图 5-10 所示为谐调叶盘结构随机输入变量概率特征分布。

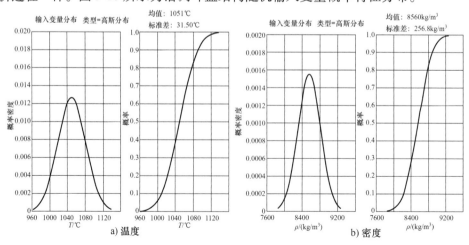

图 5-10 热载荷作用下谐调叶盘结构随机输入变量概率特征分布

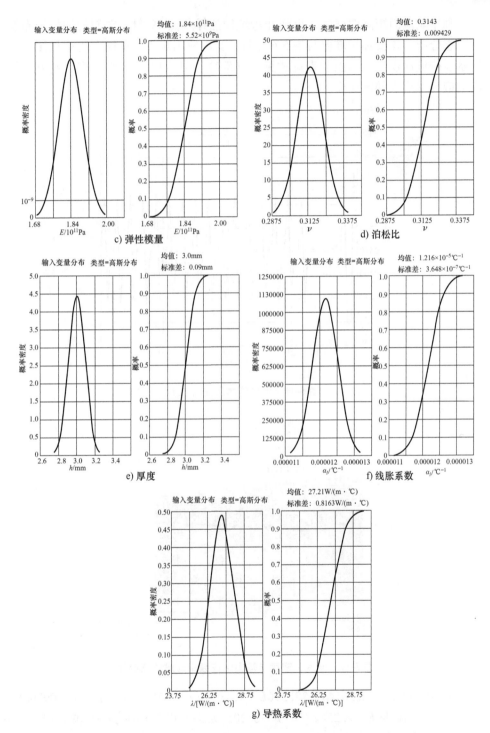

图 5-10　热载荷作用下谐调叶盘结构随机输入变量概率特征分布（续）

利用响应面矩阵取样法，得到叶盘结构的样本点 79 组，它们的抽样分布服从正态分布，均值和标准差与表 5-6 相符，其中输出响应抽样样本历史如图 5-11 所示。响应面模型数学函数表达式见式（5-2）。图 5-12 所示为温度、密度与输出响应频率形成的响应面。

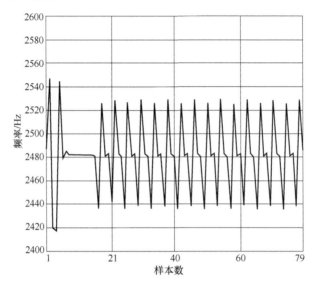

图 5-11　抽样样本历史（二）

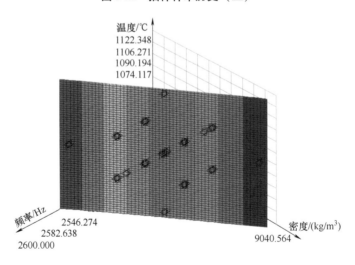

图 5-12　温度、密度与输出响应频率形成的响应面

$$freq = 2482.1 - 22.614\rho + 22.596E + 1.1937\nu + 3.4195 \times 10^{-3} \alpha_l + 0.30939\rho^2 -$$
$$0.10289E^2 + 2.2562 \times 10^{-2}\nu^2 - 0.20579\rho E - 1.0871 \times 10^{-2}\rho\nu + 1.0864 \times 10^{-2}E\nu$$
$$(5-2)$$

极值响应面确定后，利用 MC 法对各对象的极值响应面模型进行 10^4 次抽样，得到谐调叶盘结构响应样本历史图、累积分布函数图及频率分布直方图，如图 5-13 所示。

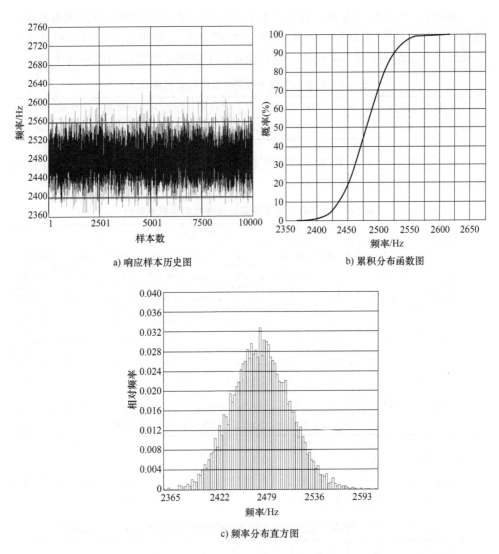

a) 响应样本历史图

b) 累积分布函数图

c) 频率分布直方图

图 5-13　热载荷作用下谐调叶盘结构仿真结果分布图

由图 5-10 可知，谐调叶盘结构的随机输入变量的分布服从高斯分布，与原来的假设相符。由图 5-13 可知，谐调叶盘结构的输出响应频率满足正态分布，其分布特征见表 5-7。

表 5-7　热载荷作用下谐调叶盘结构频率概率分析输出响应分布特征

均值/Hz	方差/Hz	最大值/Hz	最小值/Hz
2482.3	35.01	2621.7	2365.1

根据表 5-6 提供的参数，设置信水平为 0.95，得出谐调叶盘结构频率及相应的概率，如当频率为 2550.9Hz 时，概率为 97.33%。采用该方法可以很好地控制和设计叶盘结构，表 5-8 列出了热载荷作用下谐调叶盘结构的概率设计。

表 5-8　热载荷作用下谐调叶盘结构的概率设计

频率 f/Hz	2425.6	2475.8	2500.7	2515.7	2523.6	2540.7	2550.9	2575.8	2600.3
概率（%）	5.06	43.11	70.39	82.94	88.01	95.07	97.33	99.54	99.94

在置信水平为 0.95 和不同可靠度下，得到随机输入变量极限值，即热载荷作用下的逆概率设计，见表 5-9。

表 5-9　热载荷作用下谐调叶盘结构的逆概率设计

变量	概率（%）								
	18.13	39.31	48.16	57.34	73.06	82.07	89.34	92.21	98.36
T/℃	1120.3	1101.9	1084.2	1065.7	1034.8	1021.7	1003.4	985.4	957.41
E/10^{11}Pa	1.7421	1.7826	1.8541	1.8871	1.9042	1.9153	1.9241	1.9291	1.9389
ν	0.3317	0.3281	0.3247	0.3182	0.3143	0.3104	0.3097	0.2992	0.2984
ρ/（kg/m³）	9021.8	8953.4	8608.9	8547.1	8401.1	8346.4	8271.1	8128.4	8087.1
h/mm	3.1424	3.1011	2.9915	2.9824	2.9347	2.9234	2.9107	2.8954	2.8492
α_l/（10^{-5}/℃）	1.1024	1.1457	1.1982	1.2164	1.2538	1.2973	1.3151	1.3343	1.3572
λ/[W/（m·℃）]	24.31	25.69	26.15	26.92	27.34	27.67	27.99	28.21	28.43
f/Hz	2449.9	2471.9	2480.4	2488.2	2503.7	2514.4	2525.5	2531.8	2555.1

（3）灵敏度分析

考虑热载荷影响后，通过对谐调叶盘结构进行灵敏度分析，得到各变量的灵敏度（见图 5-14 和表 5-10）。

表 5-10　热载荷作用下谐调叶盘结构随机输入变量的灵敏度及其影响概率

随机输入变量	ρ	ν	E	h	α_l	λ	T
L	−0.68742	0.03942	0.68569	0.01609	0.00703	−0.02206	0.00251
P_x（%）	46.96	2.70	47.08	1.10	0.48	1.51	0.17

由表 5-10 和图 5-14 可以看出，对于谐调叶盘结构，叶盘结构的弹性模量对其频率影响最大，其影响概率达 47.08%，其次为密度，其影响概率达 46.96%，

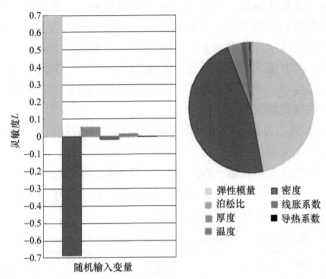

图 5-14　热载荷作用下谐调叶盘结构的随机输入变量灵敏度分析结果

注：彩图见书后插页。

相对考虑转速时叶片厚度对谐调叶盘的频率影响更小，而弹性模量与密度的影响基本相当且弹性模量影响更大一些。

另外，还可以通过散点图来分析随机输入变量和输出响应之间的关系，图 5-15 所示为热载荷作用下谐调叶盘结构频率与弹性模量和密度之间的散点图。

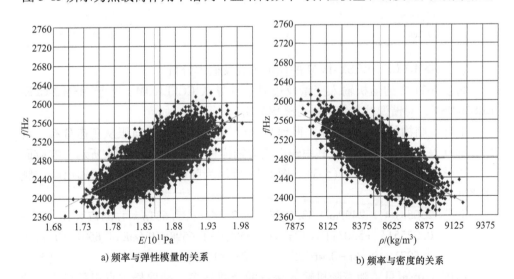

a) 频率与弹性模量的关系　　　　　　　b) 频率与密度的关系

图 5-15　热载荷作用下谐调叶盘结构频率与随机输入变量的散点图

在随机输入变量与输出响应之间，以及输出响应之间形成的散点图中，有些离散点与直线的距离比较远，有的与直线的距离比较近，在此把离散点到直线距离的两倍定义为散点图的节径。节径越小，说明随机输入变量对输出响应的影响程度越大，或者输出响应之间的影响程度越大；节径越大，说明随机输入变量与输出响应之间，或者输出响应之间形成的离散点越分散，则随机输入变量对输出响应的影响程度越小，或者输出响应之间的影响程度越小。由图 5-15 可知，与考虑离心力时的变化情况相似。

3. 同时考虑离心力和热载荷对谐调叶盘结构频率进行概率分析

（1）随机输入变量的选取

假设叶片和轮盘的随机输入变量相同，分别设为转速 ω、温度 T、材料密度 ρ、弹性模量 E、泊松比 ν、叶片厚度 h、线胀系数 α_l 和导热系数 λ，假设各个变量均服从高斯分布且相互独立，见表 5-11。

表 5-11　离心力和热载荷共同作用下谐调叶盘结构概率分析的随机输入变量

随机输入变量	均值 μ	标准差 σ
$\omega/(\mathrm{rad/s})$	1046	31.38
$T/\mathrm{℃}$	1050	31.50
$E/10^{11}\mathrm{Pa}$	1.84	0.0552
ν	0.3143	0.009429
$\rho/(\mathrm{kg/m^3})$	8560	256.8
$\alpha_l/(10^{-5}/\mathrm{℃})$	1.216	0.03648
$\lambda/[\mathrm{W/(m\cdot℃)}]$	27.21	0.8163
h/mm	3.0	0.09

（2）MSMO-CFE-ERSM-DSM 的模拟仿真及概率分析

将表 5-11 中的随机输入变量及边界条件导入 CCFEROM，基于 MSMO-CFE-ERSM-DSM，对谐调叶盘结构进行概率分析。

对叶盘结构的样本点抽样，得到 81 组，它们的抽样分布服从正态分布，均值和标准差与表 5-11 相符，其中输出响应抽样样本历史如图 5-16 所示。响应面模型数学函数表达式见式（5-3）。图 5-17 所示为弹性模量、密度与输出响应频率之间的响应面。

$$\begin{aligned} freq = {} & 2505.1 + 1.2499\omega + 33.592E + 1.7454\nu - 33.631\rho + 1.6577 \times 10^{-2}\ \omega^2 - \\ & 0.22551E^2 + 5.0311 \times 10^{-2}\nu^2 + 0.69555\rho^2 - 1.6598 \times 10^{-2}\omega E + 1.6607 \times 10^{-2}\omega\rho + \\ & 2.5071 \times 10^{-2}E\nu - 0.46725E\rho - 2.5085 \times 10^{-2}\nu\rho \end{aligned} \tag{5-3}$$

由图 5-16 可见，随着随机输入变量的个数增多，抽取样本点组数增大，计算量增大，因此在研究中合理考虑随机输入变量非常重要。极值响应面确定后，利用 MC 法对各对象的极值响应面模型进行 10^4 次抽样，得到谐调叶盘结构响应

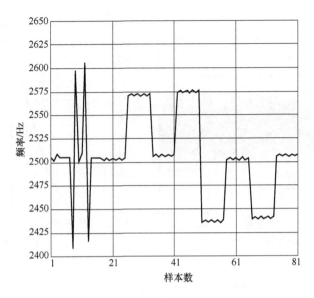

图 5-16　抽样样本历史（三）

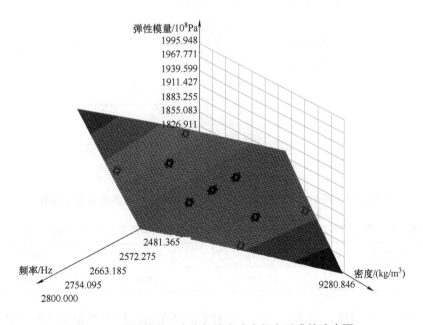

图 5-17　弹性模量、密度与输出响应频率形成的响应面

样本历史图、累积分布函数图及频率分布直方图，如图 5-18 所示。

由图 5-18 可知，谐调叶盘结构的输出响应频率满足正态分布，其分布特征见表 5-12。

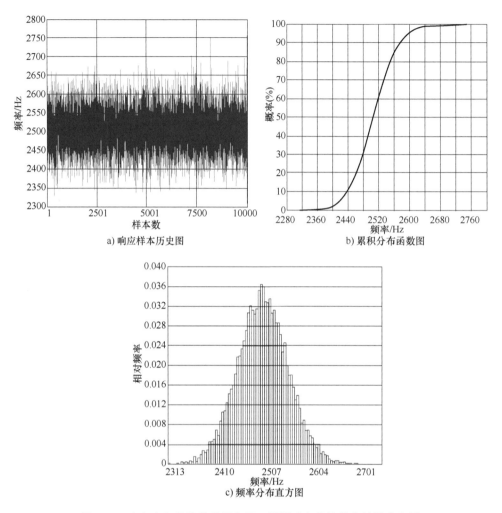

a) 响应样本历史图 b) 累积分布函数图

c) 频率分布直方图

图 5-18 离心力和热载荷共同作用下谐调叶盘结构仿真结果分布图

表 5-12 离心力和热载荷共同作用下谐调叶盘结构频率概率分析输出响应分布特征

均值/Hz	方差/Hz	最大值/Hz	最小值/Hz
2505.6	52.169	2749.6	2312.7

由表 5-12 可见，当同时考虑离心力和热载荷时，频率差值为 436.9 Hz；而当只考虑离心力时，频率差值为 264.2 Hz；当只考虑热载荷时，频率差值为 256.6Hz，可见相同阶数谐调叶盘结构的频率最大值比只考虑离心力或热载荷时大，最小值比只考虑离心力或热载荷时小，即同时考虑离心力和热载荷后，谐调叶盘结构的频率差值更大。

根据表 5-11 提供的参数，设置信水平为 0.95，得出谐调叶盘结构频率及相应的概率，如当频率为 2614.8 Hz 时，概率为 97.92%。表 5-13 列出了谐调叶盘结构的概率设计。

表 5-13　离心力和热载荷共同作用下谐调叶盘结构的概率设计

频率 f/Hz	2415.9	2478.9	2515.9	2539.8	2523.7	2559.4	2605.3	2627.9	2689.7
概率（%）	4.13	30.34	58.13	74.84	64.11	84.97	96.85	98.84	99.97

当进行逆概率设计时，在置信水平为 0.95 和不同可靠度下，随机输入变量极限值见表 5-14。

表 5-14　离心力和热载荷共同作用下谐调叶盘结构的逆概率设计

变量	概率（%）								
	19.26	35.76	55.28	67.86	72.39	81.43	95.83	97.28	99.47
ω/（rad/s）	934.31	953.73	978.73	1015.7	1020.8.9	1028.7	1098.9	1119.4	1132.5
T/℃	1109.3	1102.9	1074.9	1057.7	1043.8	1014.7	994.7.4	982.4	956.37
$E/10^{11}$Pa	1.7521	1.7925	1.8681	1.8941	1.9087	1.9179	1.9267	1.9381	1.9489
ν	0.3307	0.3274	0.3258	0.3202	0.3189	0.3143	0.3101	0.2998	0.2987
ρ/（kg/m³）	9121.8	8853.4	8608.9	8587.1	8474.4	8386.3	8301.1	8278.4	8081.7
h/mm	3.1524	3.1117	2.9415	2.9124	2.9047	2.8934	2.8707	2.8554	2.8392
α_l/（10^{-5}/℃）	1.1129	1.1757	1.1982	1.2164	1.2538	1.2973	1.3251	1.3389	1.3691
λ/[W/（m·℃）]	25.97	26.21	26.97	27.24	27.87	28.53	28.75	29.14	29.41
f/Hz	2460.7	2486.5	2511.9	2529.3	2535.9	2551.8	2597.4	2608.6	2648.6

（3）灵敏度分析

同时考虑离心力和热载荷影响后，得到谐调叶盘结构各参数的灵敏度分析结果（见图 5-19 和表 5-15）。

表 5-15　离心力和热载荷共同作用下谐调叶盘结构随机输入变量的灵敏度及其影响概率

随机输入变量	ρ	ν	E	h	α_l	λ	ω	T
L	−0.68580	0.03936	0.68739	−0.00177	−0.00412	0.01255	0.01890	0.00923
P_x（%）	47.00	2.70	47.11	0.12	0.28	0.86	1.30	0.63

由表 5-15 和图 5-19 可以看出：对于谐调叶盘结构，同时考虑离心力和热载荷后，叶盘结构的弹性模量对其频率影响最大，其影响概率达 47.11%，其次为密度，其影响概率达 47.00%。

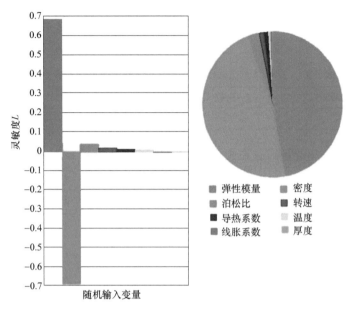

图 5-19　离心力和热载荷共同作用下谐调叶盘结构的随机输入变量灵敏度分析结果

注：彩图见书后插页。

通过散点图来分析随机输入变量和输出响应之间的关系，图 5-20 所示为离心力和热载荷共同作用下谐调叶盘结构频率与密度和弹性模量之间的散点图。

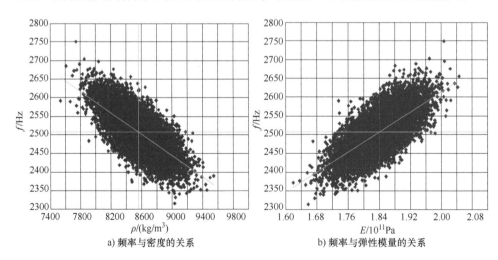

a) 频率与密度的关系　　　　　b) 频率与弹性模量的关系

图 5-20　离心力和热载荷共同作用下谐调叶盘结构频率与随机输入变量的散点图

由图 5-20 可知，密度及弹性模量与谐调叶盘结构频率的关系与灵敏度分析结果相符。

5.3.2　随机失谐整体叶盘结构的频率概率分析

由第 3 章可知，当叶盘结构失谐后，前 6 阶模态与谐调叶盘结构相比，其相同阶模态变化不大，但是从第 7 阶开始，失谐叶盘结构的频率与谐调叶盘结构相比，发生突变，因此以失谐叶盘结构的第 7 阶模态频率作为研究对象，分析其概率分布。

1. 考虑离心力对失谐叶盘结构频率进行概率分析

（1）随机输入变量的选取

设失谐叶盘结构的转速 ω、叶片厚度 h，由于叶盘结构为失谐结构，因此叶片和轮盘的随机输入变量不同，设叶片的随机输入变量分别为材料密度 ρ_b，弹性模量 E_b，泊松比 ν_b；轮盘的随机输入变量分别为材料密度 ρ_d，弹性模量 E_d，泊松比 ν_d，假设各个变量均服从高斯分布且相互独立，见表 5-16。

表 5-16　离心力作用下失谐叶盘结构概率分析的随机输入变量及其数字特征

轮盘			叶片			叶盘结构		
变量	均值 μ	标准差 σ	变量	均值 μ	标准差 σ	变量	均值 μ	标准差 σ
$\rho_d/(\mathrm{kg/m^3})$	8560	256.8	$\rho_b/(\mathrm{kg/m^3})$	8249	247.5	$\omega/(\mathrm{rad/s})$	1046	31.38
$E_d/10^{11}\mathrm{Pa}$	1.841	0.05523	$E_b/10^{11}\mathrm{Pa}$	1.7823	0.053469	h/mm	3.0	0.09
ν_d	0.3143	0.009429	ν_b	0.3181	0.009542	—		

（2）MSMO-CFE-ERSM-DSM 的模拟仿真及概率分析

以第 7 阶频率作为研究对象，将该阶频率作为计算点，将表 5-16 中的随机输入变量及边界条件导入 CCFEROM，基于 MSMO-CFE-ERSM-DSM 对失谐叶盘结构进行概率分析，分析过程与分析谐调叶盘结构一样。图 5-21 所示为失谐叶盘结构随机输入变量概率特征分布。

首先利用响应面矩阵取样法，得到叶盘结构的样本点 81 组，与谐调叶盘结构相比，随机输入变量增加 3 个，但是循环计算样本点却增加 1 倍，计算时间增大，它们的抽样分布服从正态分布，均值和标准差与表 5-16 相符，其中输出响应抽样样本历史如图 5-22 所示。再利用这些样本点拟合极值响应面函数式，分别确定响应面函数系数，得到响应面函数表达式，见式（5-4）。同时得到如图 5-23 所示的转速、叶片密度与输出响应频率形成的响应面。

$$freq = 2525.9 - 24.448\rho_d - 9.0634\rho_b + 25.901E_d + 8.0422E_b + 1.5496\nu_d + 1.2941\omega -$$
$$2.9239\rho_d{}^2 - 3.0483\rho_b{}^2 - 2.7356E_d{}^2 - 2.7762E_b{}^2 + 6.0954\rho_d\rho_b + 4.7778\rho_dE_d -$$
$$5.1418\rho_dE_b - 5.1691\rho_bE_d + 5.0618\rho_bE_b + 4.2698E_dE_b + 2.5498\omega h \qquad (5-4)$$

离心力作用下失谐叶盘结构响应样本历史图、累积分布函数图以及频率分布直方图，如图 5-24 所示。

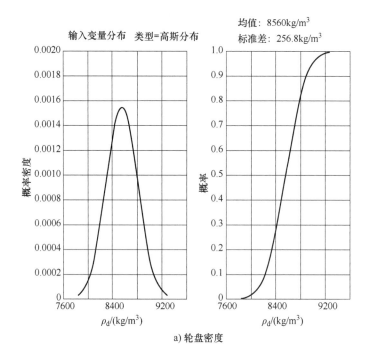

a) 轮盘密度

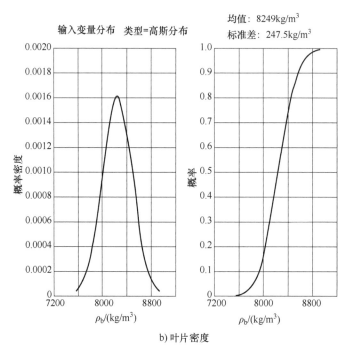

b) 叶片密度

图 5-21　离心力作用下失谐叶盘结构随机输入变量概率特征分布

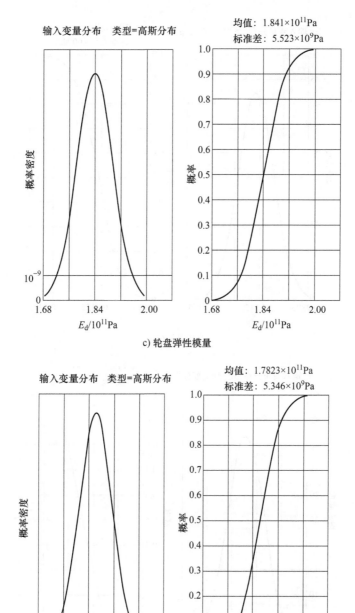

c) 轮盘弹性模量

d) 叶片弹性模量

图 5-21　离心力作用下失谐叶盘结构随机输入变量概率特征分布（续）

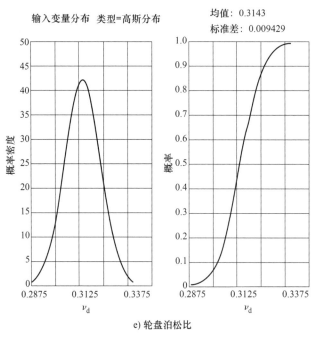

e) 轮盘泊松比

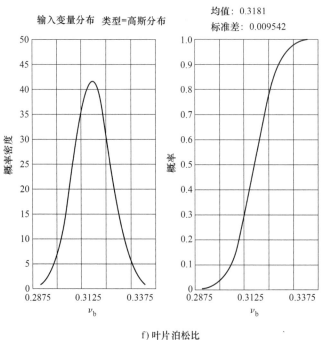

f) 叶片泊松比

图 5-21 离心力作用下失谐叶盘结构随机输入变量概率特征分布（续）

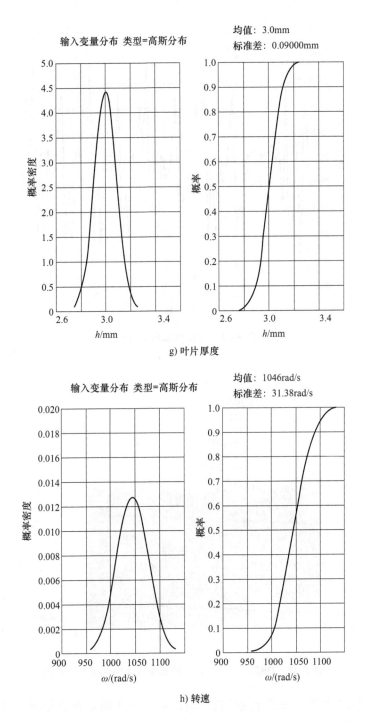

g) 叶片厚度

h) 转速

图 5-21 离心力作用下失谐叶盘结构随机输入变量概率特征分布（续）

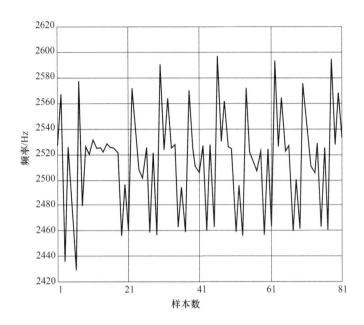

图 5-22　抽样样本历史（四）

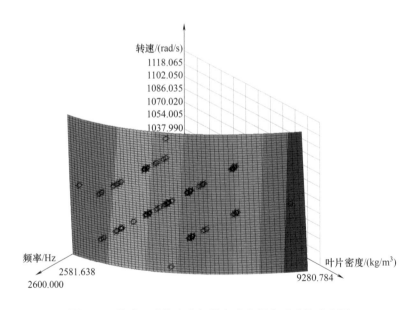

图 5-23　转速、叶片密度与输出响应频率形成的响应面

　　由图 5-24 可知，失谐叶盘结构的输出响应频率满足正态分布，其分布特征见表 5-17。

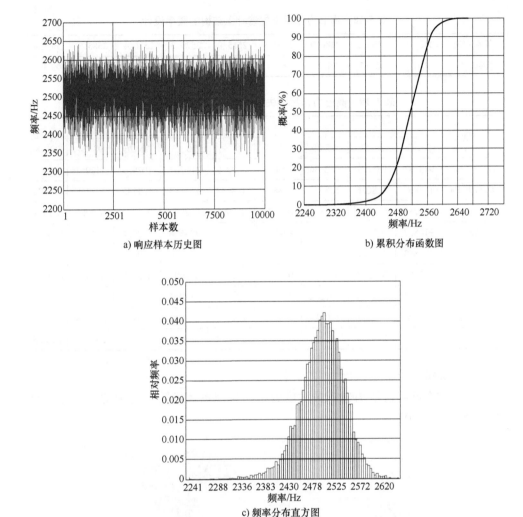

a) 响应样本历史图　　　　　　　　　　b) 累积分布函数图

c) 频率分布直方图

图 5-24　离心力作用下失谐叶盘结构仿真结果分布图

表 5-17　离心力作用下失谐叶盘结构频率概率分析输出响应分布特征

均值/Hz	方差/Hz	最大值/Hz	最小值/Hz
2512. 1	44. 885	2666. 9	2240. 9

　　根据表 5-16 提供的参数，得出失谐叶盘结构频率及相应的概率，如当频率为 2596. 2Hz 时，概率为 97. 96%。由表 5-17 可知，叶盘结构失谐后，频率的差值为 426Hz，比谐调时增大了 161. 8Hz，可见失谐引起了叶盘结构频率范围变大，表 5-18 列出了失谐叶盘结构的概率设计，表 5-19 列出了失谐叶盘结构的逆概率设计。

表 5-18　离心力作用下失谐叶盘结构的概率设计

频率 f/Hz	2421.8	2463.3	2486.9	2499.5	2515.9	2529.3	2576.4	2585.3	2668.9
概率（%）	3.02	13.15	26.27	36.34	51.43	63.89	93.92	95.94	99.99

表 5-19　离心力作用下失谐叶盘结构的逆概率设计

变量	概率（%）								
	20.12	30.56	45.89	70.43	80.56	90.13	95.26	98.24	99.18
ω/(rad/s)	913.81	951.72	982.36	1010.2	1028.9	1053.7	1079.9	1120.7	1129.5
E_d/10^{11}Pa	1.7867	1.8016	1.8347	1.8679	1.8742	1.8873	1.9145	1.9219	1.9372
ν_d	0.3285	0.3213	0.3164	0.3101	0.2997	0.2989	0.2984	0.2981	0.2979
ρ_d/(kg/m^3)	9105.7	9078.4	8878.9	8440.6	8353.1	8246.4	8171.4	8117.4	8089.7
E_b/10^{11}Pa	1.6853	1.7027	1.7243	1.8267	1.8437	1.8746	1.9053	1.9124	1.9254
ν_b	0.3288	0.3219	0.3178	0.3109	0.2953	0.2991	0.2987	0.2985	0.2981
ρ_b/(kg/m^3)	8814.2	8773.4	8672.2	8357.4	8271.1	8179.6	8029.7	7759.6	7710.7
h/mm	3.1924	3.1511	3.0515	2.9912	2.9732	2.9542	2.9412	2.9173	2.8971
f/Hz	2478.2	2491.9	2511.3	2536.9	2550.8	2566.9	2581.2	2599.7	2610.6

（3）灵敏度分析

通过对失谐叶盘结构进行灵敏度分析，得到各随机输入变量的灵敏度（见图 5-25 和表 5-20）。

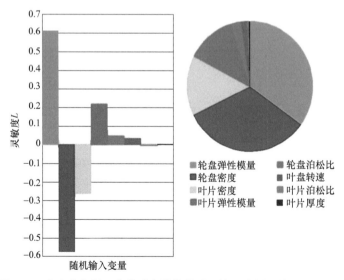

图 5-25　离心力作用下失谐叶盘结构的随机输入变量灵敏度分析结果

注：彩图见书后插页。

表 5-20　离心力作用下失谐叶盘结构随机输入变量的灵敏度及其影响概率

随机输入变量	ρ_d	ρ_b	E_d	E_b	ν_d	ν_b	h	ω
L	-0.57547	-0.26197	0.61437	0.21883	0.04617	-0.00485	0.00315	0.03266
$P_x(\%)$	32.74	14.91	34.96	12.45	2.63	0.28	0.18	1.86

由表 5-20 和图 5-25 可以看出，对于失谐叶盘结构，轮盘的弹性模量对其频率影响最大，其影响概率达 34.96%，其次为轮盘密度，其影响概率达 32.74%，叶片的弹性模量和密度对失谐叶盘结构的影响概率分别为 12.45%、14.91%，可见轮盘的密度和弹性模量对失谐叶盘结构的影响程度要比叶片的大，而叶片的密度影响程度比叶片弹性模量的大，这为叶盘结构的设计提供了依据。

另外，还可以通过散点图来分析随机输入变量和输出响应之间的关系，图 5-26 所示为离心力作用下失谐叶盘结构频率与弹性模量和密度之间的散点图。

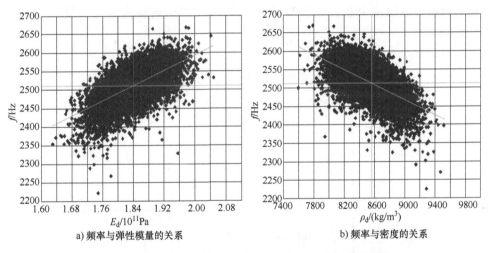

a) 频率与弹性模量的关系　　　　　　　　b) 频率与密度的关系

图 5-26　离心力作用下失谐叶盘结构频率与随机输入变量的散点图

由图 5-26 可知，与谐调结构相比，叶盘结构失谐后随机输入变量与输出响应之间的离散点更分散，轮盘弹性模量、密度与频率远离直线的离散点增多。

2. 考虑热载荷对失谐叶盘结构频率进行概率分析

（1）随机输入变量的选取

设失谐叶盘结构的温度 T、叶片厚度 h、叶片的随机输入变量分别为材料密度 ρ_b、弹性模量 E_b、泊松比 ν_b、线胀系数 α_b、导热系数 λ_b；轮盘的随机输入变量分别为材料密度 ρ_d、弹性模量 E_d、泊松比 ν_d、线胀系数 α_d、导热系数 λ_d。假设各个变量均服从高斯分布且相互独立，见表 5-21。

表5-21　热载荷作用下失谐叶盘结构概率分析的随机输入变量及其数字特征

轮盘			叶片			叶盘		
变量	均值 μ	标准差 σ	变量	均值 μ	标准差 σ	变量	均值 μ	标准差 σ
$\rho_d/(\text{kg/m}^3)$	8560	256.8	$\rho_b/(\text{kg/m}^3)$	8249	247.5	$T/℃$	1050	31.50
$E_d/10^{11}\text{Pa}$	1.841	0.05523	$E_b/10^{11}\text{Pa}$	1.7823	0.053469	h/mm	3.0	0.09
ν_d	0.3143	0.009429	ν_b	0.3181	0.009542	—	—	—
$\alpha_d/(10^{-5}/℃)$	1.216	0.03648	$\alpha_b/(10^{-5}/℃)$	1.268	0.03806	—	—	—
$\lambda_d/[\text{W}/(\text{m}\cdot℃)]$	27.21	0.8163	$\lambda_b/[\text{W}/(\text{m}\cdot℃)]$	29.72	0.8915	—	—	—

（2）MSMO-CFE-ERSM-DSM 的模拟仿真及概率分析

将表5-21 中的随机输入变量及边界条件导入 CCFEROM，对提取的频率进行概率分析和灵敏度分析。图 5-27 所示为失谐叶盘结构随机输入变量概率特征分布。

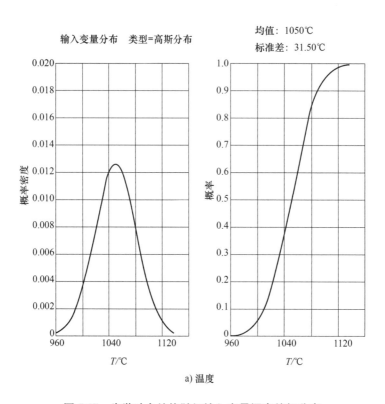

a) 温度

图5-27　失谐叶盘结构随机输入变量概率特征分布

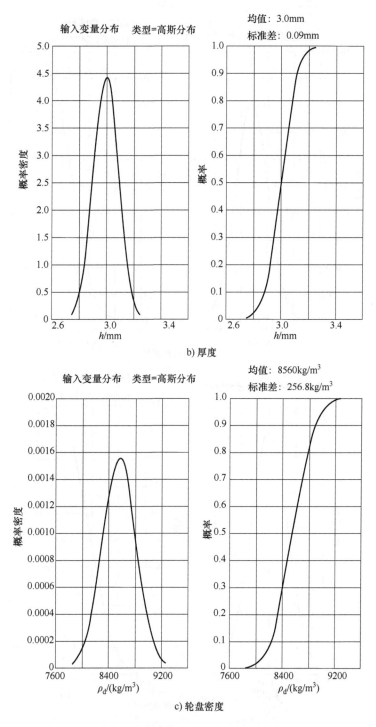

b) 厚度

c) 轮盘密度

图 5-27　失谐叶盘结构随机输入变量概率特征分布（续）

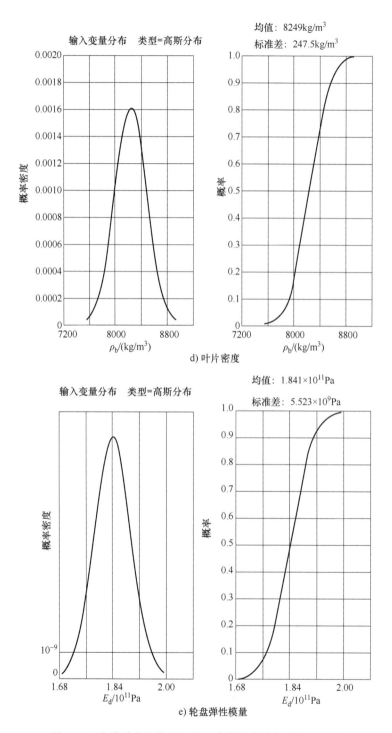

d) 叶片密度

e) 轮盘弹性模量

图 5-27　失谐叶盘结构随机输入变量概率特征分布（续）

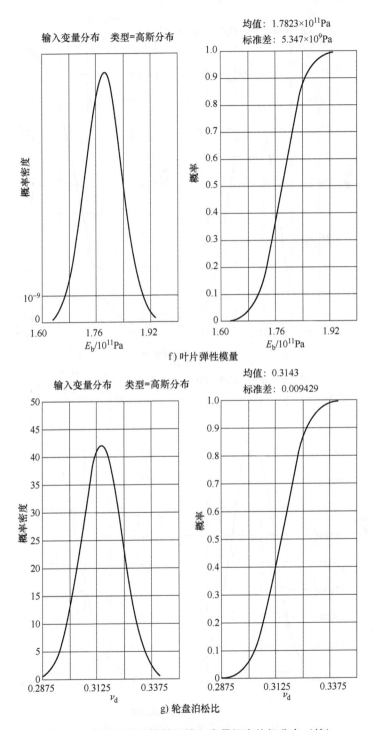

f) 叶片弹性模量

g) 轮盘泊松比

图 5-27　失谐叶盘结构随机输入变量概率特征分布（续）

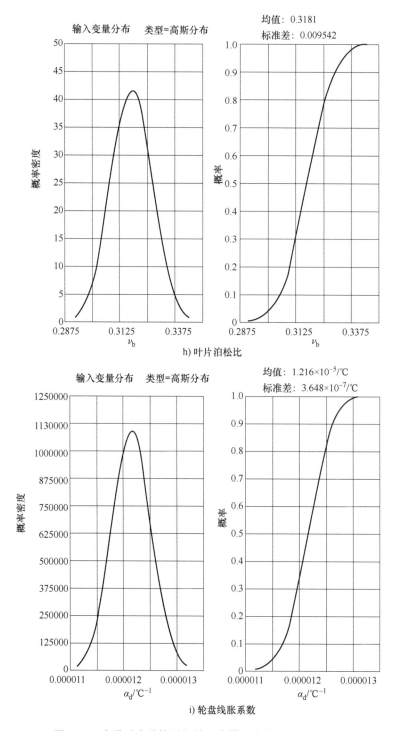

h) 叶片泊松比

i) 轮盘线胀系数

图 5-27 失谐叶盘结构随机输入变量概率特征分布（续）

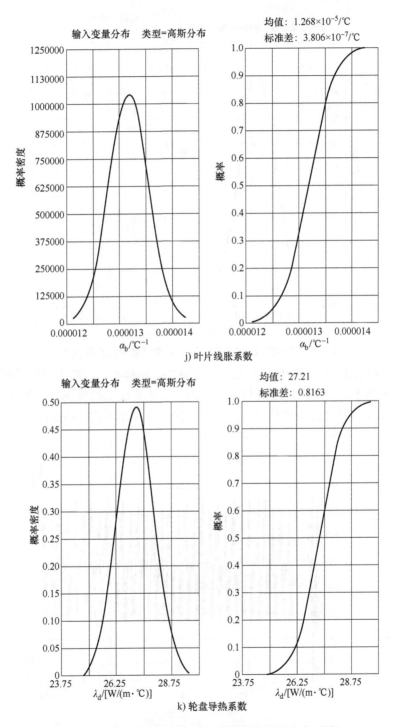

图 5-27　失谐叶盘结构随机输入变量概率特征分布（续）

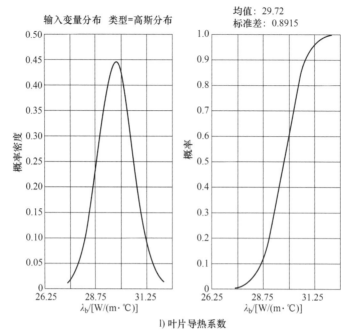

图 5-27　失谐叶盘结构随机输入变量概率特征分布（续）

　　首先对失谐 CCFEROM 进行抽样，得到 281 组样本点，输出响应抽样样本历史如图 5-28 所示。再利用这些样本点值拟合极值响应面模型函数，见式（5-5）。图 5-29 所示为任意两个随机输入变量与输出响应频率形成的响应面。

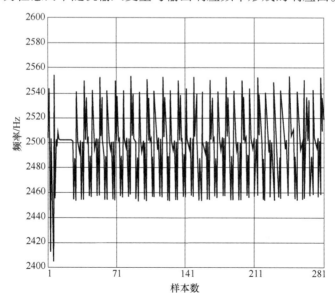

图 5-28　抽样样本历史（五）

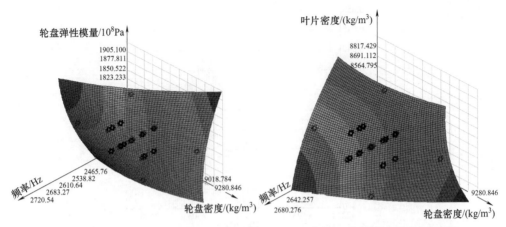

a) 轮盘弹性模量、密度与输出响应频率 　　　　b) 叶片密度、轮盘密度与输出响应频率

图 5-29　任意两个随机输入变量与输出响应频率形成的响应面

注：彩图见书后插页。

$$
\begin{aligned}
freq = {}& 2502.\,9 - 18.\,801\rho_d - 5.\,2402\rho_b + 19.\,599E_d + 4.\,6119E_b + 1.\,1504\nu_d - \\
& 1.\,5376\rho_d{}^2 - 1.\,5989\rho_b{}^2 - 1.\,4414E_d{}^2 - 1.\,4618E_b{}^2 + 3.\,6288\rho_d\rho_b + \\
& 2.\,8848\rho_d E_d - 3.\,0836\rho_d E_b - 3.\,0947\rho_b E_d + 3.\,0599\rho_b E_b + 2.\,5764E_d E_b + \\
& 1.\,9612\alpha_b\lambda_d
\end{aligned}
\tag{5-5}
$$

热载荷作用下失谐叶盘结构响应样本历史图、累积分布函数图及频率分布直方图，如图 5-30 所示，分布特征见表 5-22。

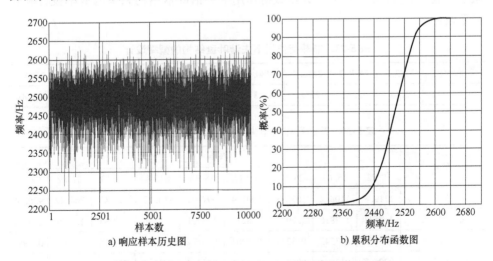

a) 响应样本历史图　　　　　　　　　　b) 累积分布函数图

图 5-30　热载荷作用下失谐叶盘结构仿真结果分布图

107

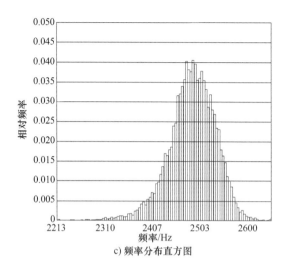

c) 频率分布直方图

图 5-30 热载荷作用下失谐叶盘结构仿真结果分布图（续）

表 5-22 热载荷作用下失谐叶盘结构频率概率分析输出响应分布特征

均值/Hz	方差/Hz	最大值/Hz	最小值/Hz
2488.4	47.93	2648.4	2213.3

由表 5-22 可知，叶盘结构失谐后，频率的差值为 435.1Hz，比谐调时增大了 178.5Hz，同时也比离心力作用下失谐叶盘结构的频率差值大，可见失谐使得叶盘结构频率带更宽。根据表 5-21 提供的参数，得出失谐叶盘结构频率及相应的概率，表 5-23 和表 5-24 分别为热载荷作用下失谐叶盘结构频率的概率设计和逆概率设计。

表 5-23 热载荷作用下失谐叶盘结构的概率设计

频率 f/Hz	2382.9	2438.7	2456.8	2480.8	2499.5	2519.8	2537.7	2553.8	2583.7
概率（%）	2.44	13.67	22.21	41.33	57.91	74.11	85.69	92.93	98.81

表 5-24 热载荷作用下失谐叶盘结构的逆概率设计

变量	概率（%）								
	10.72	15.67	25.62	45.73	58.93	67.49	75.63	87.82	97.36
T/℃	1119.8	1108.2	1036.7	1001.4	997.51	984.27	979.43	964.42	956.61
$E_d/10^{11}$Pa	1.7573	1.7816	1.7947	1.8279	1.8421	1.8536	1.8891	1.8994	1.9271
ν_d	0.3365	0.3345	0.3245	0.3204	0.3172	0.3106	0.2975	0.2979	0.2987
$\rho_d/(\text{kg/m}^3)$	9205.7	9178.4	8963.9	8540.1	8452.4	8375.4	8236.8	8217.5	8189.7

（续）

变量	概率（%）								
	10.72	15.67	25.62	45.73	58.93	67.49	75.63	87.82	97.36
$E_b/10^{11}\mathrm{Pa}$	1.7253	1.7327	1.7751	1.7931	1.8013	1.8273	1.8419	1.8653	1.8854
ν_b	0.3397	0.3378	0.3267	0.3216	0.3196	0.3115	0.2998	0.2972	0.2961
$\rho_b/(\mathrm{kg/m^3})$	8914.2	8873.4	8572.2	8457.4	8389.1	8256.6	8129.1	7868.6	7817.4
$\alpha_d/(10^{-5}/℃)$	1.3124	1.3102	1.3078	1.2879	1.2563	1.2376	1.2109	1.1876	1.1243
$\lambda_d/[\mathrm{W}/(\mathrm{m}\cdot℃)]$	28.31	27.69	27.15	26.32	26.14	26.02	25.99	25.82	25.39
$\alpha_b/(10^{-5}/℃)$	1.3653	1.3512	1.3373	1.2983	1.2641	1.2573	1.2371	1.1572	1.1203
$\lambda_b/[\mathrm{W}/(\mathrm{m}\cdot℃)]$	31.43	30.59	29.78	28.41	28.03	27.93	27.74	27.61	27.51
h/mm	3.1924	3.1511	3.0515	2.9912	2.9732	2.9542	2.9412	2.9173	2.8971
f/Hz	2430.8	2443.8	2461.6	2486.1	2500.9	2511.3	2522.4	2541.8	2571.6

（3）灵敏度分析

通过对失谐叶盘结构进行灵敏度分析，得到各随机输入变量的灵敏度（见图 5-31 和表 5-25）。

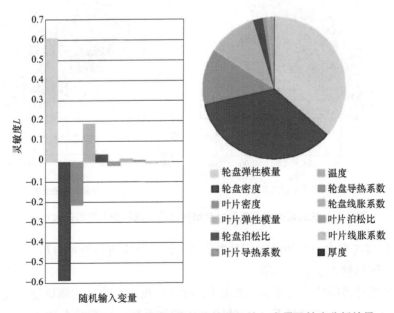

图 5-31　热载荷作用下失谐叶盘结构的随机输入变量灵敏度分析结果
注：彩图见书后插页。

表 5-25　热载荷作用下失谐叶盘结构随机输入变量的灵敏度及其影响概率

随机输入变量	ρ_d	ρ_b	E_d	E_b	ν_d	ν_b
L	−0.58565	−0.21325	0.61188	0.18772	0.03549	−0.00241
$P_x(\%)$	34.93	12.72	36.50	11.20	2.12	0.14
随机输入变量	α_d	α_b	λ_d	λ_b	h	T
L	−0.00366	−0.00130	0.00596	−0.01683	0.00008	0.01221
$P_x(\%)$	0.22	0.08	0.36	1.00	0.01	0.73

由表 5-25 和图 5-31 可以看出，在热载荷作用下，失谐叶盘结构的轮盘弹性模量对其频率影响最大，其影响概率达 36.50%，其次为轮盘密度，其影响概率达 34.93%，叶片的弹性模量和密度对失谐叶盘结构的影响概率分别为 11.20%、12.72%。可见热载荷对叶盘结构的影响与离心力对其影响有一定的差别。

另外，图 5-32 所示为热载荷作用下失谐叶盘结构频率与弹性模量和密度之间的散点图。

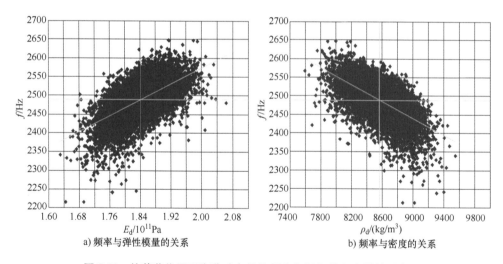

a) 频率与弹性模量的关系　　　　　　b) 频率与密度的关系

图 5-32　热载荷作用下失谐叶盘结构频率与随机输入变量的散点图

3. 同时考虑离心力和热载荷对失谐叶盘结构频率进行概率分析

（1）随机输入变量的选取

设失谐叶盘结构的转速 ω、温度 T、叶片厚度 h，叶片的随机输入变量分别为材料密度 ρ_b、弹性模量 E_b、泊松比 ν_b、线胀系数 α_b、导热系数 λ_b；轮盘的随机输入变量分别为材料密度 ρ_d、弹性模量 E_d、泊松比 ν_d、线胀系数 α_d、导热系

数 λ_d。假设各个变量均服从高斯分布且相互独立，见表 5-26。

表 5-26　失谐叶盘结构概率分析的随机输入变量及其数字特征

轮盘			叶片			叶盘		
变量	均值 μ	标准差 σ	变量	均值 μ	标准差 σ	变量	均值 μ	标准差 σ
$\rho_d/(\text{kg/m}^3)$	8560	256.8	$\rho_b/(\text{kg/m}^3)$	8249	247.5	$\omega/(\text{rad/s})$	1046	31.38
$E_d/10^{11}\text{Pa}$	1.841	0.05523	$E_b/10^{11}\text{Pa}$	1.7823	0.053469	$T/℃$	1050	31.50
ν_d	0.3143	0.009429	ν_b	0.3181	0.009542	h/mm	3.0	0.09
$\alpha_d/(10^{-5}/℃)$	1.216	0.03648	$\alpha_b/(10^{-5}/℃)$	1.268	0.03806	—	—	—
$\lambda_d/[\text{W}/(\text{m}\cdot℃)]$	27.21	0.8163	$\lambda_b/[\text{W}/(\text{m}\cdot℃)]$	29.72	0.8915	—	—	—

（2）MSMO-CFE-ERSM-DSM 的模拟仿真及概率分析

将表 5-26 中的随机输入变量及边界条件导入 CCFEROM，对提取频率进行概率分析。通过抽样得到失谐叶盘的 283 组样本点，其输出响应抽样样本历史如图 5-33 所示，响应面模型函数见式（5-6），任意两个随机输入变量与输出响应频率形成的响应面如图 5-34 所示。

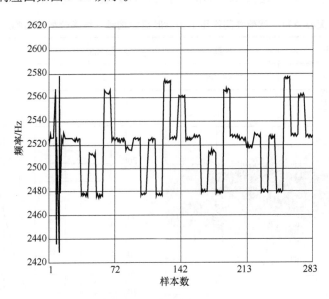

图 5-33　抽样样本历史（六）

$$freq = 2526.5 + 0.91104\omega - 18.699\rho_d - 5.1159\rho_b + 19.483E_d + 4.5004E_b + 1.1352\nu_d -$$
$$1.4923\rho_d^2 - 1.5535\rho_b^2 - 1.3974E_d^2 - 1.4169E_b^2 + 3.5215\rho_d\ \rho_b + 2.7982\rho_dE_d -$$
$$2.9981\rho_dE_b - 3.0095\rho_bE_d + 2.9738\rho_bE_b + 2.5139E_dE_b - 0.52118\nu_d\alpha_d \quad (5\text{-}6)$$

111

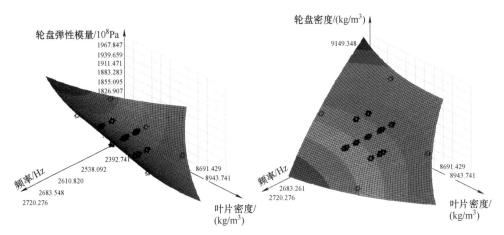

a) 轮盘弹性模量、叶片密度与输出响应频率

b) 轮盘密度、叶片密度与输出响应频率

图 5-34　任意两个随机输入变量与输出响应频率形成的响应面

注：彩图见书后插页。

　　离心力和热载荷共同作用下失谐叶盘结构响应样本历史图、累积分布函数图及频率分布直方图，如图 5-35 所示，分布特征如表 5-27 所示。

表 5-27　离心力和热载荷共同作用下失谐叶盘结构频率概率分析输出响应分布特征

均值/Hz	方差/Hz	最大值/Hz	最小值/Hz
2512.1	44.085	2679.6	2223.8

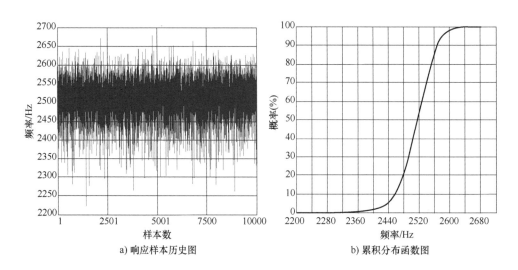

a) 响应样本历史图

b) 累积分布函数图

图 5-35　离心力和热载荷共同作用下失谐叶盘结构仿真结果分布图

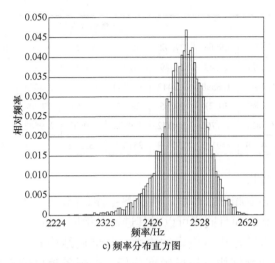

c) 频率分布直方图

图 5-35　离心力和热载荷共同作用下失谐叶盘结构仿真结果分布图（续）

由表 5-27 可知，在离心力和热载荷共同作用下，叶盘结构失谐后，频率的差值为 455.8Hz，比只考虑离心力时的频率范围增大 29.8Hz，比只考虑热载荷时增大 20Hz，可见同时考虑离心力和热载荷后，失谐叶盘结构频率范围变大，频率最大值更大。表 5-28 和表 5-29 分别为离心力和热载荷共同作用下失谐叶盘结构的频率概率设计和逆概率设计。

表 5-28　离心力和热载荷共同作用下失谐叶盘结构的概率设计

频率 f/Hz	2407.5	2480.9	2520.6	2531.7	2542.9	2557.8	2582.7	2599.7	2602.4
概率(%)	2.76	22.51	54.96	64.83	74.22	84.51	94.76	97.97	98.19

表 5-29　离心力和热载荷共同作用下失谐叶盘结构的逆概率设计

变量	概率（%）								
	8.76	29.68	37.42	48.37	57.24	64.37	84.62	92.67	99.32
$\omega/(\mathrm{rad/s})$	908.81	952.76	976.48	1021.5	1027.7	1048.3	1083.9	1118.3	1131.4
T/℃	1120.1	1108.2	1036.7	1021.4	983.51	978.27	972.43	965.42	959.37
$E_{\mathrm{d}}/10^{11}\mathrm{Pa}$	1.7483	1.7679	1.7743	1.7924	1.8136	1.8331	1.8597	1.8761	1.8943
ν_{d}	0.3398	0.3315	0.3237	0.3218	0.3154	0.3127	0.2946	0.2932	0.2912
$\rho_{\mathrm{d}}/(\mathrm{kg/m^3})$	9235.4	9165.4	9063.9	8940.1	8852.4	8675.4	8336.8	8294.5	8289.4
$E_{\mathrm{b}}/10^{11}\mathrm{Pa}$	1.7396	1.7542	1.7697	1.7831	1.8013	1.8173	1.8467	1.8694	1.8897
ν_{b}	0.3384	0.3327	0.3254	0.3236	0.3161	0.3125	0.2953	0.2941	0.2943
$\rho_{\mathrm{b}}/(\mathrm{kg/m^3})$	8924.4	8873.4	8674.3	8532.4	8489.1	8375.3	8245.4	8068.7	7977.8
$\alpha_{\mathrm{d}}/(10^{-5}/℃)$	1.3107	1.3094	1.3056	1.2984	1.2763	1.2576	1.2409	1.2276	1.2143

（续）

变量	概率（%）								
	8.76	29.68	37.42	48.37	57.24	64.37	84.62	92.67	99.32
$\lambda_d/[\text{W}/(\text{m}\cdot\text{℃})]$	28.53	27.42	26.89	26.57	26.24	26.02	25.99	25.82	25.64
$\alpha_b/(10^{-5}/\text{℃})$	1.3642	1.3598	1.3412	1.3283	1.3152	1.3073	1.2871	1.2772	1.2503
$\lambda_b/[\text{W}/(\text{m}\cdot\text{℃})]$	31.86	30.21	29.65	28.72	28.43	27.98	27.81	27.71	27.63
h/mm	3.1827	3.1765	3.0572	2.9872	2.9632	2.9542	2.9412	2.9343	2.9071
f/Hz	2447.9	2491.3	2500.9	2513.8	2523.2	2531.1	2558.2	2575.9	2618.9

（3）灵敏度分析

同时考虑离心力和热载荷后，通过热-固耦合分析，不仅得到了失谐叶盘结构的频率概率分布，而且同样可以对其进行灵敏度分析，从而可以研究叶盘结构失谐后哪些变量对其输出响应影响更大，与谐调结构相比，哪些因素发生了变化。通过对失谐叶盘结构进行灵敏度分析，得到各随机输入变量的灵敏度（见图5-36和表5-30）。

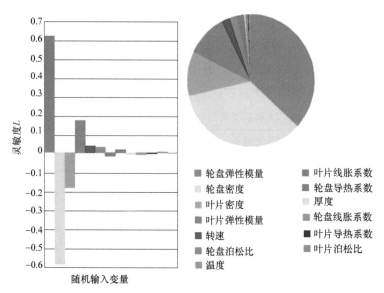

图 5-36　离心力和热载荷共同作用下失谐叶盘结构的随机输入变量灵敏度分析结果

注：彩图见书后插页。

表 5-30　离心力和热载荷共同作用下失谐叶盘结构随机输入变量的灵敏度及其影响概率

随机输入变量	ρ_d	ρ_b	E_d	E_b	ν_d	ν_b
L	−0.58856	−0.18661	0.62438	0.17358	0.02938	0.00402
$P_x(\%)$	34.63	10.98	36.74	10.21	1.73	0.24

（续）

随机输入变量	α_d	α_b	λ_d	λ_b	h	t	ω
L	−0.00780	−0.01846	0.01514	−0.00498	−0.00847	−0.00304	0.03503
$P_x(\%)$	0.46	1.09	0.89	0.29	0.50	0.18	2.06

由表 5-30 和图 5-36 可以看出，对于失谐叶盘结构，轮盘的弹性模量对其频率影响最大，其影响概率达 36.74%，其次为轮盘密度，其影响概率达 34.63%，叶片的弹性模量和密度对失谐叶盘结构的影响概率分别为 10.21%，10.98%，可见轮盘的密度和弹性模量对失谐叶盘结构的影响程度要比叶片的大。与轮盘相比，叶片的密度影响程度比弹性模量的大，可能原因是相对叶片而言轮盘的质量更大。

另外，图 5-37 所示为离心力和热载荷共同作用下失谐叶盘结构频率与弹性模量和密度之间的散点图。

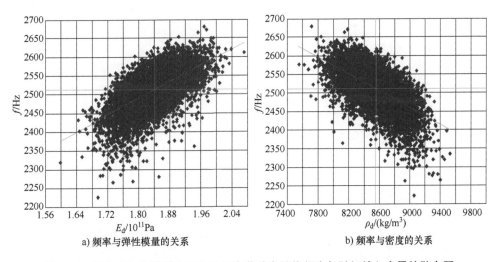

a) 频率与弹性模量的关系　　　　　　　　b) 频率与密度的关系

图 5-37　离心力和热载荷共同作用下失谐叶盘结构频率与随机输入变量的散点图

5.4　本章小结

本章介绍了随机失谐整体叶盘结构的概率分析基本流程，给出谐调叶盘结构和失谐叶盘结构分析流程图和算例。在算例中分析了谐调和随机失谐叶盘结构的固有频率的概率特性，分别考虑离心力、热载荷及二者同时考虑，给出了随机输入变量及它们的概率特征分布。基于 MSMO-CFE-ERSM-DSM 分析了第 7 阶固有频率的概率特性，包括抽样样本历史、响应样本历史图、累积分布函数图及频率分布直方图，随机输入变量与输出响应频率形成的响应面及二次极值响应面函数，最后对叶盘结构进行了灵敏度和散点图分析，同时进行了叶盘结构的概率设计和逆概率分析。本章通过随机失谐叶盘结构和谐调叶盘结构的对比分析，验证和说明了失谐对叶盘结构的破坏程度。

第6章

随机失谐整体叶盘结构的模态振型概率研究

6.1 概述

新一代航空发动机应具备高推重比、高可靠性、长寿命等重要性能指标。长期以来，叶盘结构受到离心力、热载荷及激振力等作用，工作环境恶劣，容易引起航空发动机出现掉块、外物损伤、强度不足和高低周疲劳损伤等，导致叶盘结构出现失谐现象，在损伤故障模式中，叶片的掉角、掉块、变形、裂纹和断裂造成的失谐相对较严重，是工程上经常研究的问题。NASA 技术备忘录（TM-2019-220358）分析军用发动机故障时提到，叶盘结构失谐导致的振动问题约占非计划维护事件的 35%，尤其在高温高压环境下更为显著。美国通用航空（GE Aviation）在 2020 年发布的《航空发动机可靠性报告》中披露，其 CFM56 系列发动机的维护数据显示，叶片与轮盘系统失谐对叶盘结构振动特性有严重的影响，它会造成振动能量的局部化，即振动能量集中在叶盘结构的一个或几个叶片上，模态振型产生"局部化"现象，在叶片受到激振力作用的情况下，部分扇区表现为模态响应较大，造成局部叶盘结构的疲劳失效，从而影响叶盘结构的使用寿命。事实上，叶盘结构的振动响应大多是作用在叶片上的阶次激励振动，振动模态与受迫振动响应关系密切，某种模态对应一定频率的阶次激励形式，因此，研究失谐叶盘结构振动模态对于研究叶盘结构的振动响应和高周疲劳失效是非常重要的，建立失谐叶盘结构振动模态具有十分重要的意义。一般来说，在一个系统中，单独元件并不存在自己的自振频率和完整的自振频谱、振型，因此研究整体叶盘结构才能得到该系统的振动特性。

虽然从确定性角度看，研究模态振型意义不是太大，但是从概率的角度研究振型的分布有一定的相对意义，能够反映振型的分布特征。本著作把"振型的最大值"作为研究对象，做一定的探索性研究，该方法可能有一定的局限性，但不妨作为一种新的研究思路。本章在第 4 章的基础上，对模态振型进行了概率分析，这样能更好地为叶盘结构的设计提供有意义的指导。

6.2 叶盘结构的模态振型概率分析

航空发动机叶盘结构的振动特性与其模态有着密切的关系，每一阶模态具有特定的固有频率和模态振型，对于叶盘结构，不仅会出现共振，而且还会出现失谐，失谐和共振的共同作用会对叶盘结构使用寿命和工作的安全性产生严重影响，因此在研究其频率的基础上，对模态振型进行研究非常有必要。

6.2.1 谐调叶盘结构的模态振型概率分析

在研究谐调叶盘结构模态频率的概率分布的基础上，进一步研究其模态振型的概率分布。分别考虑离心力、热载荷及离心力和热载荷同时作用，研究谐调叶盘结构的模态振型（包括模态位移振型、模态应力振型及模态应变能振型）的概率分布情况，从而找出影响模态振型的变化因素及其影响程度。

1. 考虑离心力对谐调叶盘结构模态振型进行概率分析

根据第 4 章叶盘结构的模态振型分析，谐调叶盘结构各阶振型最大值从第 7 阶开始发生突变，因此以第 7 阶模态振型最大值作为研究对象，将该阶模态振型最大值的节点或单元作为计算点，其分析过程与频率概率分析一样。

将表 5-1 中谐调叶盘结构各随机输入变量的统计特征和边界条件导入 CCFEROM 中，基于 MSMO-CFE-ERSM-DSM 得到谐调叶盘结构的 27 组样本点，则谐调叶盘结构的输出响应抽样样本历史如图 6-1 所示，响应面模型函数表达式见式（6-1）~式（6-3）。响应面模型建立后，不但可以得出输出响应与随机输入变量之间的关系，也可得出与某两个随机输入变量的函数关系，为叶盘结构设计和输出响应控制提供依据。图 6-2 所示为任意两个随机输入变量与模态振型形成的响应面。

$$dsum = 6.9955 - 0.13571\rho + 3.0944 \times 10^{-4}E + 1.4184 \times 10^{-2}\nu - 6.1753 \times 10^{-4}\omega +$$
$$3.94399 \times 10^{-3}\rho^2 + 3.96955 \times 10^{-4}\nu^2 - 2.64198 \times 10^{-4}\rho\nu \qquad (6-1)$$

$$strs = 1.3432 \times 10^{13} - 2.0695 \times 10^{11}\rho + 5.1987 \times 10^{11}E - 4.6391 \times 10^{10}\nu - 1.9295 \times 10^9\omega +$$
$$7.5651 \times 10^9\rho^2 - 1.0051 \times 10^{10}\rho E + 9.0599 \times 10^8\rho\nu - 1.7993 \times 10^9 E\nu \qquad (6-2)$$

$$str\_e = -7.0967 \times 10^7 + 4.1269 \times 10^6\rho - 2.7413 \times 10^6E - 2.4099 \times 10^5\nu - 8.7825 \times$$
$$10^3\omega - 2.0047 \times 10^5\rho^2 + 1.5888 \times 10^5\rho E + 1.3695 \times 10^4\rho\nu - 9.0268 \times 10^3 E\nu$$

$$(6-3)$$

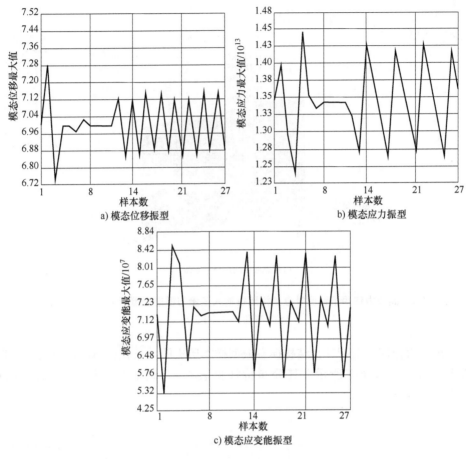

a) 模态位移振型

b) 模态应力振型

c) 模态应变能振型

图 6-1　抽样样本历史（一）

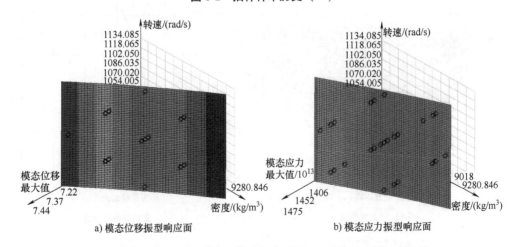

a) 模态位移振型响应面

b) 模态应力振型响应面

图 6-2　离心力作用下谐调叶盘结构随机输入变量与模态振型形成的响应面

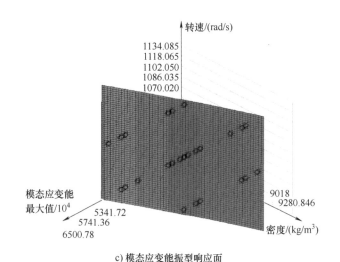

c) 模态应变能振型响应面

图 6-2　离心力作用下谐调叶盘结构随机输入变量与模态振型形成的响应面（续）

注：彩图见书后插页。

离心力作用下谐调叶盘结构模态振型样本历史图、累积分布函数图及分布直方图如图 6-3~图 6-5 所示，其分布特征见表 6-1。概率设计和逆概率设计见表 6-2~表 6-3。

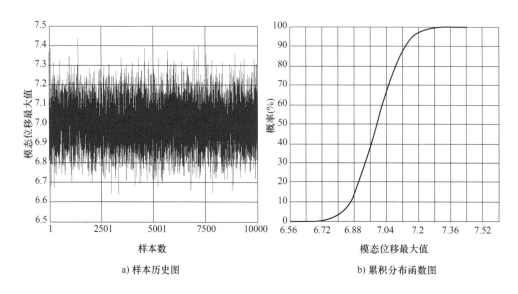

a) 样本历史图　　　　　　　　b) 累积分布函数图

图 6-3　离心力作用下谐调叶盘结构模态位移振型仿真结果分布图

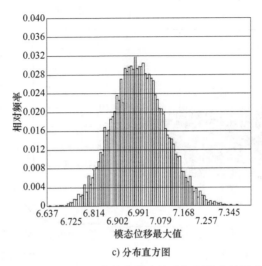

c) 分布直方图

图 6-3 离心力作用下谐调叶盘结构模态位移振型仿真结果分布图（续）

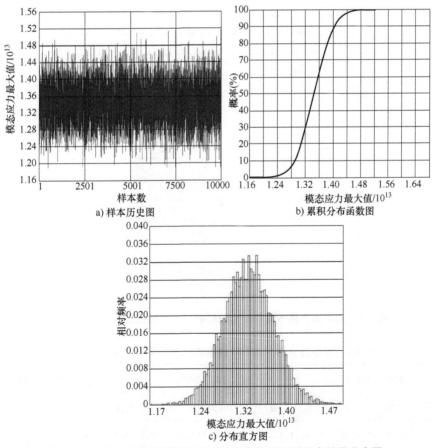

a) 样本历史图

b) 累积分布函数图

c) 分布直方图

图 6-4 离心力作用下谐调叶盘结构模态应力振型仿真结果分布图

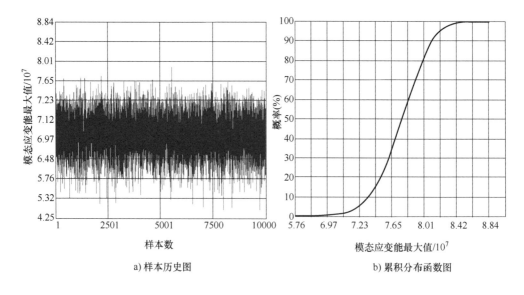

a) 样本历史图

b) 累积分布函数图

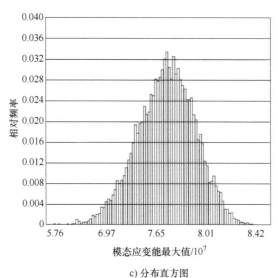

c) 分布直方图

图 6-5 离心力作用下谐调叶盘结构模态应变能振型仿真结果分布图

表 6-1 离心力作用下谐调叶盘结构模态振型响应概率分布特征

模态位移振型				模态应力振型/10^{13}				模态应变能振型/10^7			
均值	方差	最大值	最小值	均值	方差	最大值	最小值	均值	方差	最大值	最小值
6.9981	0.1061	7.4338	6.6366	1.3437	0.0452	1.5131	1.1655	7.1088	0.3851	8.6759	5.7361

表 6-2　离心力作用下谐调叶盘结构模态振型的概率设计

$dsum$	概率（%）	$strs/10^{13}$	概率（%）	$str\_e/10^7$	概率（%）
6. 7871	2. 02	1. 2394	1. 02	5. 7361	1. 01
6. 8748	12. 11	1. 2889	11. 11	6. 4883	14. 15
6. 9235	24. 41	1. 3224	32. 33	6. 6462	33. 21
7. 0363	64. 62	1. 3534	58. 74	6. 8446	48. 29
7. 0571	71. 74	1. 3652	68. 39	6. 9341	66. 71
7. 1121	85. 84	1. 3735	74. 43	7. 1103	74. 21
7. 1574	92. 91	1. 4103	92. 92	7. 2624	88. 46
7. 2244	97. 96	1. 4376	97. 97	7. 5263	94. 26
7. 4337	99. 99	1. 5130	99. 97	8. 2401	99. 37

注：$dsum$ 指模态位移；$strs$ 指模态应力；str_e 指模态应变能。

表 6-3　离心力作用下谐调叶盘结构模态振型的逆概率设计

变量	概率（%）								
	10. 12	21. 23	40. 16	60. 17	70. 89	80. 71	90. 89	97. 23	99. 32
$\omega/(\text{rad/s})$	912. 81	946. 72	985. 36	1009. 4	1020. 8. 9	1028. 7	1078. 9	1110. 7	1130. 5
$E/10^{11}\text{Pa}$	1. 7584	1. 8126	1. 8347	1. 8479	1. 8642	1. 8873	1. 9045	1. 9219	1. 9462
ν	0. 3312	0. 3274	0. 3215	0. 3192	0. 3138	0. 3094	0. 3043	0. 2991	0. 2987
$\rho/(\text{kg/m}^3)$	9005. 8	8978. 4	8678. 9	8540. 6	8453. 1	8246. 7	8171. 9	8107. 5	8099. 4
h/mm	3. 1524	3. 0811	3. 0015	2. 9812	2. 9641	2. 9437	2. 9102	2. 8973	2. 8472
$dsum$	6. 8512	6. 9129	6. 9964	7. 01842	7. 0471	7. 1095	7. 1368	7. 2139	7. 3978
$strs/10^{13}$	1. 2821	1. 3199	1. 3361	1. 3523	1. 3614	1. 3692	1. 4081	1. 4354	1. 4881
$str\_e/10^7$	6. 4507	6. 5168	6. 7569	6. 8919	7. 0121	7. 2044	7. 2818	7. 6261	8. 2258

通过对谐调叶盘结构模态振型进行灵敏度分析，得到离心力作用下谐调叶盘结构的各随机输入变量的灵敏度（见图 6-6 和表 6-4）。

表 6-4　离心力作用下谐调叶盘结构模态振型的随机输入变量的灵敏度及其影响概率

随机输入变量	模态位移振型		模态应力振型		模态应变能振型	
	L_d	$P_{dx}(\%)$	L_s	$P_{sx}(\%)$	L_{s_e}	$P_{s\_ex}(\%)$
ρ	−0. 99398	87. 95	−0. 42383	30. 27	0. 81937	58. 65
ν	0. 10579	9. 36	−0. 08472	6. 05	−0. 03354	2. 40
E	0. 02051	1. 82	0. 88118	62. 93	−0. 53357	38. 19
h	−0. 00807	0. 71	0. 00432	0. 31	0. 00771	0. 55
ω	0. 00177	0. 16	−0. 00628	0. 45	−0. 00290	0. 21

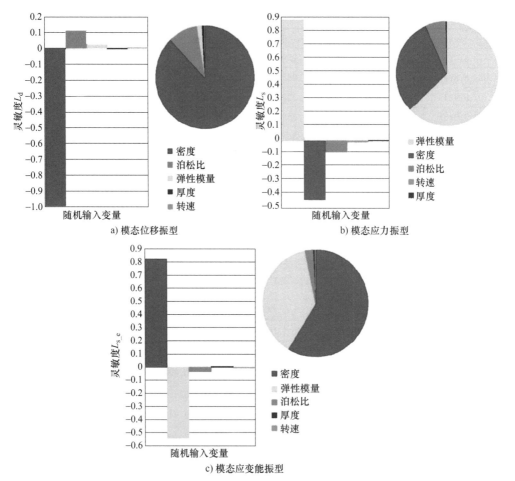

图 6-6 离心力作用下谐调叶盘结构模态振型的随机输入变量灵敏度分析结果

注：彩图见书后插页。

由表 6-4 和图 6-6 可以看出，对于谐调叶盘结构，叶盘结构的密度对其模态位移振型和模态应变能振型影响最大，其影响概率分别为 87.95%、58.65%，而弹性模量对模态应力振型影响最大，其影响概率为 62.93%，可见叶盘结构的密度、弹性模量对其模态振型影响比较大，尤其是位移振型受密度影响非常大，因此在设计中要合理选择和控制随机输入变量。

另外，可以通过如图 6-7 所示的散点图来描述谐调叶盘结构模态振型与随机输入变量之间或振型之间的散点图。

由图 6-7a 可知，密度与谐调叶盘结构的模态位移振型形成的散点分布在靠近直线的位置，且非常密集，直线斜率小于 0，可见密度对谐调叶盘结构的模态位移振型影响比较大，而且密度与模态位移振型负相关。由图 6-7b 可知，弹性

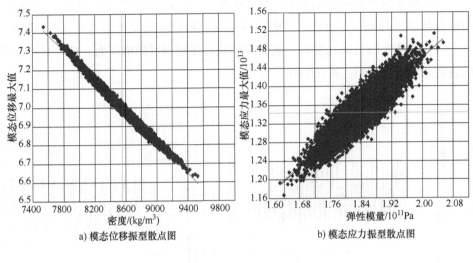

a) 模态位移振型散点图　　　　　　b) 模态应力振型散点图

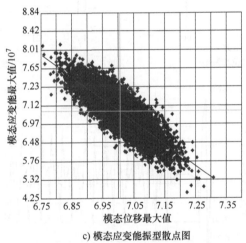

c) 模态应变能振型散点图

图 6-7　离心力作用下模态振型的散点图

模量与谐调叶盘结构的模态应力振型形成的散点比较均匀地分布在直线的两侧，直线斜率大于 0，说明弹性模量对谐调叶盘结构的模态位移振型影响比较大且正相关。散点图不仅可以反映输出响应与随机输入变量之间的关系，也可以反映输出响应之间的关系，由图 6-7c 可知，位移振型和应变能振型之间形成的散点比较均匀地靠近直线分布且直线斜率小于 0，可见位移振型和应变能振型的相互影响比较大，而且它们是负相关的。

2. 考虑热载荷对谐调叶盘结构模态振型进行概率分析

考虑热载荷对谐调叶盘结构模态振型进行概率分析，其分析过程与考虑离心力时的分析过程一样。

首先抽样得谐调叶盘结构的 79 组样本点，它们的抽样分布服从正态分布，均值和标准差与表 5-6 相符，其中输出响应抽样样本历史如图 6-8 所示。图 6-9 所示为任意两个随机输入变量与输出响应模态振型形成的响应面。响应面模型函数表达式见式（6-4）~ 式（6-6）。

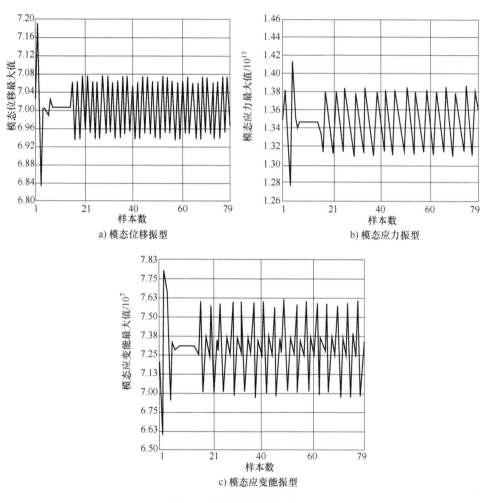

a) 模态位移振型   b) 模态应力振型

c) 模态应变能振型

图 6-8　抽样样本历史（二）

$$dsum = 7.0046 - 6.3823 \times 10^{-2}\, \rho + 6.4805 \times 10^{-3}\, \nu + 2.8465 \times 10^{-5}\, t + 4.7413 \times 10^{-5}\, \alpha_1 +$$
$$8.7295 \times 10^{-4}\, \rho^2 + 7.8942 \times 10^{-5}\, \nu^2 - 5.9008 \times 10^{-5}\, \rho\nu \tag{6-4}$$

$$strs = 1.3463 \times 10^{13} - 1.2267 \times 10^{11}\, \rho + 2.4511 \times 10^{11}\, E - 2.2154 \times 10^{10}\, \nu + 1.5284 \times 10^{8}\, t +$$
$$2.5475 \times 10^{8}\, \alpha_1 + 1.6765 \times 10^{9}\, \rho^2 - 2.2324 \times 10^{9}\, \rho E + 2.0182 \times 10^{8}\, \rho\nu - 4.0331 \times$$
$$10^{8}\, E\nu \tag{6-5}$$

$$str\_e = -7.0722 \times 10^7 + 1.9345 \times 10^6 \rho - 1.2881 \times 10^6 E - 1.0738 \times 10^5 \nu + 2.8569 \times 10^3 t +$$
$$4.7631 \times 10^3 \alpha_1 - 4.4143 \times 10^4 \rho^2 + 9.0203 \times 10^2 \nu^2 + 3.5192 \times 10^4 \rho E + 2.9358 \times$$
$$10^3 \rho\nu - 1.9558 \times 10^3 E\nu \tag{6-6}$$

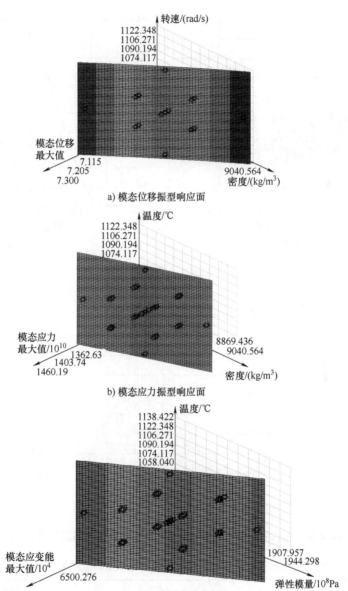

a) 模态位移振型响应面

b) 模态应力振型响应面

c) 模态应变能振型响应面

图 6-9　热载荷作用下谐调叶盘结构随机输入变量与模态振型形成的响应面

注：彩图见书后插页。

127

　　热载荷作用下谐调叶盘结构模态振型样本历史图、累积分布函数图及分布直方图，如图 6-10~图 6-12 所示，其分布特征见表 6-5，概率设计见表 6-6，逆概率设计见表 6-7。

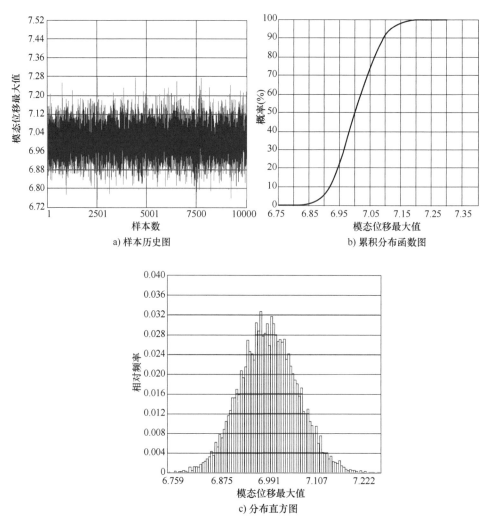

a) 样本历史图　　　　　　　　　　　　　b) 累积分布函数图

c) 分布直方图

图 6-10　**热载荷作用下谐调叶盘结构模态位移振型仿真结果分布图**

表 6-5　**热载荷作用下谐调叶盘结构模态振型响应概率分布特征**

模态位移振型				模态应力振型/10^{13}				模态应变能振型/10^7			
均值	方差	最大值	最小值	均值	方差	最大值	最小值	均值	方差	最大值	最小值
7.0057	0.0705	7.2801	6.7592	1.3465	0.0303	1.4587	1.2327	7.0774	0.2553	8.1676	6.1671

由表 6-5 可知，与考虑离心力相比，考虑热载荷后谐调叶盘结构的模型振型发生了一定变化，对于位移振型而言，其均值和最小值都有所增大，但是最大值减小，即位移振型范围变小，减小量为 0.2763；对于应力振型而言，其均值和最小值都有所增大，但是最大值减小，即应力振型范围变小，减小量为 1.216×10^{12}；对于应变能振型而言，其均值和最大值都有所减小，但是最小值增大，即应变能振型范围变小，减小量为 9.393×10^{6}。可见，与考虑离心力相比，考虑热载荷后模态振型范围变小。

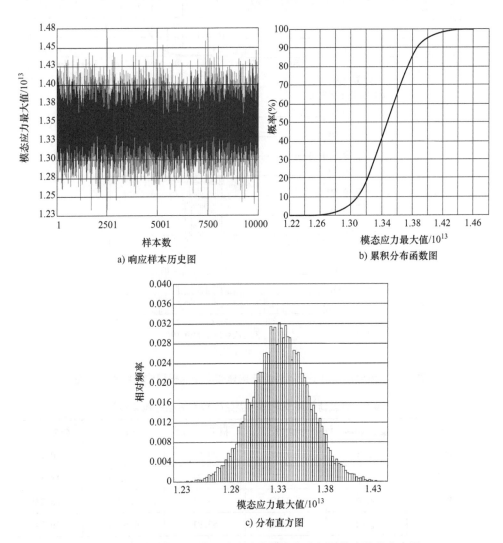

a) 响应样本历史图

b) 累积分布函数图

c) 分布直方图

图 6-11　热载荷作用下谐调叶盘结构模态应力振型仿真结果分布图

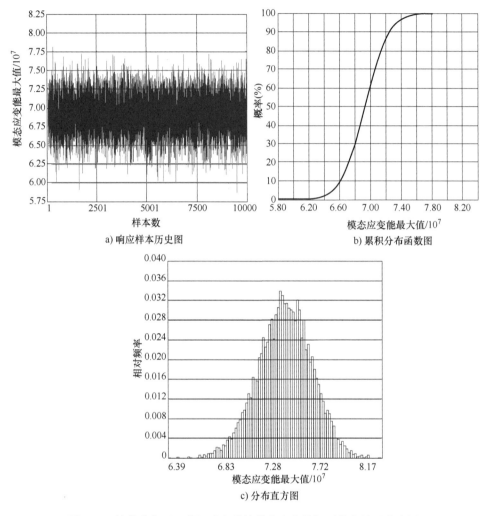

a) 响应样本历史图

b) 累积分布函数图

c) 分布直方图

图 6-12 热载荷作用下谐调叶盘结构模态应变能振型仿真结果分布图

表 6-6 热载荷作用下谐调叶盘结构模态振型的概率设计

dsum	概率（%）	strs/10^{13}	概率（%）	str_e/10^7	概率（%）
6.8641	2.02	1.3305	29.53	6.7356	10.11
6.8752	2.88	1.3375	38.24	6.5323	18.19
6.9331	14.98	1.3412	43.31	6.5941	23.24
6.9914	42.61	1.3492	53.91	6.6732	29.34
7.0493	73.32	1.3686	77.04	6.9862	58.49

（续）

dsum	概率（%）	strs/10¹³	概率（%）	str_e/10⁷	概率（%）
7.1074	92.23	1.3841	89.11	7.0221	64.88
7.1647	98.57	1.3975	95.41	7.1204	72.25
7.1936	99.57	1.4062	97.33	7.1572	82.03
7.2225	99.84	1.4184	98.96	7.4071	95.71

表 6-7　热载荷作用下谐调叶盘结构模态振型的逆概率设计

变量	概率（%）								
	18.13	39.31	48.16	57.34	73.06	82.07	89.34	92.21	98.36
$T/℃$	1120.3	1101.9	1084.2	1065.7	1034.8	1021.7	1003.4	985.4	957.41
$E/10^{11}\,\mathrm{Pa}$	1.7421	1.7826	1.8541	1.8871	1.9042	1.9153	1.9241	1.9291	1.9389
ν	0.3317	0.3281	0.3247	0.3182	0.3143	0.3104	0.3097	0.2992	0.2984
$\rho/(\mathrm{kg/m^3})$	9021.8	8953.4	8608.9	8547.1	8401.1	8346.4	8271.1	8128.4	8087.1
h/mm	3.1424	3.1011	2.9915	2.9824	2.9347	2.9234	2.9107	2.8954	2.8492
$\alpha_l/(10^{-5}/℃)$	1.1024	1.1457	1.1982	1.2164	1.2538	1.2973	1.3151	1.3343	1.3572
$\lambda/[\mathrm{W/(m \cdot ℃)}]$	24.31	25.69	26.15	26.92	27.34	27.67	27.99	28.21	28.43
dsum	6.9514	6.9821	6.9987	7.0191	7.0491	7.0782	7.0993	7.1071	7.1595
strs/10¹³	1.3112	1.3389	1.3457	1.3504	1.3613	1.3727	1.3889	1.3901	1.4087
str_e/10⁷	6.5293	6.7952	6.8375	6.9854	7.1239	7.1573	7.2406	7.3749	7.5021

　　考虑热载荷影响后，通过对谐调叶盘结构进行灵敏度分析，得到各随机输入变量的灵敏度（见图 6-13 和表 6-8）。

表 6-8　热载荷作用下谐调叶盘结构模态振型的随机输入变量的灵敏度及其影响概率

随机输入变量	模态位移振型		模态应力振型		模态应变能振型	
	L_d	$P_{dx}(\%)$	L_s	$P_{sx}(\%)$	L_{s_e}	$P_{s\_ex}(\%)$
ρ	−0.99432	87.80	0.28947	28.49	0.81703	57.30
ν	0.11017	9.73	0.05946	5.78	−0.03492	2.45
E	0.00004	0.01	0.94716	63.71	−0.53529	37.54
h	0.01723	1.52	0.00678	0.98	−0.00135	0.09
α_l	−0.00773	0.68	0.00125	0.10	0.01523	1.07
λ	−0.00173	0.15	0.00285	0.31	0.00685	0.48
T	0.00126	0.11	0.00346	0.63	−0.01512	1.06

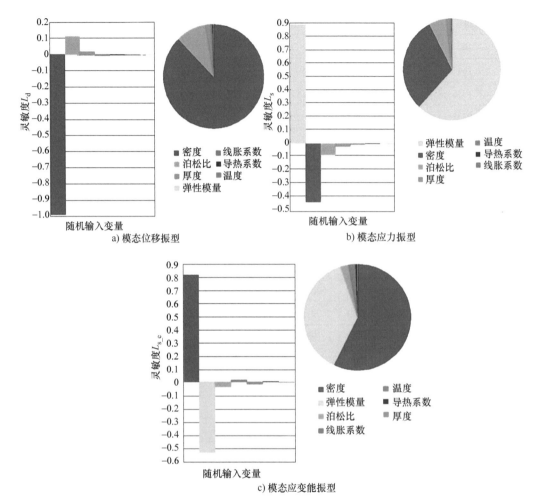

图 6-13　热载荷作用下谐调叶盘结构的随机输入变量灵敏度分析结果

注：彩图见书后插页。

由图 6-13 和表 6-8 看出，对于谐调叶盘结构，叶盘结构的密度对其模态位移振型和模态应变能振型影响最大，其影响概率分别为 87.80%、57.30%，但是模态位移振型与密度反方向变化，而模态应变能振型与密度正方向变化。弹性模量对模态应力振型影响最大，其影响概率为 63.71% 且与模态应力振型正相关；密度对其响应比较小，影响概率为 28.49% 且与模态应力振型负相关。另外，图 6-14 所示为谐调叶盘结构模态振型与随机输入变量或振型之间的散点图。

由 6-14a 可知，密度与模态位移振型形成的散点图节径非常小，几乎和直线重合，可见密度对模态位移振型影响非常大；由图 6-14b 可知，模态应力振型和频率之间形成的散点比较均匀地靠近直线两侧分布，节径较小，且直线斜率小于 0，可

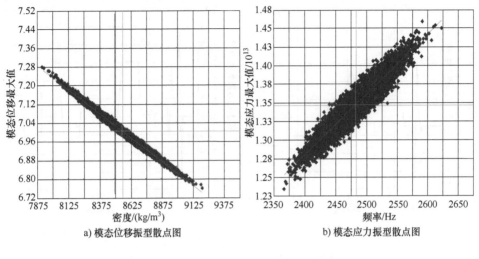

a) 模态位移振型散点图　　　　　　　b) 模态应力振型散点图

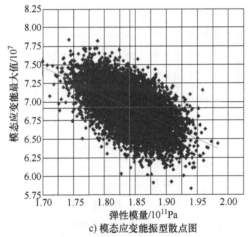

c) 模态应变能振型散点图

图 6-14　热载荷作用下模态振型的散点图

见模态应力振型和模态频率振型的相互影响比较大且正相关；由图 6-14c 可知，弹性模量与谐调叶盘结构的模态应变能振型形成的散点比较均匀地分布在直线的附近，节径相对较大，直线斜率为负，说明弹性模量对谐调叶盘结构的模态应变能振型影响不是很大但负相关。

3. 同时考虑离心力和热载荷对谐调叶盘结构模态振型进行概率分析

首先抽样得到谐调叶盘结构的 81 组样本点，然后通过仿真运算，则可得到输出响应抽样样本历史如图 6-15 所示。响应面模型数学函数表达式见式（6-7）~式（6-9）。图 6-16 所示为任意两个随机输入变量与输出响应模态振型形成的响应面。

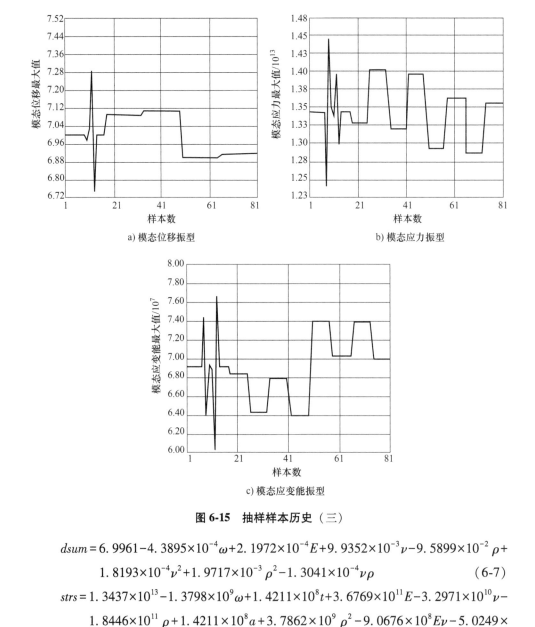

a) 模态位移振型

b) 模态应力振型

c) 模态应变能振型

图 6-15 抽样样本历史（三）

$$dsum = 6.9961 - 4.3895 \times 10^{-4}\omega + 2.1972 \times 10^{-4}E + 9.9352 \times 10^{-3}\nu - 9.5899 \times 10^{-2}\rho +$$
$$1.8193 \times 10^{-4}\nu^2 + 1.9717 \times 10^{-3}\rho^2 - 1.3041 \times 10^{-4}\nu\rho \tag{6-7}$$

$$strs = 1.3437 \times 10^{13} - 1.3798 \times 10^9\omega + 1.4211 \times 10^8 t + 3.6769 \times 10^{11}E - 3.2971 \times 10^{10}\nu -$$
$$1.8446 \times 10^{11}\rho + 1.4211 \times 10^8 a + 3.7862 \times 10^9\rho^2 - 9.0676 \times 10^8 E\nu - 5.0249 \times$$
$$10^9 E\rho + 4.5688 \times 10^8\nu\rho \tag{6-8}$$

$$str\_e = -7.0863 \times 10^7 - 6.9344 \times 10^3\omega + 2.5535 \times 10^3 t - 1.9337 \times 10^6 E - 1.6745 \times 10^5\nu +$$
$$2.9084 \times 10^6\rho + 2.5535 \times 10^3 a - 1.0002 \times 10^5\rho^2 - 4.4164 \times 10^3 E\nu + 7.9223 \times$$
$$10^4 E\rho + 6.7086 \times 10^3\nu\rho \tag{6-9}$$

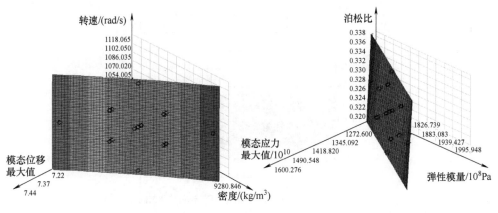

a) 模态位移振型响应面　　　　　　　　b) 模态应力振型响应面

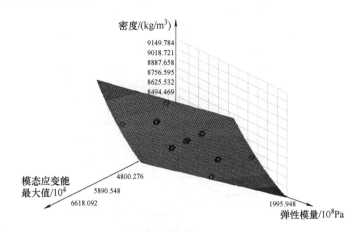

c) 模态应变能振型响应面

图 6-16　离心力和热载荷共同作用下谐调叶盘结构随机输入变量与模态振型形成的响应面

注：彩图见书后插页。

　　离心力和热载荷共同作用下谐调叶盘结构响应样本历史图、累积分布函数图及模态振型分布直方图，如图 6-17~图 6-19 所示，分布特征见表 6-9，离心力和热载荷共同作用下谐调叶盘结构的概率设计和逆概率设计分别见表 6-10 和表 6-11。

表 6-9　离心力和热载荷共同作用下谐调叶盘结构模态振型响应概率分布特征

模态位移振型				模态应力振型/10^{13}				模态应变能振型/10^7			
均值	方差	最大值	最小值	均值	方差	最大值	最小值	均值	方差	最大值	最小值
6.9987	0.10591	7.4297	6.6255	1.3442	0.0454	1.5524	1.1800	7.0984	3.8362	8.6559	5.8164

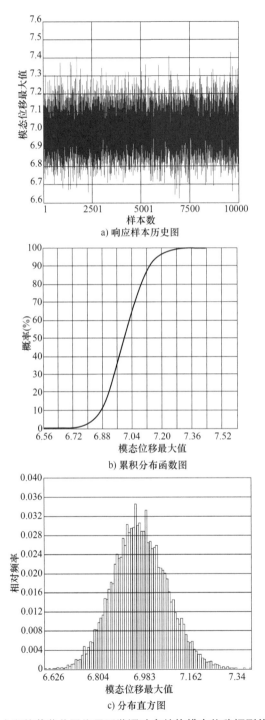

图 6-17　离心力和热载荷共同作用下谐调叶盘结构模态位移振型仿真结果分布图

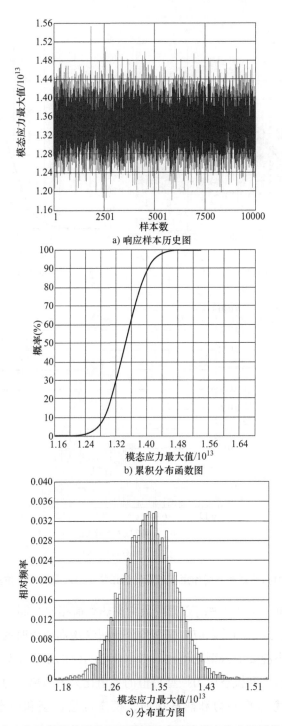

a) 响应样本历史图

b) 累积分布函数图

c) 分布直方图

图 6-18　离心力和热载荷共同作用下谐调叶盘结构模态应力振型仿真结果分布图

137

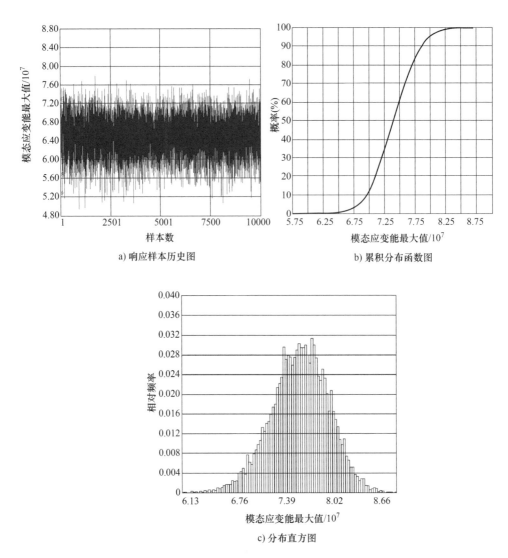

a) 响应样本历史图

b) 累积分布函数图

c) 分布直方图

图 6-19　离心力和热载荷共同作用下谐调叶盘结构模态应变能振型仿真结果分布图

由表 6-9 可知，与只考虑离心力或只考虑热载荷相比，同时考虑离心力和热载荷后，模态位移振型和模态应力振型均值比只考虑离心力时的大，比只考虑热载荷时的小；模态应变能振型均值比只考虑离心力时的小，比只考虑热载荷时的大，且模态位移振型和模态应力振型最值的差值比只考虑离心力或只考虑热载荷时的大，即同时考虑离心力和热载荷时，模态位移振型和模态应力振型分布更宽。

表 6-10　离心力和热载荷共同作用下谐调叶盘结构模态振型的概率设计

$dsum$	概率（%）	$strs/10^{13}$	概率（%）	$str\_e/10^7$	概率（%）
6. 7851	1. 89	1. 2528	2. 02	6. 3608	24. 27
6. 8872	14. 54	1. 2939	13. 76	6. 7749	30. 01
6. 9025	18. 22	1. 3056	20. 02	6. 8214	44. 45
6. 9567	35. 31	1. 3178	28. 41	6. 8921	48. 82
6. 9732	41. 08	1. 3268	35. 25	7. 0503	53. 52
7. 0256	61. 25	1. 3347	41. 63	7. 0965	69. 67
7. 0972	82. 41	1. 3892	83. 58	7. 1379	75. 76
7. 1537	92. 35	1. 4029	90. 16	7. 2892	79. 81
7. 2138	97. 57	1. 4192	95. 12	7. 3521	97. 98

表 6-11　离心力和热载荷共同作用下谐调叶盘结构模态振型的逆概率设计

变量	概率（%）								
	19. 26	35. 76	55. 28	67. 86	72. 39	81. 43	95. 83	97. 28	99. 47
ω	934. 31	953. 73	978. 73	1015. 7	1020. 8. 9	1028. 7	1098. 9	1119. 4	1132. 5
$T/℃$	1109. 3	1102. 9	1074. 9	1057. 7	1043. 8	1014. 7	994. 7. 4	982. 4	956. 37
$E/10^{11}\mathrm{Pa}$	1. 7521	1. 7925	1. 8681	1. 8941	1. 9087	1. 9179	1. 9267	1. 9381	1. 9489
ν	0. 3307	0. 3274	0. 3258	0. 3202	0. 3189	0. 3143	0. 3101	0. 2998	0. 2987
$\rho/(\mathrm{kg/m^3})$	9121. 8	8853. 4	8608. 9	8587. 1	8474. 4	8386. 3	8301. 1	8278. 4	8081. 7
h/mm	3. 1524	3. 1117	2. 9415	2. 9124	2. 9047	2. 8934	2. 8707	2. 8554	2. 8392
$\alpha_l/(10^{-5}/℃)$	1. 1129	1. 1757	1. 1982	1. 2164	1. 2538	1. 2973	1. 3251	1. 3389	1. 3691
$\lambda/[\mathrm{W/(m\cdot℃)}]$	25. 97	26. 21	26. 97	27. 24	27. 87	28. 53	28. 75	29. 14	29. 41
$dsum$	6. 9087	6. 9578	7. 0189	7. 0507	7. 0607	7. 0805	7. 1611	7. 2114	7. 2505
$strs/10^{13}$	1. 2984	1. 3275	1. 3482	1. 3653	1. 3716	1. 3828	1. 4088	1. 4218	1. 4309
$str\_e/10^7$	6. 3408	6. 7949	7. 0546	7. 0902	7. 1116	7. 3092	7. 3324	7. 3512	7. 5434

为了更好地研究离心力和热载荷共同作用对叶盘结构的影响，分析各随机输入变量的灵敏度（见图 6-20 和表 6-12）。

表 6-12　离心力和热载荷共同作用下谐调叶盘结构模态振型的随机输入变量的灵敏度及其影响概率

随机输入变量	模态位移振型		模态应力振型		模态应变能振型	
	L_d	$P_{dx}(\%)$	L_s	$P_{sx}(\%)$	L_{s_e}	P_{s_ex}（%）
ρ	−0. 99414	87. 01	−0. 44065	30. 78	0. 81862	58. 06
ν	0. 09743	8. 53	−0. 08395	5. 86	−0. 03869	2. 74

（续）

随机输入变量	模态位移振型		模态应力振型		模态应变能振型	
	L_d	$P_{dx}(\%)$	L_s	$P_{sx}(\%)$	L_{s_e}	$P_{s\_ex}(\%)$
E	0.00989	0.87	0.88093	61.53	−0.52566	37.28
h	−0.00187	0.16	0.00409	0.29	−0.00125	0.09
α_l	−0.01182	1.03	−0.01396	0.97	0.00971	0.69
λ	0.00310	0.27	−0.00504	0.04	−0.00903	0.64
ω	0.00343	0.30	0.00110	0.08	−0.00475	0.34
T	−0.02086	1.83	−0.00645	0.45	−0.00234	0.17

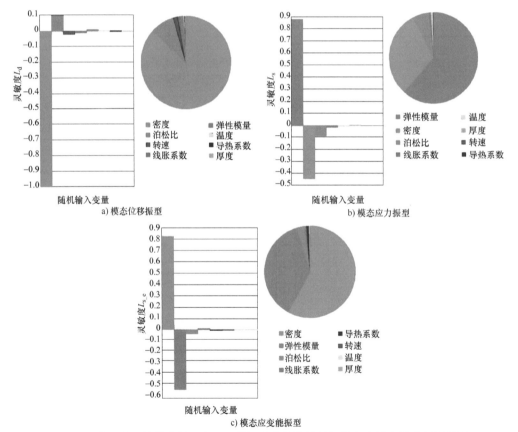

图 6-20　离心力和热载荷共同作用下谐调叶盘结构的随机输入变量灵敏度分析结果

注：彩图见书后插页。

由表 6-12 和图 6-20 可以看出，对于谐调叶盘结构而言，同时考虑离心力和热载荷后，叶盘结构的密度对其模态位移振型和模态应变能振型的影响最大，其影响概率分别为 87.01%、58.06%；弹性模量对模态位移振型影响很小，对模态应变能影响较大，而对模态应力振型影响最大，影响概率为 61.53%，密度对弹性模量影响较大，其影响概率为 30.78%，可见叶盘结构的模态振型主要受密度和弹性模量的影响。

图 6-21 所示为谐调叶盘结构模态振型与随机输入变量或输出响应之间的散点图。

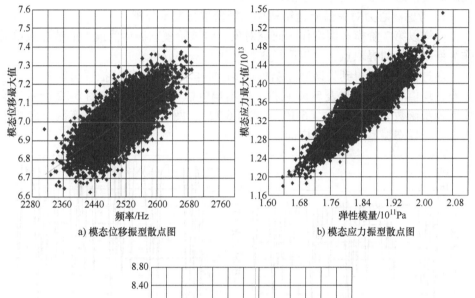

a) 模态位移振型散点图　　　　　　　　　　b) 模态应力振型散点图

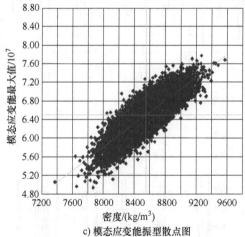

c) 模态应变能振型散点图

图 6-21　离心力和热载荷共同作用下谐调叶盘结构模态振型的散点图

由图 6-21a 可知，模态频率与谐调叶盘结构的模态位移振型形成的散点图节径相对较小且二者正相关。由图 6-21b 可知，弹性模量与模态应力振型散点图的节径较小且正相关。由图 6-21c 可知，密度与谐调叶盘结构的模态应变能振型形成的散点图节径也较小，可见密度对谐调叶盘结构的模态应变能振型影响较大且正相关。

6.2.2 失谐叶盘结构的模态振型概率分析

在研究失谐叶盘结构模态频率的概率分布的基础上，进一步研究其模态振型，分别考虑离心力、热载荷，以及二者同时考虑，研究失谐叶盘结构的模态振型（包括模态位移振型、模态应力振型及模态应变能振型）的变化情况，从而找出影响模态振型的变化因素及其影响程度。

1. 考虑离心力对失谐叶盘结构模态振型进行概率分析

同样以第 7 阶模态振型作为研究对象，将该阶模态振型值最大的节点或单元作为概率分析的提取点，对提取模态振型进行概率分析。

通过仿真抽样得到失谐叶盘结构的 81 组样本点，它们的抽样分布服从正态分布，均值和标准差与表 5-16 相符，输出响应抽样样本历史如图 6-22 所示，响应面模型函数表达式见式（6-10）~式（6-12），图 6-23 所示为任意两个随机输入变量与模态振型形成的响应面。

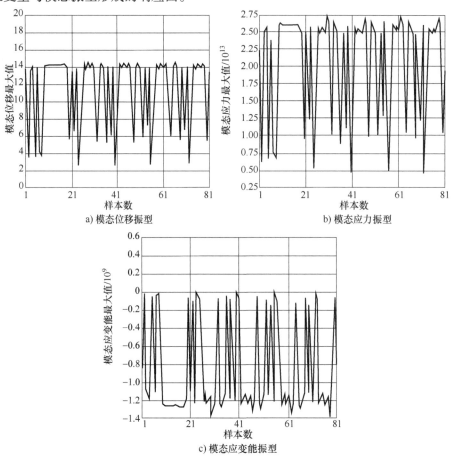

a) 模态位移振型
b) 模态应力振型
c) 模态应变能振型

图 6-22　抽样样本历史（四）

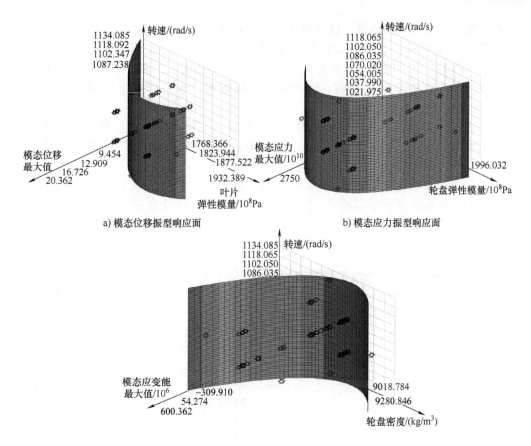

a) 模态位移振型响应面　　　　b) 模态应力振型响应面

c) 模态应变能振型响应面

图 6-23　离心力作用下随机输入变量与模态振型形成的响应面

注：彩图见书后插页。

$$dsum = 14.102 + 1.6801\rho_d - 1.8318\rho_b - 1.7062E_d + 1.7263E_b - 0.72642\rho_d{}^2 -$$
$$0.68204\rho_b{}^2 - 0.65094E_d{}^2 - 0.67194E_b{}^2 + 0.91379\rho_d\rho_b + 0.77581\rho_dE_d -$$
$$0.77173\rho_dE_b - 0.74529\rho_bE_d + 0.74138\rho_bE_b + 0.61486E_dE_b \qquad (6\text{-}10)$$

$$strs = 2.5921 \times 10^{13} + 3.1625 \times 10^{12}\rho_d - 3.4397 \times 10^{12}\rho_b - 2.6292 \times 10^{12}E_d + 3.2363 \times$$
$$10^{12}E_b - 1.34678 \times 10^{12}\rho_d{}^2 - 1.2643 \times 10^{12}\rho_b{}^2 - 1.2961 \times 10^{12}E_d{}^2 - 1.2454 \times$$
$$10^{12}E_b{}^2 + 1.6813 \times 10^{12}\rho_d\rho_b + 1.5217 \times 10^{12}\rho_dE_d - 1.4114 \times 10^{12}\rho_dE_b - 1.4736 \times$$
$$10^{12}\rho_bE_d + 1.3534 \times 10^{12}\rho_bE_b + 1.2263 \times 10^{12}E_dE_b \qquad (6\text{-}11)$$

$$str\_e = -1.2147 \times 10^9 - 1.8526 \times 10^8\rho_d + 2.2304 \times 10^8\rho_b + 1.9356 \times 10^8E_d - 2.1892 \times$$
$$10^8E_b + 9.0204 \times 10^7\rho_d{}^2 + 8.1701 \times 10^7\rho_b{}^2 + 8.6878 \times 10^7E_d{}^2 + 8.0899 \times 10^7E_b{}^2 -$$
$$9.7612 \times 10^7\rho_d\rho_b - 9.6401 \times 10^7\rho_dE_d + 8.8835 \times 10^7\rho_dE_b + 8.5278 \times 10^7\rho_bE_d -$$
$$7.6182 \times 10^7\rho_bE_b - 7.9699 \times 10^7E_dE_b \qquad (6\text{-}12)$$

由图 6-22 可知，与谐调叶盘结构相比，样本点数增加了近一倍，主要原因在于随机输入变量的增多，这使得计算时间也大大增加。若采用普通响应面法，计算时间将更长，效率极低；若采用 MC 法则可能无法实现，而本著作采用 MSMO-CFE-ERSM-DSM，与普通响应面法或者 MC 法相比，该方法计算时间大大减少，效率也得到明显提高，随机输入变量越多，本著作提出的 MSMO-CFE-ERSM-DSM 的优越性越明显。

由图 6-23 可知，叶盘结构失谐后，随机输入变量与输出响应形成的极值响应面发生了弯曲，从响应面看出，叶盘结构失谐后，随机输入变量与输出响应之间的非线性程度加剧。

失谐叶盘结构模态振型样本历史图、累积分布函数图及分布直方图，如图 6-24~图 6-26 所示，其分布特征见表 6-13，概率设计和逆概率设计分别见表 6-14 和表 6-15。

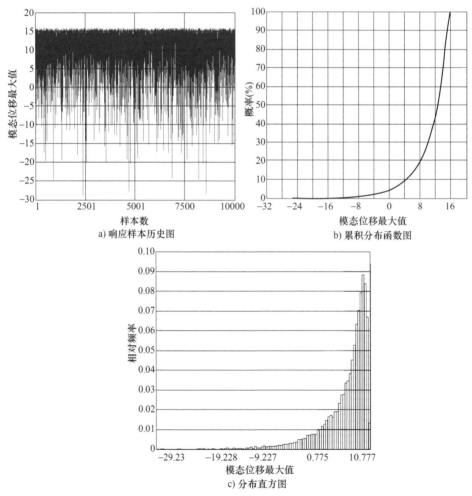

图 6-24　离心力作用下失谐叶盘结构模态位移振型仿真结果分布图

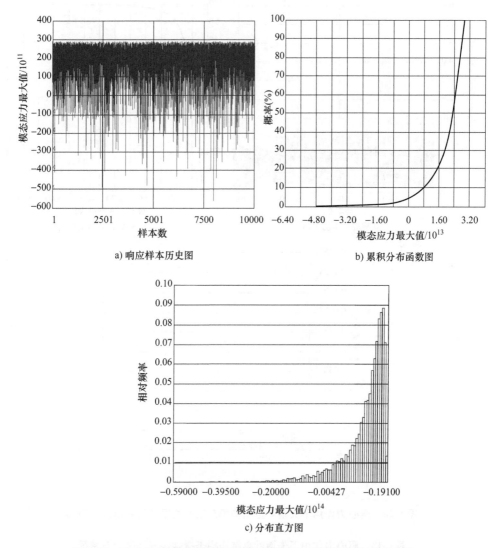

a) 响应样本历史图

b) 累积分布函数图

c) 分布直方图

图 6-25　离心力作用下失谐叶盘结构模态应力振型仿真结果分布图

由图 6-24~图 6-26 可知，叶盘结构失谐后，其模态振型发生了明显的变化，位移、应力及应变能振型都出现负值且数值非常大，主要原因在于提取的振型为节点最大值且该值与谐调叶盘结构相比大了很多，失谐使得各振型发生了比较大的波动以至于方向也发生变化，出现了大范围的波动，而且拟合函数的非线性增强了。因此，有些样本点在仿真过程中落在了负值范围，进一步说明了叶盘结构对失谐的敏感性，以及叶盘结构出现失谐的危险性。

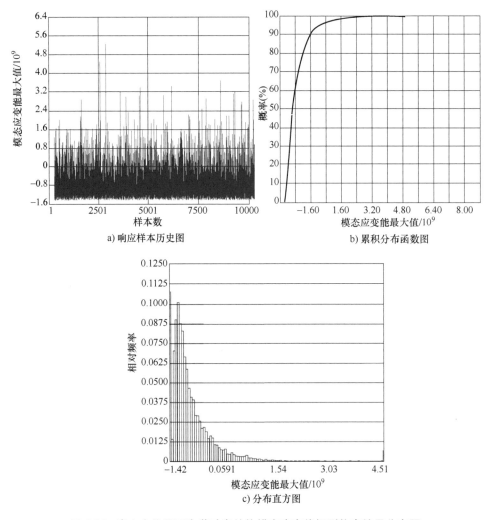

a) 响应样本历史图

b) 累积分布函数图

c) 分布直方图

图 6-26 离心力作用下失谐叶盘结构模态应变能振型仿真结果分布图

表 6-13 离心力作用下失谐叶盘结构模态振型响应概率分布特征

模态位移振型				模态应力振型/10^{13}				模态应变能振型/10^7			
均值	方差	最大值	最小值	均值	方差	最大值	最小值	均值	方差	最大值	最小值
10.802	5.0496	15.778	-29.230	1.9677	0.9226	2.8860	-5.9001	-80.481	59.644	525.14	-14.245

由表 6-13 可知，叶盘结构失谐后，各模态振型不仅均值增大，而且方差增大了数十倍甚至数百倍，波动程度非常严重，如谐调叶盘结构的位移模态振型均值和方差分别为 6.9981、0.1061 而叶盘结构失谐后其均值和方差分别为 10.802、

5.0496，为谐调时的 1.54 倍、47.59 倍，而应变能振型不论是均值还是方差变化更大，可见失谐后叶盘结构非常危险。

根据表 5-16 提供的参数，当置信水平为 0.95，可得到失谐叶盘结构不同模态振型下相应的概率，如当模态位移、应力、应变能振型分别为 15.489、$2.8294×10^{13}$、$1.5436×10^9$ 时，概率为 97.64%。采用该方法可以很好地设计和控制叶盘结构。表 6-14 列出了离心力作用下失谐叶盘结构模态振型的概率设计，即已知模态位移振型后可以确定满足该范围的概率值。

表 6-14　离心力作用下失谐叶盘结构模态振型的概率设计

dsum	概率（%）	$strs/10^{13}$	概率（%）	$str\_e/10^7$	概率（%）
4.0124	9.45	0.1416	7.91	−142.01	0.01
8.0127	20.89	0.7840	10.10	−137.05	3.24
10.481	31.45	1.7715	27.27	−121.97	23.19
12.128	44.78	2.2679	49.43	−116.72	30.32
14.238	72.42	2.5828	74.12	−99.61	50.12
14.512	81.56	2.6748	83.46	−88.45	59.71
15.203	93.97	2.8294	97.26	−17.55	92.18
15.519	98.05	2.8476	98.37	75.73	96.75
15.781	99.79	2.8861	99.91	525.14	99.16

与分析谐调叶盘结构一样，失谐叶盘结构也可进行逆概率分析，即计算某可靠度下所需的变量参数极值，为叶盘结构设计和优化提供依据。在置信水平为 0.95 和不同可靠度下，各个随机输入变量极限值见表 6-15。

表 6-15　离心力作用下失谐叶盘结构模态振型的逆概率设计

变量	概率（%）								
	20.12	30.56	45.89	70.43	80.56	90.13	95.26	98.24	99.18
$\omega/(rad/s)$	913.81	951.72	982.36	1010.2	1028.9	1053.7	1079.9	1120.7	1129.5
$E_d/10^{11}Pa$	1.7867	1.8016	1.8347	1.8679	1.8742	1.8873	1.9145	1.9219	1.9372
ν_d	0.3285	0.3213	0.3164	0.3101	0.2997	0.2989	0.2984	0.2981	0.2979
$\rho_d/(kg/m^3)$	9105.7	9078.4	8878.9	8440.6	8353.1	8246.4	8171.4	8117.4	8089.7
$E_b/10^{11}Pa$	1.6853	1.7027	1.7243	1.8267	1.8437	1.8746	1.9053	1.9124	1.9254
ν_b	0.3288	0.3219	0.3178	0.3109	0.2953	0.2991	0.2987	0.2985	0.2981

（续）

变量	概率（%）								
	20.12	30.56	45.89	70.43	80.56	90.13	95.26	98.24	99.18
$\rho_b/(kg/m^3)$	8814.2	8773.4	8672.2	8357.4	8271.1	8179.6	8029.7	7759.6	7710.7
h/mm	3.1924	3.1511	3.0515	2.9912	2.9732	2.9542	2.9412	2.9173	2.8971
$dsum$	7.9448	10.341	12.769	13.564	14.037	14.981	15.246	15.614	15.691
$strs/10^{13}$	1.3691	1.9827	2.2188	2.4749	2.6159	2.6866	2.7571	2.8417	2.8813
$str\_e/10^7$	−123.98	−116.19	−100.23	−77.85	−45.98	−24.81	61.35	396.95	531.12

对失谐叶盘结构进行灵敏度分析得到离心力作用下失谐叶盘结构的各随机输入变量的灵敏度（见图6-27和表6-16）。

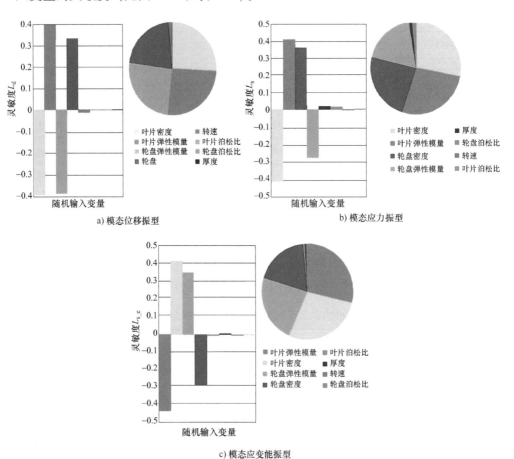

a) 模态位移振型

b) 模态应力振型

c) 模态应变能振型

图6-27　离心力作用下失谐叶盘结构的随机输入变量灵敏度分析结果

注：彩图见书后插页。

表 6-16　离心力作用下失谐叶盘结构模态振型的随机输入变量的灵敏度及其影响概率

随机输入变量	模态位移振型		模态应力振型		模态应变能振型	
	L_d	P_{dx}（%）	L_s	P_{sx}（%）	L_{s_e}	P_{s_ex}（%）
ρ_d	0.33153	21.24	0.34990	23.49	−0.29206	19.44
ρ_b	−0.40745	26.33	−0.42369	28.44	0.42732	28.45
E_d	−0.38382	24.80	−0.26948	18.09	0.32908	21.91
E_b	0.39372	25.44	0.40388	27.11	−0.43401	28.89
ν_d	0.0018314	0.12	−0.0066113	0.44	−0.43580	0.29
ν_b	0.013290	0.86	0.0083836	0.56	0.0011922	0.08
h	0.011129	0.72	0.0018602	0.12	0.0039498	0.26
ω	−0.0049765	0.32	0.025833	1.73	−0.010134	0.67

　　由表 6-16 和图 6-27 可以看出，叶盘结构失谐后，影响其输出响应的随机输入变量增多，但主要影响模态振型的随机输入变量为轮盘和叶片的密度及弹性模量。叶片的密度成为影响模态位移振型和模态应力振型的最主要因素，影响概率分别为 26.33%、28.44%，其次为叶片的弹性模量，影响概率分别为 25.44%、27.11%；而叶片的弹性模量为影响模态应变能振型的最主要因素，影响概率为28.89%，其次为叶片的密度，影响概率为 28.45%。可见叶片的密度、弹性模量对失谐叶盘结构的模态振型影响比轮盘的密度和弹性模量更大一些，其他随机输入变量对失谐叶盘结构的模态振型的影响都比较小。图 6-28 所示为失谐叶盘结构模态振型与随机输入变量之间的散点图。

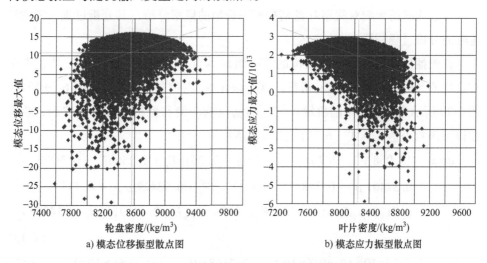

a) 模态位移振型散点图　　　　　　　　b) 模态应力振型散点图

图 6-28　离心力作用下失谐叶盘结构模态振型的散点图

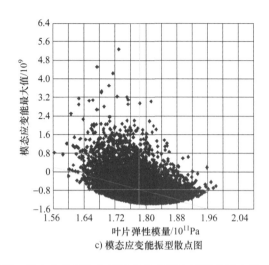

c) 模态应变能振型散点图

图 6-28　离心力作用下失谐叶盘结构模态振型的散点图（续）

由图 6-28a 可知，轮盘密度与失谐叶盘结构的模态位移振型形成的散点图的节径较大，而且有些离散点距离直线较远且落在负区域，可见位移波动比较大；由图 6-28b 可知，叶片密度与失谐叶盘结构的模态应力振型形成的散点图和轮盘密度与模态位移振型形成的散点图相似，但是轮盘密度与位移振型正相关而叶片密度与模态应力振型负相关；由图 6-28c 可知，叶盘弹性模量与应变能振型的散点图与图 6-28b 相似，但是应变能主要表现为负方向变化。

2. 考虑热载荷对失谐叶盘结构模态振型进行概率分析

考虑热载荷影响对失谐叶盘结构模态振型的概率分析，其分析过程与考虑转速时的分析过程一样。

首先抽样得到失谐叶盘结构的 281 组样本点，它们的抽样分布服从正态分布，均值和标准差与表 5-21 相符，其中输出响应抽样样本历史如图 6-29 所示。图 6-30 所示为任意两个随机输入变量与输出响应模态振型形成的响应面，响应面模型函数表达式见式（6-13）~式（6-15）。

$$dsum = 13.968 + 1.3207\,\rho_d - 1.4416\,\rho_b - 1.2515E_d + 1.2566E_b - 0.36499\,\rho_d^2 -$$
$$0.34401\,\rho_b^2 - 0.32845E_d^2 - 0.33946E_b^2 + 0.93429\,\rho_d\rho_b + 0.71738\,\rho_dE_d -$$
$$0.71734\,\rho_dE_b - 0.70695\,\rho_bE_d + 0.70695\,\rho_bE_b + 0.49591E_dE_b + 0.14008\alpha_b\lambda_d$$

$$(6\text{-}13)$$

$$strs = 2.5739\times10^{13} + 2.4946\times10^{12}\,\rho_d - 2.7168\times10^{12}\,\rho_b - 1.9066\times10^{12}E_d + 2.3643\times$$

$$10^{12}E_{\mathrm{b}}-1.7407\times10^{11}\nu_{\mathrm{d}}-6.7851\times10^{11}\rho_{\mathrm{d}}^2-6.3941\times10^{11}\rho_{\mathrm{b}}^2-6.5793\times10^{11}E_{\mathrm{d}}^2-$$
$$6.3085\times10^{11}E_{\mathrm{b}}^2+1.7415\times10^{12}\rho_{\mathrm{d}}\rho_{\mathrm{b}}+1.3813\times10^{12}\rho_{\mathrm{d}}E_{\mathrm{d}}-1.3311\times10^{12}\rho_{\mathrm{d}}E_{\mathrm{b}}-$$
$$1.3664\times10^{12}\rho_{\mathrm{b}}E_{\mathrm{d}}+1.3111\times10^{12}\rho_{\mathrm{b}}E_{\mathrm{b}}+9.6729\times10^{11}E_{\mathrm{d}}E_{\mathrm{b}}+2.8649\times10^{11}\alpha_{\mathrm{b}}\lambda_{\mathrm{d}}$$

$$(6\text{-}14)$$

$$str\_e=-1.2023\times10^9-1.8467\times10^8\rho_{\mathrm{d}}+2.1582\times10^8\rho_{\mathrm{b}}+1.7424\times10^8E_{\mathrm{d}}-1.9441\times$$
$$10^8E_{\mathrm{b}}+4.5335\times10^7\rho_{\mathrm{d}}^2+4.0969\times10^7\rho_{\mathrm{b}}^2+4.3601\times10^7E_{\mathrm{d}}^2+4.0573\times10^7E_{\mathrm{b}}^2-$$
$$1.18836\times10^8\rho_{\mathrm{d}}\rho_{\mathrm{b}}-9.6746\times10^7\rho_{\mathrm{d}}E_{\mathrm{d}}+9.2119\times10^7\rho_{\mathrm{d}}E_{\mathrm{b}}+9.0897\times10^7\rho_{\mathrm{b}}E_{\mathrm{d}}-$$
$$8.5501\times10^7\rho_{\mathrm{b}}E_{\mathrm{b}}-6.5896\times10^7E_{\mathrm{d}}E_{\mathrm{b}}2.5678\times10^7\alpha_{\mathrm{b}}\lambda_{\mathrm{d}}$$

$$(6\text{-}15)$$

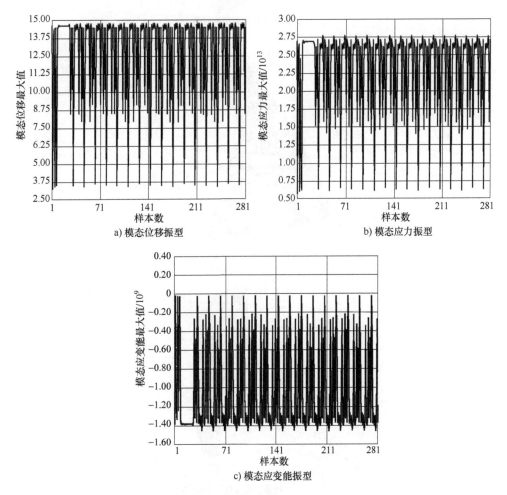

a) 模态位移振型　　　　b) 模态应力振型

c) 模态应变能振型

图 6-29　抽样样本历史（五）

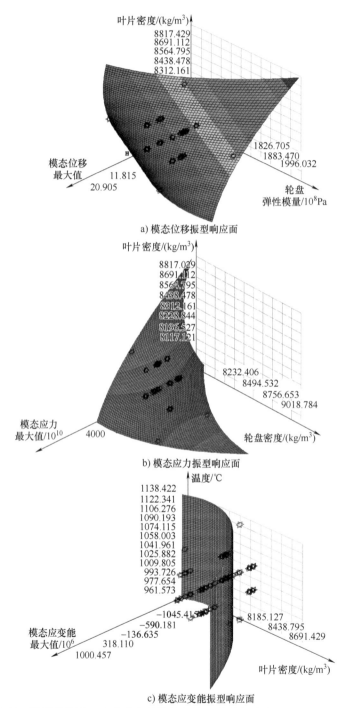

a) 模态位移振型响应面

b) 模态应力振型响应面

c) 模态应变能振型响应面

图 6-30　热载荷作用下失谐叶盘结构随机输入变量与模态振型形成的响应面

注：彩图见书后插页。

极值响应面确定后，对各对象的极值响应面模型进行 10^4 次抽样，得到失谐叶盘结构响应样本历史图、累积分布函数图及模态位移振型分布直方图，如图 6-31~图 6-33 所示，其概率分布特征见表 6-17，其概率设计和逆概率设计见表 6-18 和表 6-19。

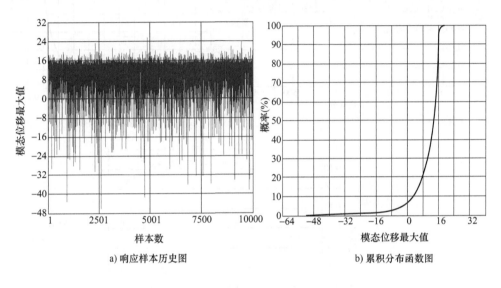

a) 响应样本历史图　　　　　　　　b) 累积分布函数图

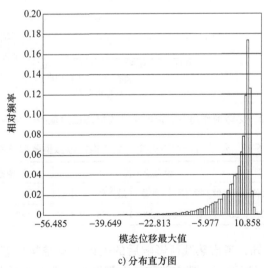

c) 分布直方图

图 6-31　热载荷作用下失谐叶盘结构模态位移振型仿真结果分布图

153

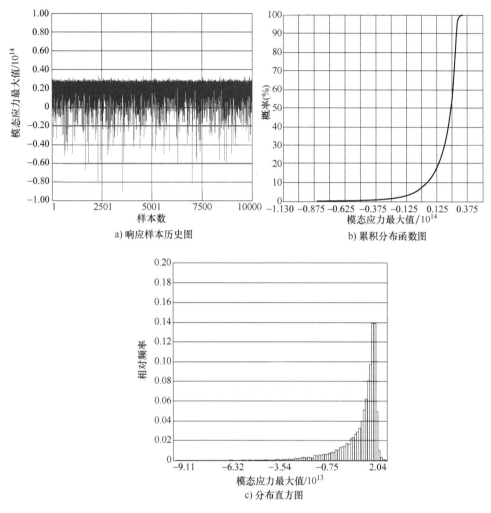

图 **6-32**　热载荷作用下失谐叶盘结构模态应力振型仿真结果分布图

表 **6-17**　热载荷作用下失谐叶盘结构模态振型概率分布特征

模态位移振型				模态应力振型/10^{13}				模态应变能振型/10^{7}			
均值	方差	最大值	最小值	均值	方差	最大值	最小值	均值	方差	最大值	最小值
10.627	6.4316	19.276	−56.485	1.9372	1.2008	3.4286	−9.1113	−78.582	87.456	693.28	−208.91

　　由表 6-17 可知，考虑热载荷影响后的失谐叶盘结构模态振型与考虑离心力相比，对于位移振型而言，其方差和最大值更大，最小值更小，即位移振型范围更宽，波动性更大；对于应力振型而言，其变化情况与位移振型相似，即应力振型波动更大；对于应变能振型而言，其均值、最大值及方差都增大，最小值减

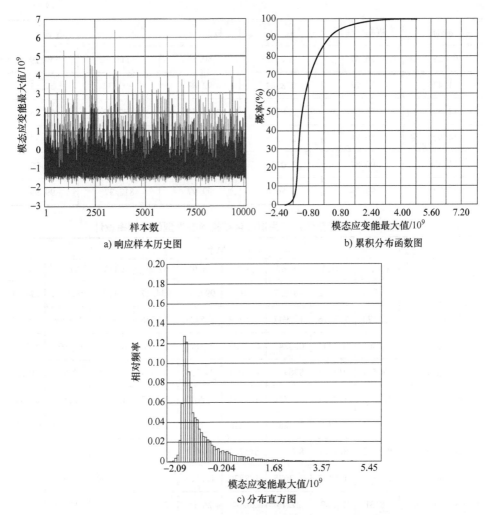

a) 响应样本历史图

b) 累积分布函数图

c) 分布直方图

图 6-33　热载荷作用下失谐叶盘结构模态应变能振型仿真结果分布图

小，即应变能振型范围增大，波动严重。可见叶盘结构失谐后，与考虑离心力相比，热载荷作用下模态振型宽度更大且波动性增强，即失效的可能性更大。

表 6-18　热载荷作用下失谐叶盘结构模态振型的概率设计

dsum	概率（%）	strs/10^{13}	概率（%）	str_e/10^7	概率（%）
3.1267	10.78	0.4986	10.01	−154.28	3.03
6.9732	18.71	2.2057	41.48	−128.47	33.87
8.0125	21.87	2.5637	62.31	−121.85	41.43

（续）

dsum	概率（%）	strs/10¹³	概率（%）	str_e/10⁷	概率（%）
9.3287	26.87	2.7341	80.13	−111.72	50.29
11.426	37.28	2.8562	92.87	−99.32	57.81
12.391	44.09	2.8937	95.51	−82.37	65.55
14.927	80.88	2.9983	98.56	−51.43	77.32
15.356	90.84	3.0392	99.07	232.98	98.99
16.721	99.34	3.5628	99.97	812.37	99.99

表 6-19 热载荷作用下失谐叶盘结构模态振型的逆概率设计

变量	概率（%）								
	10.72	15.67	25.62	45.73	58.93	67.49	75.63	87.82	97.36
$T/℃$	1119.8	1108.2	1036.7	1001.4	997.51	984.27	979.43	964.42	956.61
$E_d/10^{11} Pa$	1.7573	1.7816	1.7947	1.8279	1.8421	1.8536	1.8891	1.8994	1.9271
ν_d	0.3365	0.3345	0.3245	0.3204	0.3172	0.3106	0.2975	0.2979	0.2987
$\rho_d/(kg/m^3)$	9205.7	9178.4	8963.9	8540.1	8452.4	8375.4	8236.8	8217.5	8189.7
$E_b/10^{11} Pa$	1.7253	1.7327	1.7751	1.7931	1.8013	1.8273	1.8419	1.8653	1.8854
ν_b	0.3397	0.3378	0.3267	0.3216	0.3196	0.3115	0.2998	0.2972	0.2961
$\rho_b/(kg/m^3)$	8914.2	8873.4	8572.2	8457.4	8389.1	8256.6	8129.1	7868.6	7817.4
$\alpha_d/(10^{-5}/℃)$	1.3124	1.3102	1.3078	1.2879	1.2563	1.2376	1.2109	1.1876	1.1243
$\lambda_d/[W/(m·℃)]$	28.31	27.69	27.15	26.32	26.14	26.02	25.99	25.82	25.39
$\alpha_b/(10^{-5}/℃)$	1.3653	1.3512	1.3373	1.2983	1.2641	1.2573	1.2371	1.1572	1.1203
$\lambda_b/[W/(m·℃)]$	31.43	30.59	29.78	28.41	28.03	27.93	27.74	27.61	27.51
h/mm	3.1924	3.1511	3.0515	2.9912	2.9732	2.9542	2.9412	2.9173	2.8971
dsum	3.1289	6.5001	9.1371	12.441	13.872	14.123	14.501	15.143	16.107
strs/10¹³	0.5002	0.7519	1.5539	2.2213	2.5211	2.6441	2.7241	2.8265	2.9831
str_e/10⁹	−139.84	−134.15	−131.08	−116.23	−102.53	−80.93	−56.78	−10.35	230.57

考虑热载荷影响后，通过对失谐叶盘结构进行灵敏度分析，得到各随机输入变量的灵敏度（见图 6-34 和表 6-20）。

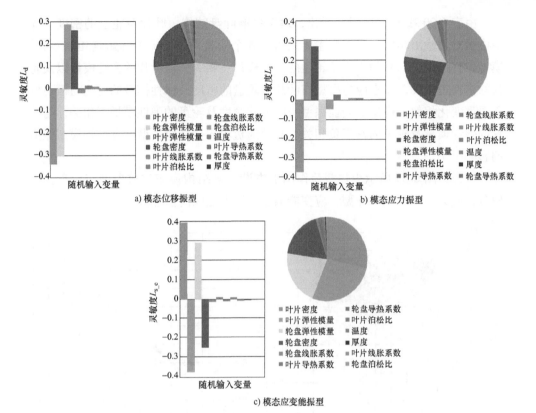

a) 模态位移振型

b) 模态应力振型

c) 模态应变能振型

图 6-34　热载荷作用下失谐叶盘结构的随机输入变量灵敏度分析结果

注：彩图见书后插页。

表 6-20　热载荷作用下失谐叶盘结构模态振型的随机输入变量的灵敏度及其影响概率

随机输入变量	模态位移振型		模态应力振型		模态应变能振型	
	L_d	$P_{dx}(\%)$	L_s	$P_{sx}(\%)$	L_{s_e}	$P_{s\_ex}(\%)$
ρ_d	0.26105	20.74	0.26670	22.04	−0.24767	18.15
ρ_b	−0.33681	26.76	−0.36692	30.32	0.39206	28.73
E_d	−0.29967	23.81	−0.17799	14.71	0.28862	21.15
E_b	0.28878	22.94	0.30225	24.98	−0.37248	27.30
ν_d	−0.00926	0.74	−0.05078	4.02	−0.00142	0.10
ν_b	0.01363	1.08	0.00456	0.38	0.00870	0.64
α_d	0.00947	0.75	−0.00628	0.52	−0.01334	0.98
α_b	−0.01805	1.43	0.00607	0.50	−0.00482	0.35
λ_d	−0.00462	0.37	−0.00040	0.03	−0.01084	0.79
λ_b	−0.00562	0.45	0.02494	2.06	0.01105	0.81
h	−0.00386	0.31	−0.00055	0.05	−0.00523	0.38
T	−0.00779	0.62	−0.00263	0.22	−0.00834	0.61

157

由表 6-20 和图 6-34 可以看出，对于失谐叶盘结构，叶片及轮盘的密度、弹性模量对其输出响应的影响为主要因素，各个变量对模态振型的影响相差不大，模态位移振型与叶片的密度及轮盘的弹性模量负相关，与叶片的弹性模量以及轮盘的密度正相关；模态应力振型与叶片或轮盘的密度及弹性模量的变化与模态位移振型变化相似；模态应变能振型与叶片的密度及轮盘的弹性模量正相关，与叶片的弹性模量及轮盘的密度负相关。其他随机输入变量对失谐叶盘结构模态振型的影响很小。

另外，图 6-35 所示为热载荷作用下失谐叶盘结构模态位移振型与轮盘弹性模量，应力振型与位移振型，应变能振型与频率之间的散点图。

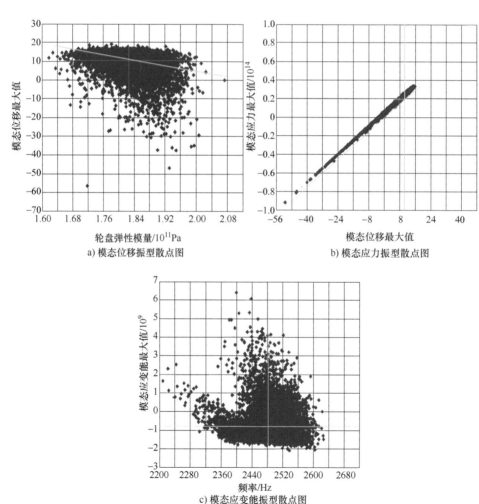

a) 模态位移振型散点图

b) 模态应力振型散点图

c) 模态应变能振型散点图

图 6-35　热载荷作用下失谐叶盘结构模态振型的散点图

　　由图 6-35a 可知，轮盘弹性模量与失谐叶盘结构的模态位移振型形成的散点图节径比谐调叶盘结构大一些且出现了距离直线较远的离散点，但是这样的离散点比较少，主要是由于叶盘结构失谐引起的；由图 6-35b 可知，位移振型与应力振型形成的散点图的节径非常小且斜率为正，可见应力与变形相互影响程度比较大，而且二者正相关；由图 6-35c 可知，由模态应变能振型与模态频率形成的散点图可以看出，它们之间的相关程度不是很大。

　　3. 同时考虑离心力和热载荷对失谐叶盘结构模态振型进行概率分析

　　根据表 5-26 的随机输入变量，抽样得 283 组失谐叶盘结构样本点，其中输出响应抽样样本历史如图 6-36 所示。响应面模型数学函数表达式见式（6-16）~式（6-18）。图 6-37 所示为任意两个随机输入变量与模态振型形成的响应面。

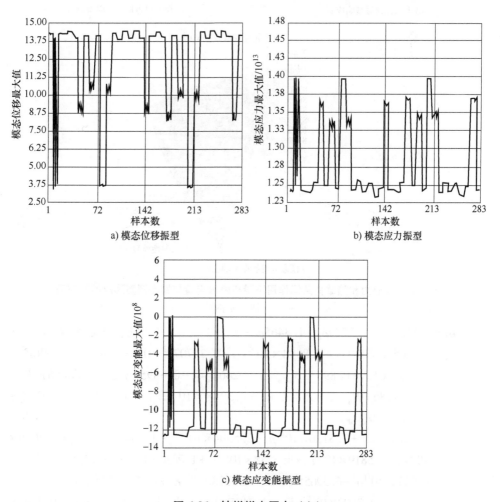

a) 模态位移振型　　　　　　　　b) 模态应力振型

c) 模态应变能振型

图 6-36　抽样样本历史（六）

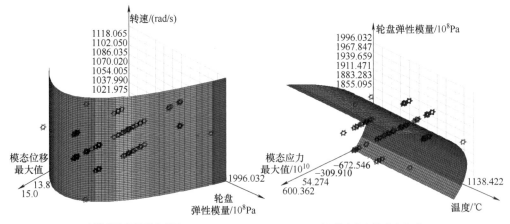

a) 模态位移振型响应面　　　　　　b) 模态应力振型响应面

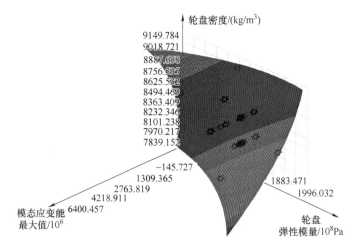

c) 模态应变能振型响应面

图 6-37　离心力和热载荷共同作用下随机输入变量与模态振型形成的响应面

注：彩图见书后插页。

$$dsum = 13.731 + 1.2232\rho_d - 1.3465\rho_b - 1.1603E_d + 1.1701E_b - 5.0844 \times 10^{-2}\nu_d +$$
$$7.0596 \times 10^{-2}\nu_b + 5.8594 \times 10^{-2}\alpha_d - 0.35707\rho_d^2 - 0.33506\rho_b^2 - 0.31996E_d^2 -$$
$$0.33001E_b^2 + 0.89732\rho_d\rho_b + 0.69246\rho_dE_d - 0.68954\rho_dE_b - 0.68068\rho_bE_d +$$
$$0.67785\rho_bE_b + 0.47884E_dE_b + 4.3288 \times 10^{-2}E_d\nu_b - 4.3214 \times 10^{-2}E_b\nu_b +$$
$$0.55372\nu_d\alpha_d \tag{6-16}$$

$$strs = 2.5287 \times 10^{13} + 2.3126 \times 10^{12}\rho_d - 2.5394 \times 10^{12}\rho_b - 1.7441 \times 10^{12}E_d + 2.2029 \times$$
$$10^{12}E_b - 1.5819 \times 10^{11}\nu_d + 1.3288 \times 10^{11}\nu_b + 1.0826 \times 10^{11}\alpha_d - 6.6358 \times 10^{11}\rho_d^2 -$$
$$6.2258 \times 10^{11}\rho_b^2 - 6.3965 \times 10^{11}E_d^2 - 6.1328 \times 10^{11}E_b^2 + 1.6735 \times 10^{12}\rho_d\rho_b + 1.3308 \times$$
$$10^{12}\rho_dE_d - 1.2803 \times 10^{12}\rho_dE_b - 1.3135 \times 10^{12}\rho_bE_d + 1.2579 \times 10^{12}\rho_bE_b + 9.3193 \times$$

$$10^{11}E_\mathrm{d}E_\mathrm{b}+8.3111\times10^{10}E_\mathrm{d}\nu_\mathrm{b}-8.0399\times10^{10}E_\mathrm{b}\nu_\mathrm{b}+1.0329\times10^{12}\nu_\mathrm{d}\alpha_\mathrm{d} \qquad (6\text{-}17)$$

$$str\_e=1.3731\times10^9+1.2232\times10^8\rho_\mathrm{d}-1.3465\times10^8\rho_\mathrm{b}-1.1603\times10^8E_\mathrm{d}+1.1701\times10^8$$
$$E_\mathrm{b}-3.5707\times10^7\rho_\mathrm{d}^2-3.3506\times10^7\rho_\mathrm{b}^2-3.1996\times10^7E_\mathrm{d}^2-3.3001\times10^7E_\mathrm{b}^2+$$
$$8.9732\times10^8\rho_\mathrm{d}\rho_\mathrm{b}+6.9246\times10^7\rho_\mathrm{d}E_\mathrm{d}-6.8954\times10^7\rho_\mathrm{d}E_\mathrm{b}-6.8068\times10^8\rho_\mathrm{b}E_\mathrm{d}+$$
$$6.7785\times10^7\rho_\mathrm{b}E_\mathrm{b}+4.7884\times10^7E_\mathrm{d}E_\mathrm{b}+0.55372\nu_\mathrm{d}\alpha_\mathrm{d} \qquad (6\text{-}18)$$

由图 6-36 可知，失谐叶盘结构抽取 283 组样本点，而谐调叶盘结构抽取 81 组样本点，计算量显著增加，进一步体现了本著作提出的 MSMO-CFE-ERSM-DSM 的优越性。

极值响应面确定后，对各对象的极值响应模型进行 10^4 次抽样，得到失谐叶盘结构响应样本历史图、累积分布函数图以及模态振型分布直方图，如图 6-38~图 6-40 所示，其分布特征如表 6-21 所示，离心力和热载荷同时作用失谐叶盘后，其概率设计和逆概率设计分别见表 6-22~表 6-23 所示。

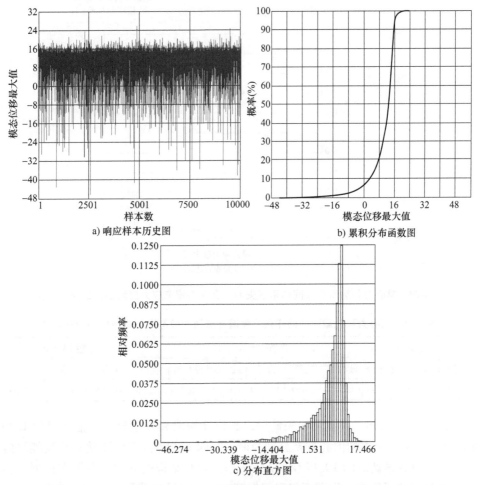

a) 响应样本历史图　　　　　　　　　b) 累积分布函数图

c) 分布直方图

图 6-38　离心力和热载荷共同作用下失谐叶盘结构模态位移振型仿真结果分布图

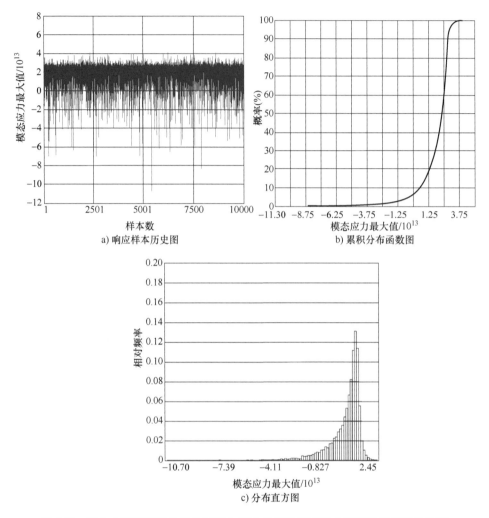

a) 响应样本历史图

b) 累积分布函数图

c) 分布直方图

图 6-39　离心力和热载荷共同作用下失谐叶盘结构模态应力振型仿真结果分布图

表 6-21　离心力和热载荷共同作用下失谐叶盘结构模态振型响应概率分布特征

模态位移振型				模态应力振型/10^{13}				模态应变能振型/10^7			
均值	方差	最大值	最小值	均值	方差	最大值	最小值	均值	方差	最大值	最小值
10.462	6.2896	25.433	−46.274	1.9086	1.1719	4.0924	−10.664	−72.184	86.365	655.31	−417.58

　　由表 6-21 可知，叶盘结构失谐后，其位移均值和方差分别为谐调时的 1.49 倍、59.39 倍；应力均值和方差分别为谐调时的 1.42 倍、25.81 倍；应变能均值和方差分别为谐调时的 10.17 倍、22.51 倍。叶盘结构失谐后，各模态振型均值及方差都增大了很多，失谐不仅引起振型增大，而且波动幅度也增大很多。

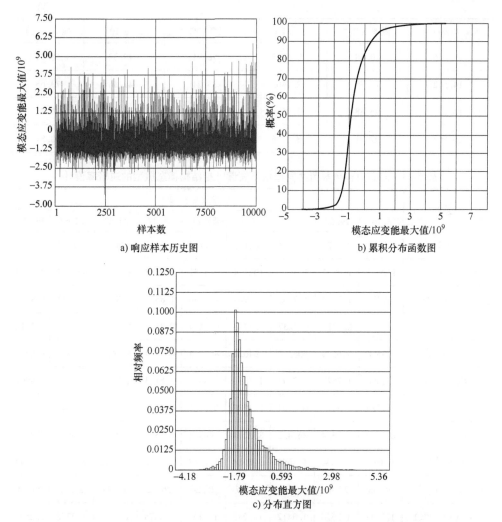

a) 响应样本历史图

b) 累积分布函数图

c) 分布直方图

图 6-40　离心力和热载荷共同作用下失谐叶盘结构模态应变能振型仿真结果分布图

表 6-22　离心力和热载荷共同作用下失谐叶盘结构模态振型的概率设计

$dsum$	概率（%）	$strs/10^{13}$	概率（%）	$str\_e/10^7$	概率（%）
1.4265	8.31	0.9772	15.22	−146.35	10.35
5.7672	15.97	1.7356	28.93	−125.19	25.24
8.9726	25.79	1.8672	32.55	−113.75	35.31
9.4567	28.13	2.3752	54.55	−105.21	42.64
10.359	33.57	2.4672	60.94	−98.25	47.61

（续）

dsum	概率（%）	strs/10^{13}	概率（%）	str_e/10^7	概率（%）
13.456	60.88	2.6753	78.91	−79.32	58.91
14.562	78.35	2.7465	85.21	−45.36	73.65
16.237	95.88	2.9638	95.65	53.48	91.91
16.563	97.01	3.6756	99.81	235.71	98.81

表 6-23　离心力和热载荷共同作用下失谐叶盘结构模态振型的逆概率设计

变量	概率（%）								
	8.76	29.68	37.42	48.37	57.24	64.37	84.62	92.67	99.32
$\omega/(\text{rad/s})$	908.81	952.76	976.48	1021.5	1027.7	1048.3	1083.9	1118.3	1131.4
$T/\text{℃}$	1120.1	1108.2	1036.7	1021.4	983.51	978.27	972.43	965.42	959.37
$E_d/10^{11}\text{Pa}$	1.7483	1.7679	1.7743	1.7924	1.8136	1.8331	1.8597	1.8761	1.8943
ν_d	0.3398	0.3315	0.3237	0.3218	0.3154	0.3127	0.2946	0.2932	0.2912
$\rho_d/(\text{kg/m}^3)$	9235.4	9165.4	9063.9	8940.1	8852.4	8675.4	8336.8	8294.5	8289.4
$E_b/10^{11}\text{Pa}$	1.7396	1.7542	1.7697	1.7831	1.8013	1.8173	1.8467	1.8694	1.8897
ν_b	0.3384	0.3327	0.3254	0.3236	0.3161	0.3125	0.2953	0.2941	0.2943
$\rho_b/(\text{kg/m}^3)$	8924.4	8873.4	8674.3	8532.4	8489.1	8375.3	8245.4	8068.7	7977.8
$\alpha_d/(10^{-5}/\text{℃})$	1.3107	1.3094	1.3056	1.2984	1.2763	1.2576	1.2409	1.2276	1.2143
$\lambda_d/[\text{W}/(\text{m}\cdot\text{℃})]$	28.53	27.42	26.89	26.57	26.24	26.02	25.99	25.82	25.64
$\alpha_b/(10^{-5}/\text{℃})$	1.3642	1.3598	1.3412	1.3283	1.3152	1.3073	1.2871	1.2772	1.2503
$\lambda_b/[\text{W}/(\text{m}\cdot\text{℃})]$	31.86	30.21	29.65	28.72	28.43	27.98	27.81	27.71	27.63
h/mm	3.1827	3.1765	3.0572	2.9872	2.9632	2.9542	2.9412	2.9343	2.9071
dsum	1.4601	9.6501	10.971	12.056	13.346	13.707	15.258	15.595	20.943
strs/10^{13}	0.5915	1.7851	2.0461	2.3489	2.4217	2.5488	2.7406	3.0651	3.6745
str_e/10^9	−1.6763	−1.1582	−1.0751	−0.9936	−0.8257	−0.6813	−0.0186	0.8639	3.7284

　　同时考虑离心力和热载荷影响后，进行失谐叶盘结构各随机输入变量的灵敏度分析（见图 6-41 和表 6-24）。

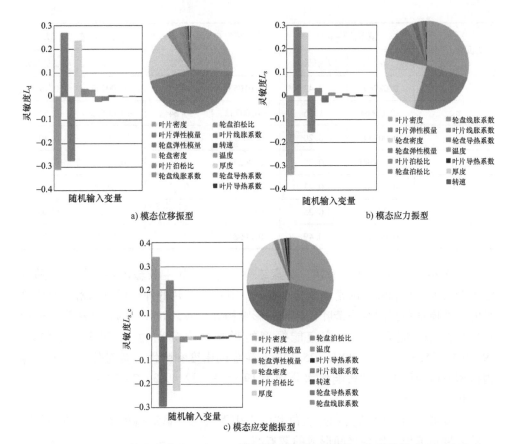

a) 模态位移振型

b) 模态应力振型

c) 模态应变能振型

图 6-41　离心力和热载荷共同作用下失谐叶盘结构的随机输入变量灵敏度分析结果

注：彩图见书后插页。

表 6-24　离心力和热载荷共同作用下失谐叶盘结构模态振型的随机输入变量的灵敏度及其影响概率

随机输入变量	模态位移振型		模态应力振型		模态应变能振型	
	L_d	$P_{dx}(\%)$	L_s	$P_{sx}(\%)$	L_{s_e}	P_{s_ex}（%）
ρ_d	0.24123	19.66	0.26548	23.32	−0.22510	19.38
ρ_b	−0.31587	25.74	−0.33534	29.45	0.33449	28.80
E_d	−0.27619	22.49	−0.15525	13.64	0.23642	20.36
E_b	0.27623	22.51	0.28803	25.30	−0.29171	25.12
ν_d	−0.02248	1.83	−0.02915	2.56	−0.01026	0.88
ν_b	0.03360	2.74	0.03083	2.71	−0.01940	1.67

（续）

随机输入变量	模态位移振型		模态应力振型		模态应变能振型	
	L_d	$P_{dx}(\%)$	L_s	$P_{sx}(\%)$	L_{s_e}	$P_{s\_ex}(\%)$
α_d	0.02969	2.42	0.01053	0.92	−0.00223	0.19
α_b	−0.01668	1.36	−0.00732	0.64	−0.00629	0.54
λ_d	0.00244	0.20	0.00692	0.61	0.00466	0.40
λ_b	−0.00099	0.08	0.00271	0.24	−0.00065	0.56
h	−0.00265	0.22	−0.00151	0.13	−0.01129	0.97
T	0.00310	0.25	−0.00468	0.41	0.00691	0.60
ω	0.00598	0.49	0.00083	0.07	−0.00612	0.53

表 6-24 和图 6-41 可以看出，叶盘结构失谐后，影响其输出响应的主要随机输入变量为轮盘和叶片的密度及弹性模量。其中，叶片的弹性模量和密度要比轮盘的弹性模量和密度对失谐叶盘结构的影响稍大一些，如叶片的密度和弹性模量对位移振型、应力振型及应变能振型的影响概率分别为 25.74%、22.51%，29.45%、25.30% 及 28.80%、25.12%；轮盘的密度和弹性模量对位移振型、应力振型及应变能振型的影响概率分别为 19.66%、22.49%，23.32%、13.64% 及 19.38%、20.36%。

图 6-42 所示为离心力和热载荷共同作用下失谐叶盘结构模态振型与某些随机输入变量或模态振型之间形成的散点图。

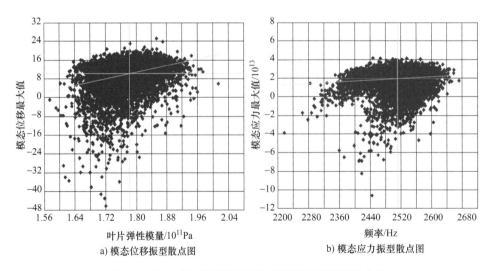

a) 模态位移振型散点图　　　　b) 模态应力振型散点图

图 6-42　离心力和热载荷共同作用下模态振型的散点图

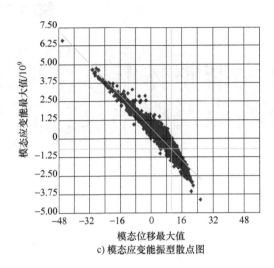

c) 模态应变能振型散点图

图 6-42　离心力和热载荷共同作用下模态振型的散点图（续）

由图 6-42a 可知，叶片弹性模量与失谐叶盘结构的模态位移振型形成的散点图与只考虑离心力时的非常相似；由图 6-42b 可知，模态频率与模态应力形成的散点图可以看出应力与频率的相互影响程度不是很大；由图 6-42c 可知，模态应变能振型与模态位移振型形成的散点图节径比较小，可见二者之间的影响程度比较大且二者负相关。

6.3　本章小结

本章采用 MSMO-CFE-ERSM-DSM 分析了谐调叶盘结构和失谐叶盘结构模态振型（包括位移振型、应力振型及应变能振型）的概率特性，包括模态振型概率分布特征、抽样样本历史、响应样本历史图、累积分布函数图及频率分布直方图，随机输入变量与输出响应频率形成的响应面及二次极值响应面函数，分析了叶盘结构模态振型灵敏度和散点图，找出了影响模态振型变化的因素及影响程度。同时，进行了失谐叶盘结构的概率设计及逆概率设计分析，为叶盘结构的设计提供依据。

研究表明，叶盘结构失谐后，其样本点数增加 1~3 倍，验证了本著作采用的 MSMO-CFE-ERSM-DSM 的优越性，即计算时间大大减少，计算效率显著提高。模态振型发生了明显的变化，位移、应力及应变能振型都出现数值且数值非常大，不仅均值增大，而且方差增大了数十倍甚至数百倍，失谐使得振型增大、波动范围增大且波动程度非常严重。本章通过随机失谐叶盘结构和谐调叶盘结构的对比分析，验证了失谐对叶盘结构的影响程度。

第7章

7

随机失谐整体叶盘结构的振动响应及概率设计研究

7.1 概述

　　叶盘结构的振动特性不仅与其固有频率和模态振型有着密切关系，而且叶盘结构是否被破坏受激振力的直接影响。现代航空发动机设计中，轮盘的型面被不断减薄，叶片与轮盘的耦合作用愈加显著，模态成分非常密集，对小量的失谐非常敏感，可能会导致结构的动力特性与相应的谐调状态有很大的差异；失谐导致的振动局部化会使部分叶盘扇区的振动水平显著升高，少数叶片出现振动过大并有较高的疲劳应力，甚至发生断裂。事实上，由于复杂激振力的多谐性及盘-片耦合振动带来的固有频率高密集性，特别是结构发生失谐后同一族模态对应的频率分布带宽增加，这些都使得在发动机的工作范围内避开各阶共振是很困难的。另外，由失谐引起的振动使得振动能量集中在少数叶片上，导致其在非共振状态下也可能会出现有害振动。可见，仅依靠频率一个参数预测失谐叶盘结构的振动响应是远远不够的，而对整个叶盘结构在激振力作用下的振动响应特性进行研究非常有必要。

　　本章依然采用 CHISCMSM 对叶盘结构的振动响应进行研究，无论对于理论研究还是实际工程应用都具有重要的意义。

7.2 随机失谐整体叶盘结构振动响应确定性分析

7.2.1 叶盘结构振动响应的激振力

　　在航空发动机中，激振力的形式是非常复杂的，但主要为周期性激振力，该

力大多作用于叶片上。周期性激振力实际是由多个简谐激振力合成的，即

$$F(t) = A_0 + A_1\sin(\omega_1 t + \phi_1) + A_2\sin(2\omega_1 t + \phi_2) + \cdots + A_n\sin(n\omega_1 t + \phi_n) \quad (7\text{-}1)$$

式中，$F(t)$ 为周期性激振力；A_i 为第 i 简谐激振力幅值；$n\omega_i$ 为第 i 简谐激振频率。

为研究方便，将每个叶片承受的载荷简化为单一简谐激振力，则第 i 级 n 号叶片的激振力 Q_i^n 可表示为

$$Q_i^n = f_i e^{j\left(\frac{2\pi E_i(n-1)}{N_i} + \phi_i\right)} \quad (7\text{-}2)$$

式中，E_i、N_i、ϕ_i、f_i 分别表示第 i 级激励阶次、叶片数量、谐波激励相位延迟角度和激振力幅值。

7.2.2　叶盘结构振动响应确定性分析

实际上，航空发动机在工作中同时受到高温、高转速等因素的共同作用，而且响应为其在工作中真实的位移变形，因此研究在离心力和热载荷共同作用下的位移变形更具有实际意义。在叶盘结构高速旋转运动过程中，其中径向位移对叶盘是否与机匣碰撞的影响最大，一旦机匣和叶尖出现碰撞将非常危险，可能引起事故，因此在此主要研究叶盘结构的径向位移。设转速 $\omega = 1046\text{rad/s}$，燃气温度 $t = 1050℃$，各阶有限元模型与 2.3.4 小节算例相同，叶盘结构的叶片刚度失谐量 $A_{\text{int}} = 3\%$，采用 CHISCMSM 对叶盘结构的径向位移响应进行研究。与谐调叶盘结构比较，随机失谐叶盘结构的径向位移响应的频响函数（Frequency Response Function，FRF）如图 7-1 所示。其中，图 7-1a 所示为谐调叶盘结构的径向位移响应，图 7-1b 所示为随机失谐叶盘结构的径向位移响应。

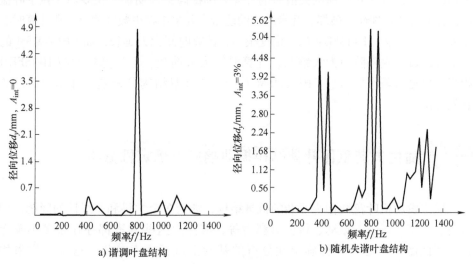

a) 谐调叶盘结构　　　　　　　　　　b) 随机失谐叶盘结构

图 7-1　径向位移响应

由图 7-1a 可见，当激振频率为 812Hz 时，谐调叶盘结构的径向位移出现峰值，主要原因在于其激振频率与某阶固有频率相同或相近，即出现共振现象。由图 7-1b 可见，当叶盘结构失谐后，出现了多个峰值，并且出现峰值的响应向低频移动，出现波峰频率带宽变大，且在最大波峰处出现多个小波峰，这样增加了结构危险性，而且响应值比谐调时有所增大，这实际上是由共振和失谐共同引起的。由于失谐的存在，振动局部化越来越明显。

7.2.3　叶盘结构振动响应确定性分析计算效率验证

为了验证 CHISCMSM 计算叶盘结构振动响应的计算效率，基于谐调和失谐叶盘结构的振动响应分析及相同计算环境条件下，分别与 THISCMSM 和 HFISFEM 比较分析。采用三种方法对谐调、叶片刚度失谐量为 3% 下的叶盘结构的振动响应进行计算，计算时间及节省率见表 7-1。

表 7-1　振动响应计算时间及节省率

| 失谐量 | HFISFEM | THISCMSM | | CHISCMSM | | 效率增量 |
	计算时间/min	计算时间/min	节省率（%）	计算时间/min	节省率（%）	（%）
0	55.4	42.1	24.01	38.5	30.51	6.50
3%	243.7	63.2	74.07	47.3	80.59	6.52

由表 7-1 可见，CHISCMSM 和 THISCMSM 的计算效率都比 HFISFEM 的计算效率有所提高，分别为 30.51%～80.59%，24.01%～74.07%，CHISCMSM 比 THISCMSM 的计算效率提高了 6.50%～6.52%，本著作提出的 CHISCMSM 更具有优越性。特别是当叶盘结构失谐时的计算效率提高更加明显，主要原因在于叶盘结构失谐后的对称性被破坏，叶盘结构的能量主要集中在少数叶片上，在计算时必须采用 Full 方法。HFISFEM 的自由度很多，计算时间大大延长，而 CHISCMSM 的自由度经过二次降阶而大大缩减，计算时间大大缩短，但计算精度与 HFISFEM 相当。可见本著作提出的 CHISCMSM 对于失谐叶盘结构分析是一种非常适用的有效方法。

7.3　随机失谐整体叶盘结构振动响应不确定性分析

航空发动机叶盘结构为复杂的机械结构，涉及多个学科和非线性的问题，如转速、温度、压强、振动、科里奥利力等，实际上这些因素都存在很多不确定性，因此需要在对其进行确定性分析的基础上进行概率分析。这里同样采用 MSMO-CFE-ERSM-DSM，考虑输入变量的随机性，对航空发动机的谐调、失谐叶盘结构振动响应进行概率分析。

1. 叶盘结构振动响应概率分析流程

谐调叶盘结构和失谐叶盘结构的振动响应概率分析流程如图 7-2 和图 7-3 所示。

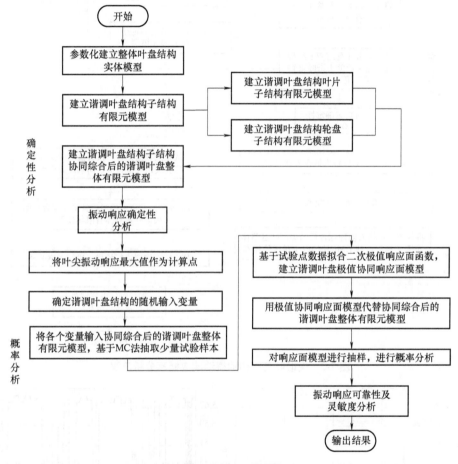

图 7-2　谐调叶盘结构的振动响应概率分析流程

2. MSMO-CFE-ERSM-DSM 的模拟仿真及概率设计

将表 5-11 及表 6-1 中各随机输入变量的统计特征和边界条件分别导入谐调和失谐的 CCFEROM 中，谐调叶盘结构随机输入变量的分布如图 5-4 和图 5-10 所示，失谐叶盘结构随机输入变量的分布如图 5-21 和图 5-27 所示，则谐调、失谐叶盘结构的振动响应抽样样本历史如图 7-4 所示，响应面模型函数表达式见式（7-3）和式（7-4），任意两个随机输入变量与振动响应形成的响应面如图 7-5 所示。

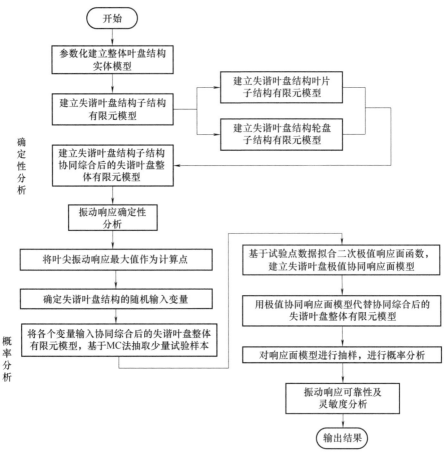

图7-3 失谐叶盘结构的振动响应概率分析流程

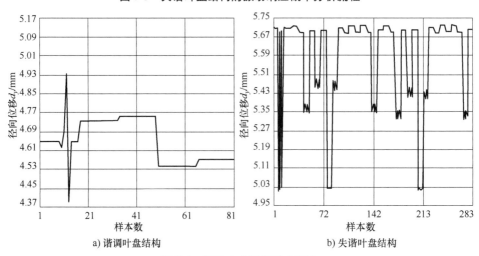

a) 谐调叶盘结构   b) 失谐叶盘结构

图7-4 振动响应抽样样本历史

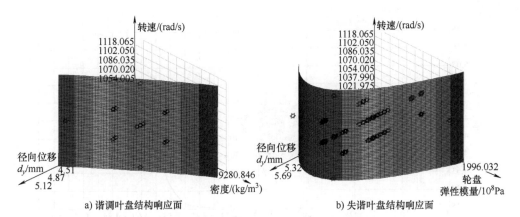

图 7-5　叶盘结构随机输入变量与振动响应形成的响应面

注：彩图见书后插页。

由图 7-4 可知，与谐调叶盘结构相比，失谐叶盘结构的样本点数增加了 3 倍以上，主要是由于随机输入变量的增多引起的，计算时间也大大延长。若采用普通响应面法，计算时间将非常长，效率极低，若采用 MC 法可能无法实现，而采用 MSMO-CFE-ERSM-DSM，与普通响应面法或 MC 法相比，计算时间大大缩短，而且随机输入变量越多，MSMO-CFE-ERSM-DSM 的优越性越明显。

由图 7-5 可知，叶盘结构失谐后，随机输入变量与输出响应形成的极值响应面发生了弯曲，从响应面可以看出，叶盘结构失谐后，随机输入变量与输出响应之间的非线性程度加剧。

$$d_{y\_tuned} = 4.8512 - 0.21285\rho + 2.8976\times10^{-4}E + 1.5894\times10^{-2}\nu - 5.5421\times10^{-4}\omega + $$
$$4.2564\times10^{-3}\rho^2 + 5.8424\times10^{-4}\nu^2 - 2.6541\times10^{-4}\rho\nu \tag{7-3}$$

$$d_{y\_mistuned} = 56.014 + 2.3532\rho_d - 2.1597\rho_b - 2.1594E_d + 2.4879E_b - 3.5974\times10^{-2}\nu_d + $$
$$5.4891\times10^{-2}\nu_b + 3.8594\times10^{-2}\alpha_d - 0.27891\rho_d^2 - 0.48912\rho_b^2 - 0.51278E_d^2 - $$
$$0.43156E_b^2 + 0.64591\rho_d\rho_b + 0.54246\rho_dE_d - 0.47954\rho_dE_b - 0.52319\rho_bE_d + $$
$$0.78912\rho_bE_b + 0.54912E_dE_b + 7.4562\times10^{-2}E_d\nu_b - 8.5913\times10^{-2}E_b\nu_b + $$
$$0.31567\nu_d\alpha_d \tag{7-4}$$

极值响应面确定后，利用 MC 法对各对象的极值响应面模型进行 10^4 次抽样，得到谐调、失谐叶盘结构振动响应样本历史图、累积分布函数图、振动响应分布直方图及叶盘结构振动响应概率分布特征（见图 7-6、图 7-7 和表 7-2）。

表 7-2　叶盘结构振动响应概率分布特征　（单位：mm）

谐调叶盘结构				失谐叶盘结构			
均值	方差	最大值	最小值	均值	方差	最大值	最小值
4.771	0.071	5.172	4.284	-6.081	197.754	11.235	-26.387

173

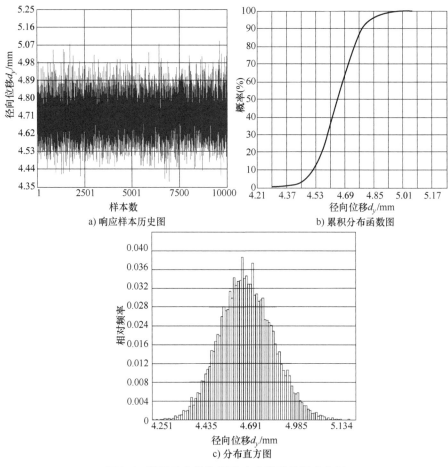

a) 响应样本历史图

b) 累积分布函数图

c) 分布直方图

图 7-6 谐调叶盘结构振动响应仿真结果分布图

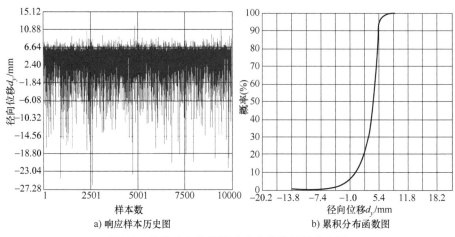

a) 响应样本历史图

b) 累积分布函数图

图 7-7 失谐叶盘结构振动响应仿真结果分布图

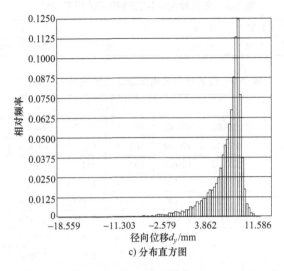

c) 分布直方图

图 7-7　失谐叶盘结构振动响应仿真结果分布图（续）

由图 7-6 和图 7-7 及表 7-2 可知，叶盘结构失谐后，其振动响应均值及最小值出现了负值，主要原因是提取的位移响应的节点值相差较大，即位移响应波动幅度较大，以至方向也发生变化，出现了大范围的波动，而且拟合函数非线性增强，因此在仿真过程中，有些样本点落在了负值范围，这进一步说明了叶盘结构对失谐的敏感性，以及叶盘结构出现失谐后的危险性。

对谐调、失谐的叶盘结构进行概率设计和逆概率设计，见表 7-3 ~ 表 7-6。

表 7-3　谐调叶盘结构振动响应的概率设计

d_y/mm	4.29	4.45	4.56	4.67	4.83	4.92	4.98	5.02
概率（%）	2.13	15.46	30.56	51.26	61.89	80.56	93.71	96.73

表 7-4　谐调叶盘结构振动响应的逆概率设计

变量	概率（%）							
	19.26	35.76	55.28	67.86	72.39	81.43	95.83	99.47
ω/(rad/s)	934.31	953.73	978.73	1015.7	1020.8.9	1028.7	1098.9	1132.5
T/℃	1109.3	1102.9	1074.9	1057.7	1043.8	1014.7	994.7.4	956.37
E/10^{11}Pa	1.7521	1.7925	1.8681	1.8941	1.9087	1.9179	1.9267	1.9489
ρ/(kg/m³)	9121.8	8853.4	8608.9	8587.1	8474.4	8386.3	8301.1	8081.7
h/mm	3.1524	3.1117	2.9415	2.9124	2.9047	2.8934	2.8707	2.8392
d_y/mm	4.49	4.59	4.71	4.85	4.89	4.93	4.99	5.04

表 7-5　失谐叶盘结构振动响应的概率设计

d_y/mm	0.38	1.25	2.43	2.73	3.24	4.25	5.23	6.73
概率（%）	12.11	15.76	30.96	35.85	40.62	50.35	80.23	93.25

表 7-6　失谐叶盘结构振动响应的逆概率设计

变量	概率（%）							
	8.76	29.68	37.42	48.37	57.24	64.37	84.62	99.32
ω/(rad/s)	908.81	952.76	976.48	1021.5	1027.7	1048.3	1083.9	1131.4
T/℃	1120.1	1108.2	1036.7	1021.4	983.51	978.27	972.43	959.37
E_d/10^{11}Pa	1.7483	1.7679	1.7743	1.7924	1.8136	1.8331	1.8597	1.8943
E_b/10^{11}Pa	1.7396	1.7542	1.7697	1.7831	1.8013	1.8173	1.8467	1.8897
ρ_d/(kg/m³)	0.3384	0.3327	0.3254	0.3236	0.3161	0.3125	0.2953	0.2943
ρ_b/(kg/m³)	8924.4	8873.4	8674.3	8532.4	8489.1	8375.3	8245.4	7977.8
h/mm	3.1827	3.1765	3.0572	2.9872	2.9632	2.9542	2.9412	2.9071
d_y/mm	0.24	2.18	2.89	4.21	4.42	4.51	5.31	6.77

　　通过概率设计及逆概率设计可以很好地控制叶盘结构，为实际设计提供依据。为了更好地研究叶盘结构失谐后哪些随机输入变量对振型响应的影响更大，并确定它们的影响程度，这里比较分析了谐调、失谐叶盘结构的振动响应对随机输入变量的灵敏度及各参数的影响概率（见图 7-8、表 7-7 和表 7-8），部分随机输入变量与振动响应形成的散点图如图 7-9 所示。

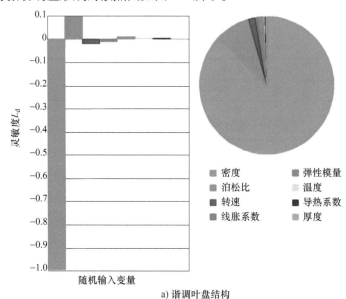

a）谐调叶盘结构

图 7-8　振动响应对随机输入变量的灵敏度分析结果

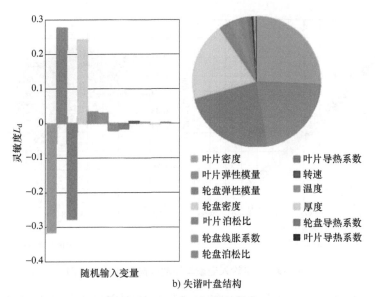

b) 失谐叶盘结构

图 7-8　振动响应对随机输入变量的灵敏度分析结果（续）

注：彩图见书后插页。

表 7-7　谐调叶盘结构振动响应随机输入变量的灵敏度及其影响概率

随机输入变量	ρ	ν	E	h	α_l	λ	ω	T
L_d	−0.99414	0.09743	0.00989	−0.00187	−0.01182	0.00310	0.00343	−0.02086
$P_{dy}(\%)$	87.01	8.53	0.87	0.16	1.03	0.27	0.30	1.83

注：L_d—输入变量对振动响应的灵敏度；P_{dy}—输入变量对振动响应的影响概率。

表 7-8　失谐叶盘结构振动响应随机输入变量的灵敏度及其影响概率

随机输入变量	ρ_d	ρ_b	E_d	E_b	ν_d	ν_b	α_d
L_d	0.24123	−0.31587	−0.27619	0.27623	−0.02248	0.03360	0.02969
$P_{dy}(\%)$	19.66	25.74	22.49	22.51	1.83	2.74	2.42
随机输入变量	α_b	λ_d	λ_b	h	T	ω	—
L_d	−0.01668	0.00244	−0.00099	−0.00265	0.00310	0.00598	—
$P_{dy}(\%)$	1.36	0.20	0.08	0.22	0.25	0.49	—

　　由表 7-7 和图 7-8a 可以看出，对于谐调叶盘结构而言，叶盘结构的密度对其位移响应的影响最大，其影响概率为 87.01%。由表 7-8 和图 7-8b 可以看出，叶盘结构失谐后，影响其输出响应的主要随机输入变量为轮盘和叶片的密度及弹性模量，其中叶片的弹性模量和密度要比轮盘的弹性模量和密度对失谐叶盘结构的影响稍大一些。

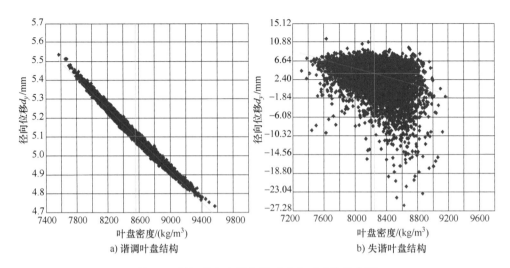

a) 谐调叶盘结构　　　　　　　b) 失谐叶盘结构

图 7-9　随机输入变量与振动响应形成的散点图

由图 7-9 可知，振动响应与谐调叶盘结构的密度形成的散点图节径相对较小，且二者负相关；而叶盘结构失谐后，振动响应与叶盘结构的密度形成的散点图比较分散，而且很多散点出现负值。

7.4　本章小结

本章首先采用 CHISCMSM 对谐调、失谐叶盘结构的振动响应进行了确定性分析，获取了其频响函数，同时通过与 THISCMSM 和 HFISFEM 比较，分析验证了 CHISCMSM 在叶盘结构振动响应研究中的有效性。然后，在对叶盘结构振动进行确定性分析的基础上，分别采用 MSMO-CFE-ERSM-DSM。最后，在概率分析中分别给出了谐调、失谐叶盘结构的分析流程，并列出了叶盘结构的振动响应抽样样本历史、响应面模型函数、随机输入变量与振动响应之间的响应面、响应样本历史图、累积分布函数图、分布直方图，以及振动响应对各个随机输入变量的灵敏度及其影响概率和形成的散点图，为非概率研究奠定了基础。

第8章

随机失谐整体叶盘结构的非概率研究

8

8.1 概述

实际上，概率分析对数据的要求十分严格，且对已知数据有较强的依赖性，这说明在没有足够的数据信息描述概率模型时，在主观的假设下，概率可靠性计算的结果是不可靠的，而在很多情况下，不确定参数变量的精确概率数据是不易得到的。事实上，一方面，由于航空发动机叶盘结构所承受的载荷及工作环境状态比较复杂，而且可靠性试验往往采用小样本，从而无法或不可能获得大量的统计数据；另一方面，由于现代航空发动机结构越来越复杂，要想建立与物理模型相对应的完全精确的计算模型是非常困难的，所以经常将计算模型简化，这样就使得可靠度或失效概率计算的准确性下降或不准确。已有研究表明，概率分析模型对模型本身的参数十分敏感，而很多航空发动机叶盘结构的试验子样数又不可能很多，这样就可能会引起概率可靠性模型分析结果不准确，因此根据实际情况，除了对叶盘结构进行了概率分析，还应对其进行了非概率分析。

非概率分析是 Ben-Haim 提出的一种模型，该方法的基本思想是将结构性能的变化范围与要求的变化范围相比较，以确定结构的安全程度。当结构性能的变化范围超出要求的变化范围时，则系统失效；当结构性能的变化范围在要求的变化范围之内时，说明结构是安全的，而且性能变化的上下限距要求变化的上下限越远，则结构对不确定参数变量变化范围的限制越小，结构对参数变量的稳健性越高，并不需要知道具体的参数变量分布特性，只需给出变量的变化区间即可，即可靠性指标是一区间而非一具体量值。该方法的优点在于对原始数据的要求很低，只需知道不确定变量的界限而不要求其具体的分布形式，当统计数据缺乏或难以得到试验数据时可选该方法。

当具有足够数据描述不确定参数变量的概率特性时，可采用概率可靠性方法；当掌握的不确定性数据较少时，可采用非概率可靠性模型，使其成为概率可靠性方法的有益补充。实际上，航空发动机叶盘结构在工作中受到的热载荷及离心力都不是具体的参数变量，而是工作中在一定范围内变化，因此就某些参数变量对叶盘结构进行非概率分析，实际上是对其进行概率分析的有效补充。

8.2　非概率分析理论基础

非概率分析是一种采用凸集模型来描述机械结构系统设计中的不确定性因素，其理论基础是区间数学。1966 年，Moore 发表了题为 *Interval Analysis* 的专著，提出了区间变量的概念，很快就得到了广泛的应用。例如，参考文献[111]等对非概率可靠性模型、指标及求解方法等做了大量研究，其中一个重要应用就是处理不确定性问题。目前，基于区间数学的非概率分析主要包括静态或动态结构区间响应分析、静态或动态结构的区间有限元方法、基于区间分析的结构可靠性及优化设计等。针对叶盘结构工作中部分不确定参数统计数据较少的情况，采用区间变量来对这些参数进行表达，即采用区间有限元法对航空发动机叶盘结构进行非概率分析。区间有限元法是区间分析方法和有限元分析方法相结合的产物，它采用区间变量来描述结构的不确定参数，无须对不确定参数的概率密度函数或分布规律进行求解，从而大大地降低了对统计试验数据的依赖性。因此，本著作在此将 CHISCMSM 与区间分析法相结合，提出一种新的航空发动机叶盘结构非概率分析方法，即基于动态子结构协同有限元区间非概率分析法（Interval Non-Probabilistic based on Dynamic Substructural Collaborative Finite Element Method，INP-DSCFEM），对整体叶盘结构进行非概率分析。

8.2.1　失谐叶盘结构区间变量及区间矩阵分析

1. 区间变量及区间矩阵分析

设 $\mathbf{R}$ 为实数域，对于给定的两个实数 x_a、$x_b \in \mathbf{R}$，且 $x_a \leqslant x_b$，则实数域上的有界闭区间可表示为

$$x = [x_a, x_b] = \{x_p \mid x_p \in \mathbf{R}, x_a < x_p < x_b\} \tag{8-1}$$

式中，x_p 为区间变量；x 为区间变量 x_p 所在的区间，称为区间数；x_a、x_b 分别为区间数 x 的下界和上界。将所有这种区间数的集合记为 $I(\mathbf{R})$，满足 $x_a \geqslant 0$ 和 $x_b \leqslant 0$ 的区间集合分别记为 $I(\mathbf{R}^+)$、$I(\mathbf{R}^-)$。

若区间数 x 满足 $x_a = x_b = x_p$，则 x 称为点区间数；如果区间数 x 满足 $x_a = -x_b$，则称此区间数为对称区间数。

区间数的均值、离差及相对不确定度分别表示为

$$\begin{cases} x_{\mathrm{m}} = \dfrac{x_{\mathrm{b}} + x_{\mathrm{a}}}{2} \\[2mm] x_{\mathrm{d}} = \dfrac{x_{\mathrm{b}} - x_{\mathrm{a}}}{2} \\[2mm] x_{\beta} = \dfrac{|x_{\mathrm{m}}|}{x_{\mathrm{d}}} = \dfrac{|x_{\mathrm{b}} + x_{\mathrm{a}}|}{x_{\mathrm{b}} - x_{\mathrm{a}}} \end{cases} \tag{8-2}$$

根据式（8-1）可知，对于任意的区间变量 $x_p \in x = [x_{\mathrm{a}}, x_{\mathrm{b}}]$，有

$$x = x_{\mathrm{m}} + x_{\mathrm{d}} \Delta \qquad x_p = x_{\mathrm{m}} + x_{\mathrm{d}} \delta \tag{8-3}$$

式中，Δ 为标准化区间，$\Delta = [-1, 1]$；δ 为标准化区间变量，$\delta \in \Delta$。

可见，任意的实值区间变量和区间数可由其均值和离差两个参数确定。

若 $x_i \in I(\mathbf{R})$，$x_{pi} \in x_i$ 为任意不相关的区间变量，$c_i \in \mathbf{R}, i = 1, 2, \cdots, n$。令

$$y = \sum_{i=1}^{n} c_i x_{pi} \tag{8-4}$$

则 y 的均值、离差及相对不确定度分别表示为

$$\begin{cases} y_{\mathrm{m}} = \displaystyle\sum_{i=1}^{n} c_i x_{\mathrm{m}i} \\[3mm] y_{\mathrm{d}} = \displaystyle\sum_{i=1}^{n} |c_i| x_{\mathrm{d}i} \\[3mm] y_{\beta} = \dfrac{|y_{\mathrm{m}}|}{y_{\mathrm{d}}} = \dfrac{\left| \displaystyle\sum_{i=1}^{n} c_i x_{\mathrm{m}i} \right|}{\displaystyle\sum_{i=1}^{n} |c_i| x_{\mathrm{d}i}} \end{cases} \tag{8-5}$$

式中，$x_{\mathrm{m}i}$、$x_{\mathrm{d}i}$ 分别为区间变量 x_{pi} 的均值和离差。

区间向量是由区间数组成的向量，其每一个分量均对应一个区间数。设 $x_i = [x_{\mathrm{a}i}, x_{\mathrm{b}i}] \in I(\mathbf{R})$，$i = 1, 2, \cdots, n$，则区间向量可表示为

$$X = \begin{pmatrix} x_1 \\ x_2 \\ \vdots \\ x_n \end{pmatrix} = \begin{pmatrix} [x_{\mathrm{a}1}, x_{\mathrm{b}1}] \\ [x_{\mathrm{a}2}, x_{\mathrm{b}2}] \\ \vdots \\ [x_{\mathrm{a}n}, x_{\mathrm{b}n}] \end{pmatrix} \tag{8-6}$$

则 $\mathbf{R}^n$ 上的区间向量所组成的集合记为 $I(\mathbf{R}^n)$，X 的均值、离差及相对不确定度

分别表示为

$$\begin{cases} X_m = \dfrac{X_b + X_a}{2} \\[2mm] X_d = \dfrac{X_b - X_a}{2} \\[2mm] X_\beta = \dfrac{|X_m|}{X_d} = \dfrac{|X_b + X_a|}{X_b - X_a} \end{cases} \qquad (8\text{-}7)$$

其中，$X_a = \begin{pmatrix} x_{a1} \\ x_{a2} \\ \vdots \\ x_{an} \end{pmatrix}$，$X_b = \begin{pmatrix} x_{b1} \\ x_{b2} \\ \vdots \\ x_{bn} \end{pmatrix}$。

区间矩阵同样可由区间数构成，矩阵中的每一个元素均对应一个区间数。若 $n \times n$ 个元素均为区间数 $a_{ij} = [a_{a,ij}, a_{b,ij}] \in I(\mathbf{R})$，则区间矩阵可表示为

$$\mathbf{A} = (a_{ij})_{n \times n} = \begin{pmatrix} a_{11} & a_{12} & \cdots & a_{1n} \\ a_{21} & a_{22} & \cdots & a_{2n} \\ \vdots & \vdots & & \vdots \\ a_{n1} & a_{n2} & \cdots & a_{nn} \end{pmatrix} = \begin{pmatrix} [a_{a,11},a_{b,11}] & [a_{a,12},a_{b,12}] & \cdots & [a_{a,1n},a_{b,1n}] \\ [a_{a,21},a_{b,21}] & [a_{a,22},a_{b,22}] & \cdots & [a_{a,2n},a_{b,2n}] \\ \vdots & \vdots & & \vdots \\ [a_{a,n1},a_{b,n1}] & [a_{a,n2}\,a_{b,n2}] & \cdots & [a_{a,nn},a_{b,nn}] \end{pmatrix}$$

$$(8\text{-}8)$$

将 $\mathbf{R}^{n \times n}$ 上的区间矩阵所构成的集合记为 $I(\mathbf{R}^{n \times n})$，若区间矩阵表示为

$$\mathbf{A} = (\mathbf{A}_a \quad \mathbf{A}_b) \qquad (8\text{-}9)$$

式中，$\mathbf{A}_a = (a_{a,ij})_{n \times n} \in \mathbf{R}^{n \times n}$，$\mathbf{A}_b = (a_{b,ij})_{n \times n} \in \mathbf{R}^{n \times n}$。

即

$$\mathbf{A}_a = \begin{pmatrix} a_{a,11} & a_{a,12} & \cdots & a_{a,1n} \\ a_{a,21} & a_{a,22} & \cdots & a_{a,2n} \\ \vdots & \vdots & & \vdots \\ a_{a,n1} & a_{a,n2} & \cdots & a_{a,nn} \end{pmatrix}$$

$$\mathbf{A}_b = \begin{pmatrix} a_{b,11} & a_{b,12} & \cdots & a_{b,1n} \\ a_{b,21} & a_{b,22} & \cdots & a_{b,2n} \\ \vdots & \vdots & & \vdots \\ a_{b,n1} & a_{b,n2} & \cdots & a_{b,nn} \end{pmatrix} \qquad (8\text{-}10)$$

区间矩阵 A 的均值、离差及相对不确定度分别表示为

$$
\begin{cases}
A_m = \dfrac{A_b + A_a}{2} = \begin{pmatrix} a_{m,11} & a_{m,12} & \cdots & a_{m,1n} \\ a_{m,21} & a_{m,22} & \cdots & a_{m,2n} \\ \vdots & \vdots & & \vdots \\ a_{m,n1} & a_{m,n2} & \cdots & a_{m,nn} \end{pmatrix} \\[6pt]
A_d = \dfrac{A_b - A_a}{2} = \begin{pmatrix} a_{d,11} & a_{d,12} & \cdots & a_{d,1n} \\ a_{d,21} & a_{d,22} & \cdots & a_{d,2n} \\ \vdots & \vdots & & \vdots \\ a_{d,n1} & a_{d,n2} & \cdots & a_{d,nn} \end{pmatrix} \\[6pt]
A_\beta = \dfrac{|A_m|}{A_d} = \dfrac{|A_b + A_a|}{A_b - A_a}
\end{cases}
\tag{8-11}
$$

式中，$a_{m,ij} = \dfrac{a_{a,ij} + a_{b,ij}}{2}$，$a_{d,ij} = \dfrac{a_{a,ij} - a_{b,ij}}{2}$。

2. 叶片减缩区间模型

在提高计算效率且不降低计算精度的前提下，采用 CHISCMSM 对叶盘结构进行分析。设叶片子结构的质量矩阵、刚度矩阵的均值和离差分别为 $\overline{M}_m^b$、$\overline{M}_d^b$、$\overline{K}_m^b$ 和 $\overline{K}_d^b$，则叶片子结构的质量矩阵、刚度矩阵［见式(2-11)和式(2-12)］分别变为

$$
\overline{M}^{b'} = \begin{pmatrix} I' & M'_{bc} \\ M'^{T}_{bc} & M'_{b,cc} \end{pmatrix} = \overline{M}_m^b + \overline{M}_d^b \Delta'
$$

$$
\overline{K}^{b'} = \begin{pmatrix} \Lambda'_b & 0 \\ 0 & K'_{b,cc} \end{pmatrix} = \overline{K}_m^b + \overline{K}_d^b \Delta'
\tag{8-12}
$$

式中，$\overline{M}_m^b = \dfrac{\overline{M}_b^b + \overline{M}_a^b}{2}$，$\overline{M}_d^b = \dfrac{\overline{M}_b^b - \overline{M}_a^b}{2}$，$\overline{K}_m^b = \dfrac{\overline{K}_b^b + \overline{K}_a^b}{2}$，$\overline{K}_d^b = \dfrac{\overline{K}_b^b - \overline{K}_a^b}{2}$，$\overline{M}_b^b$、$\overline{M}_a^b$、$\overline{K}_b^b$、$\overline{K}_a^b$ 分别为叶片质量区间矩阵和刚度区间矩阵的上界和下界；Δ' 为标准化区间。

3. 轮盘减缩区间模型

设轮盘子结构的质量矩阵、刚度矩阵的均值和离差分别为 $\widetilde{M}_m^d$、$\widetilde{M}_d^d$、$\widetilde{K}_m^d$、$\widetilde{K}_d^d$，则轮盘子结构的质量矩阵、刚度矩阵［见式(2-26)和式(2-27)］分别变为

$$
\widetilde{M}^{d'} = \begin{pmatrix} I' & \widetilde{M}'_{dc} \\ \widetilde{M}'_{dc} & \widetilde{M}'_{d,cc} \end{pmatrix} = \widetilde{M}_m^d + \widetilde{M}_d^d \Delta'
$$

$$\widetilde{\boldsymbol{K}}^{\mathrm{d}'} = \begin{pmatrix} \widetilde{\boldsymbol{\Lambda}}'_{\mathrm{d}} & 0 \\ 0 & \widetilde{\boldsymbol{K}}'_{\mathrm{d,cc}} \end{pmatrix} = \widetilde{\boldsymbol{K}}^{\mathrm{d}}_{\mathrm{m}} + \widetilde{\boldsymbol{K}}^{\mathrm{d}}_{\mathrm{d}}\Delta' \tag{8-13}$$

式中，$\widetilde{\boldsymbol{M}}^{\mathrm{d}}_{\mathrm{m}} = \dfrac{\widetilde{\boldsymbol{M}}^{\mathrm{d}}_{\mathrm{b}} + \widetilde{\boldsymbol{M}}^{\mathrm{d}}_{\mathrm{a}}}{2}$，$\widetilde{\boldsymbol{M}}^{\mathrm{d}}_{\mathrm{d}} = \dfrac{\widetilde{\boldsymbol{M}}^{\mathrm{d}}_{\mathrm{b}} - \widetilde{\boldsymbol{M}}^{\mathrm{d}}_{\mathrm{a}}}{2}$，$\widetilde{\boldsymbol{K}}^{\mathrm{d}}_{\mathrm{m}} = \dfrac{\widetilde{\boldsymbol{K}}^{\mathrm{d}}_{\mathrm{b}} + \widetilde{\boldsymbol{K}}^{\mathrm{d}}_{\mathrm{a}}}{2}$，$\widetilde{\boldsymbol{K}}^{\mathrm{d}}_{\mathrm{d}} = \dfrac{\widetilde{\boldsymbol{K}}^{\mathrm{d}}_{\mathrm{b}} - \widetilde{\boldsymbol{K}}^{\mathrm{d}}_{\mathrm{a}}}{2}$，$\widetilde{\boldsymbol{M}}^{\mathrm{d}}_{\mathrm{b}}$、$\widetilde{\boldsymbol{M}}^{\mathrm{d}}_{\mathrm{a}}$、$\widetilde{\boldsymbol{K}}^{\mathrm{d}}_{\mathrm{b}}$、$\widetilde{\boldsymbol{K}}^{\mathrm{d}}_{\mathrm{a}}$
分别为叶片质量区间矩阵和刚度区间矩阵的上界和下界。

4. 降阶减缩综合后叶盘区间模型

将叶片和轮盘的降阶减缩后的区间模型进行综合，设综合后的叶盘区间矩阵的均值和离差分别为 $\boldsymbol{M}^{\mathrm{cb}}_{\mathrm{m}}$、$\boldsymbol{M}^{\mathrm{cb}}_{\mathrm{d}}$、$\boldsymbol{K}^{\mathrm{cb}}_{\mathrm{m}}$、$\boldsymbol{K}^{\mathrm{cb}}_{\mathrm{d}}$，则叶盘结构的综合质量矩阵和刚度矩阵[见式（2-31）和式（2-32）]分别变为

$$\boldsymbol{M}^{\mathrm{cb}'} = \boldsymbol{T}^{\mathrm{T}}_{\mathrm{cb}} \begin{pmatrix} \widetilde{\boldsymbol{M}}^{\mathrm{d}'} & 0 \\ 0 & \overline{\overline{\boldsymbol{M}}}^{\mathrm{b}'} \end{pmatrix} \boldsymbol{T}_{\mathrm{cb}} = \boldsymbol{M}^{\mathrm{cb}}_{\mathrm{m}} + \boldsymbol{M}^{\mathrm{cb}}_{\mathrm{d}}\Delta'$$

$$\boldsymbol{K}^{\mathrm{cb}'} = \begin{pmatrix} \widetilde{\boldsymbol{\Lambda}}'_{\mathrm{d}} & 0 & 0 \\ 0 & \widetilde{\boldsymbol{K}}'_{\mathrm{d,cc}} + \boldsymbol{I}\otimes\boldsymbol{K}'_{\mathrm{b,cc}} & 0 \\ 0 & 0 & \boldsymbol{I}\otimes\boldsymbol{\Lambda}'_{\mathrm{b}} \end{pmatrix} = \boldsymbol{K}^{\mathrm{cb}}_{\mathrm{m}} + \boldsymbol{K}^{\mathrm{cb}}_{\mathrm{d}}\Delta' \tag{8-14}$$

式中，$\boldsymbol{M}^{\mathrm{cb}}_{\mathrm{m}} = \dfrac{\boldsymbol{M}^{\mathrm{cb}}_{\mathrm{b}} + \boldsymbol{M}^{\mathrm{cb}}_{\mathrm{a}}}{2}$，$\boldsymbol{M}^{\mathrm{cb}}_{\mathrm{d}} = \dfrac{\boldsymbol{M}^{\mathrm{cb}}_{\mathrm{b}} - \boldsymbol{M}^{\mathrm{cb}}_{\mathrm{a}}}{2}$，$\boldsymbol{K}^{\mathrm{cb}}_{\mathrm{m}} = \dfrac{\boldsymbol{K}^{\mathrm{cb}}_{\mathrm{b}} + \boldsymbol{K}^{\mathrm{cb}}_{\mathrm{a}}}{2}$，$\boldsymbol{K}^{\mathrm{cb}}_{\mathrm{d}} = \dfrac{\boldsymbol{K}^{\mathrm{cb}}_{\mathrm{b}} - \boldsymbol{K}^{\mathrm{cb}}_{\mathrm{a}}}{2}$，$\boldsymbol{M}^{\mathrm{cb}}_{\mathrm{b}}$、$\boldsymbol{M}^{\mathrm{cb}}_{\mathrm{a}}$、

$\boldsymbol{K}^{\mathrm{cb}}_{\mathrm{b}}$、$\boldsymbol{K}^{\mathrm{cb}}_{\mathrm{a}}$ 分别为叶盘结构综合质量区间矩阵和综合刚度区间矩阵的上界和下界。

当叶盘结构失谐后，设其综合区间质量矩阵、区间刚度矩阵及区间阻尼矩阵的均值和离差分别为 $\overline{\boldsymbol{M}}^{\mathrm{cb}}_{\mathrm{m}}$、$\overline{\boldsymbol{M}}^{\mathrm{cb}}_{\mathrm{d}}$、$\overline{\boldsymbol{K}}^{\mathrm{cb}}_{\mathrm{m}}$、$\overline{\boldsymbol{K}}^{\mathrm{cb}}_{\mathrm{d}}$、$\overline{\boldsymbol{C}}^{\mathrm{cb}}_{\mathrm{m}}$、$\overline{\boldsymbol{C}}^{\mathrm{cb}}_{\mathrm{d}}$，则叶盘结构的综合质量矩阵、刚度矩阵及阻尼矩阵[见式（2-40）、式（2-41）和式（2-43）]分别变为综合质量区间矩阵、综合刚度区间矩阵和综合阻尼区间矩阵，即

$$\overline{\boldsymbol{M}}^{\mathrm{cb}'} = \begin{pmatrix} (1+\Delta m^{\prime\mathrm{k}}_{n})\boldsymbol{I} & \widetilde{\boldsymbol{M}}'_{\mathrm{dc}} & 0 \\ \widetilde{\boldsymbol{M}}'^{\mathrm{T}}_{\mathrm{dc}} & \widetilde{\boldsymbol{M}}'_{\mathrm{d,cc}} + \boldsymbol{I}\otimes\boldsymbol{M}'_{\mathrm{b,cc}} & \hat{\boldsymbol{F}}\,(\boldsymbol{I}\otimes\boldsymbol{M}'^{\mathrm{T}}_{\mathrm{bc}}) \\ 0 & (\boldsymbol{I}\otimes\boldsymbol{M}'_{\mathrm{bc}})\hat{\boldsymbol{F}} & (1+\Delta m^{\prime\mathrm{k}}_{n})\boldsymbol{I} \end{pmatrix} = \overline{\boldsymbol{K}}^{\mathrm{cb}}_{\mathrm{m}} + \overline{\boldsymbol{K}}^{\mathrm{cb}}_{\mathrm{d}}\Delta'$$

$$\overline{\boldsymbol{K}}^{\mathrm{cb'}} = \begin{pmatrix} \widetilde{\boldsymbol{\Lambda}}'_{\mathrm{d}} & 0 & 0 \\ 0 & \widetilde{\boldsymbol{K}}'_{\mathrm{d,cc}} + \boldsymbol{I} \otimes \boldsymbol{K}'_{\mathrm{b,cc}} & 0 \\ 0 & 0 & (1+\boldsymbol{\delta}'^{\mathrm{k}}_{\mathrm{n}})\boldsymbol{\Lambda}'^{\mathrm{k}}_{\mathrm{b}} \end{pmatrix} = \overline{\boldsymbol{M}}^{\mathrm{cb}}_{\mathrm{m}} + \overline{\boldsymbol{M}}^{\mathrm{cb}}_{\mathrm{d}}\Delta'$$

$$\overline{\boldsymbol{C}}^{\mathrm{cb'}} = \begin{pmatrix} 0 & 0 & 0 \\ 0 & 0 & 0 \\ 0 & 0 & \boldsymbol{I} \otimes diag[2\boldsymbol{\zeta}'^{\mathrm{k}}]\sqrt{\boldsymbol{\Lambda}'^{\mathrm{k}}_{\mathrm{b,n}}} \end{pmatrix} \tag{8-15}$$

式中，$\overline{\boldsymbol{M}}^{\mathrm{cb}}_{\mathrm{m}} = \dfrac{\overline{\boldsymbol{M}}^{\mathrm{cb}}_{\mathrm{b}}+\overline{\boldsymbol{M}}^{\mathrm{cb}}_{\mathrm{a}}}{2}$，$\overline{\boldsymbol{M}}^{\mathrm{cb}}_{\mathrm{d}} = \dfrac{\overline{\boldsymbol{M}}^{\mathrm{cb}}_{\mathrm{b}}-\overline{\boldsymbol{M}}^{\mathrm{cb}}_{\mathrm{a}}}{2}$，$\overline{\boldsymbol{K}}^{\mathrm{cb}}_{\mathrm{m}} = \dfrac{\overline{\boldsymbol{K}}^{\mathrm{cb}}_{\mathrm{b}}+\overline{\boldsymbol{K}}^{\mathrm{cb}}_{\mathrm{a}}}{2}$，$\overline{\boldsymbol{K}}^{\mathrm{cb}}_{\mathrm{d}} = \dfrac{\overline{\boldsymbol{K}}^{\mathrm{cb}}_{\mathrm{b}}-\overline{\boldsymbol{K}}^{\mathrm{cb}}_{\mathrm{a}}}{2}$，$\overline{\boldsymbol{C}}^{\mathrm{cb}}_{\mathrm{m}} =$
$\dfrac{\overline{\boldsymbol{C}}^{\mathrm{cb}}_{\mathrm{b}}+\overline{\boldsymbol{C}}^{\mathrm{cb}}_{\mathrm{a}}}{2}$，$\overline{\boldsymbol{C}}^{\mathrm{cb}}_{\mathrm{d}} = \dfrac{\overline{\boldsymbol{C}}^{\mathrm{cb}}_{\mathrm{b}}-\overline{\boldsymbol{C}}^{\mathrm{cb}}_{\mathrm{a}}}{2}$，$\overline{\boldsymbol{M}}^{\mathrm{cb}}_{\mathrm{b}}$、$\overline{\boldsymbol{M}}^{\mathrm{cb}}_{\mathrm{a}}$、$\overline{\boldsymbol{K}}^{\mathrm{cb}}_{\mathrm{b}}$、$\overline{\boldsymbol{K}}^{\mathrm{cb}}_{\mathrm{a}}$、$\overline{\boldsymbol{C}}^{\mathrm{cb}}_{\mathrm{b}}$、$\overline{\boldsymbol{C}}^{\mathrm{cb}}_{\mathrm{a}}$ 分别为失谐叶盘结构综合质量区间矩阵、综合刚度区间矩阵及综合阻尼区间矩阵的上界和下界。

8.2.2　区间有限元动力学方程

经典有限元动力学方程可表示为

$$\boldsymbol{M}\ddot{\boldsymbol{X}}+\boldsymbol{C}\dot{\boldsymbol{X}}+\boldsymbol{K}\boldsymbol{X}=\boldsymbol{F} \tag{8-16}$$

实际上，由于一些参数（如材料参数、几何尺寸加工误差及外部载荷等）具有不确定性，从而引起质量矩阵、刚度矩阵、阻尼矩阵及载荷矩阵的不确定性，设系统结构参数为 $\boldsymbol{\gamma}$，则质量矩阵、刚度矩阵、阻尼矩阵及载荷矩阵表示为不确定参数的函数，即

$$\begin{cases} \boldsymbol{M}=\boldsymbol{M}(\boldsymbol{\gamma})=[m_{ij}(\boldsymbol{\gamma})] \\ \boldsymbol{K}=\boldsymbol{K}(\boldsymbol{\gamma})=[k_{ij}(\boldsymbol{\gamma})] \\ \boldsymbol{C}=\boldsymbol{C}(\boldsymbol{\gamma})=[c_{ij}(\boldsymbol{\gamma})] \\ \boldsymbol{F}=\boldsymbol{F}(\boldsymbol{\gamma})=[f_{i}(\boldsymbol{\gamma})] \end{cases} \tag{8-17}$$

式中，$\boldsymbol{\gamma}$ 为 n 维结构参数向量，$\boldsymbol{\gamma}=\{\gamma_{i}\}$，$i=1,2,\cdots,n$。

结合式（8-17），式（8-16）的动力学方程可表示为 $\boldsymbol{\gamma}$ 函数的矩阵，即

$$\boldsymbol{M}(\boldsymbol{\gamma})\ddot{\boldsymbol{X}}+\boldsymbol{C}(\boldsymbol{\gamma})\dot{\boldsymbol{X}}+\boldsymbol{K}(\boldsymbol{\gamma})\boldsymbol{X}=\boldsymbol{F}(\boldsymbol{\gamma}) \tag{8-18}$$

当不确定参数 $\boldsymbol{\gamma}$ 用区间向量 $\boldsymbol{\gamma}'$ 表达，即 $\boldsymbol{\gamma}'=[\underline{\boldsymbol{\gamma}},\overline{\boldsymbol{\gamma}}]=([\underline{\gamma_{i}},\overline{\gamma_{i}}])$ 时，则动力学方程可表示为

$$\boldsymbol{M}(\boldsymbol{\gamma}')\ddot{\boldsymbol{X}}+\boldsymbol{C}(\boldsymbol{\gamma}')\dot{\boldsymbol{X}}+\boldsymbol{K}(\boldsymbol{\gamma}')\boldsymbol{X}=\boldsymbol{F}(\boldsymbol{\gamma}') \tag{8-19}$$

即

$$M'\ddot{X}'+C'\dot{X}'+K'X'=F' \tag{8-20}$$

式中，M'、C'、K' 为动力学方程系数区间矩阵；X' 为位移区间列向量；F' 为节点载荷区间列向量；且 $K'=[\underline{K},\overline{K}]=([\underline{k}_{ij},\overline{k}_{ij}])$，$M'=[\underline{M},\overline{M}]=([\underline{m}_{ij},\overline{m}_{ij}])$，$C'=[\underline{C},\overline{C}]=([\underline{c}_{ij},\overline{c}_{ij}])$，$F'=[\underline{F},\overline{F}]=([\underline{f}_{i},\overline{f}_{i}])$，$\underline{K}$、$\overline{K}$、$\underline{M}$、$\overline{M}$、$\underline{C}$、$\overline{C}$、$\underline{F}$、$\overline{F}$、$\underline{\gamma}$、$\overline{\gamma}$ 分别表示刚度、质量、阻尼矩阵及节点载荷区间列向量、不确定参数区间向量的上界和下界；$\underline{k}_{ij}$、$\overline{k}_{ij}$、$\underline{m}_{ij}$、$\overline{m}_{ij}$、$\underline{c}_{ij}$、$\overline{c}_{ij}$、$\underline{f}_{i}$、$\overline{f}_{i}$、$\underline{\gamma}_{i}$、$\overline{\gamma}_{i}$ 分别表示刚度、质量、阻尼矩阵及节点载荷区间列向量、不确定参数区间向量元素的上界和下界。

当 $\boldsymbol{\gamma}$ 在 γ' 内变化，即 $\boldsymbol{\gamma}\in[\underline{\gamma},\overline{\gamma}]$ 时，则方程系数矩阵及载荷矩阵满足

$$\begin{cases}M\in[\underline{M},\overline{M}]\\[2pt]C\in[\underline{C},\overline{C}]\\[2pt]K\in[\underline{K},\overline{K}]\\[2pt]F\in[\underline{F},\overline{F}]\end{cases}$$

节点位移解 X 满足 $X\in X'=[\underline{X},\overline{X}]$，$\underline{X}=\min\{X:M(\gamma)\ddot{X}+C(\gamma)\dot{X}+K(\gamma)X=F(\gamma)\}$，$\overline{X}=\max\{X:M(\gamma)\ddot{X}+C(\gamma)\dot{X}+K(\gamma)X=F(\gamma)\}$，$\gamma=\gamma'$。

系数区间矩阵及节点载荷区间向量转化为标准形式，即

$$\begin{cases}M'=M_{\mathrm{m}}+M_{\mathrm{d}}\Delta'\\[2pt]C'=C_{\mathrm{m}}+C_{\mathrm{d}}\Delta'\\[2pt]K'=K_{\mathrm{m}}+K_{\mathrm{d}}\Delta'\\[2pt]X'=X_{\mathrm{m}}+X_{\mathrm{d}}\Delta'\\[2pt]F'=F_{\mathrm{m}}+F_{\mathrm{d}}\Delta'\end{cases} \tag{8-21}$$

式中，M_{m}、C_{m}、K_{m}、X_{m}、F_{m} 分别为质量区间矩阵、阻尼区间矩阵、刚度区间矩阵及节点位移和载荷区间列向量的均值矩阵或均值向量；M_{d}、C_{d}、K_{d}、X_{d}、F_{d} 分别为质量区间矩阵、阻尼区间矩阵、刚度区间矩阵及节点位移和载荷区间列向量的离差矩阵或离差向量；Δ' 为标准化区间，各区间矩阵或区间向量可由其上、下界矩阵表示为

$$\begin{cases} M_{\text{m}} = \dfrac{\overline{M}+\underline{M}}{2}, M_{\text{d}} = \dfrac{\overline{M}-\underline{M}}{2} \\[3mm] C_{\text{m}} = \dfrac{\overline{C}+\underline{C}}{2}, C_{\text{d}} = \dfrac{\overline{C}-\underline{C}}{2} \\[3mm] K_{\text{m}} = \dfrac{\overline{K}+\underline{K}}{2}, K_{\text{d}} = \dfrac{\overline{K}-\underline{K}}{2} \\[3mm] X_{\text{m}} = \dfrac{\overline{X}+\underline{X}}{2}, X_{\text{d}} = \dfrac{\overline{X}-\underline{X}}{2} \\[3mm] F_{\text{m}} = \dfrac{\overline{F}+\underline{F}}{2}, F_{\text{d}} = \dfrac{\overline{F}-\underline{F}}{2} \\[3mm] \Delta' = [-1,1] \end{cases} \tag{8-22}$$

将式（8-21）带入式（8-20）中，则式（8-20）变为

$$(M_{\text{m}}+M_{\text{d}}\Delta')(\ddot{X}_{\text{m}}+\ddot{X}_{\text{d}}\Delta')+(C_{\text{m}}+C_{\text{d}}\Delta')(\dot{X}_{\text{m}}+\dot{X}_{\text{d}}\Delta')+(K_{\text{m}}+K_{\text{d}}\Delta')(X_{\text{m}}+X_{\text{d}}\Delta')=$$
$$F_{\text{m}}+F_{\text{d}}\Delta' \tag{8-23}$$

即

$$(M_{\text{m}}+M_{\text{d}}\Delta')\ddot{X}_{\text{m}}+(C_{\text{m}}+C_{\text{d}}\Delta')\dot{X}_{\text{m}}+(K_{\text{m}}+K_{\text{d}}\Delta')X_{\text{m}}+[(M_{\text{m}}+M_{\text{d}}\Delta')\ddot{X}_{\text{d}}+$$
$$(C_{\text{m}}+C_{\text{d}}\Delta')\dot{X}_{\text{d}}+(K_{\text{m}}+K_{\text{d}}\Delta')X_{\text{d}}]\Delta'=F_{\text{m}}+F_{\text{d}}\Delta' \tag{8-24}$$

由区间相等的充要条件，可得

$$(M_{\text{m}}+M_{\text{d}}\Delta')\ddot{X}_{\text{m}}+(C_{\text{m}}+C_{\text{d}}\Delta')\dot{X}_{\text{m}}+(K_{\text{m}}+K_{\text{d}}\Delta')X_{\text{m}}=F_{\text{m}}$$
$$(M_{\text{m}}+M_{\text{d}}\Delta')\ddot{X}_{\text{d}}+(C_{\text{m}}+C_{\text{d}}\Delta')\dot{X}_{\text{d}}+(K_{\text{m}}+K_{\text{d}}\Delta')X_{\text{d}}=F_{\text{d}} \tag{8-25}$$

由式（8-25）可以得到 X_{m} 和 X_{d}，则节点位移区间列向量 X' 表示为

$$X'=[\underline{X},\overline{X}]=[X_{\text{m}}-X_{\text{d}},X_{\text{m}}+X_{\text{d}}] \tag{8-26}$$

失谐叶盘结构的动力学方程[见式(2-42)]表示为区间动力学方程：

$$\overline{M}^{\text{cb}'}\ddot{p}_{\text{cb}}+\overline{C}^{\text{cb}'}\dot{p}_{\text{cb}}+\overline{K}^{\text{cb}'}p_{\text{cb}}=F^{\text{cb}'} \tag{8-27}$$

即

$$(\overline{M}_{\text{m}}^{\text{cb}}+\overline{M}_{\text{d}}^{\text{cb}}\Delta')\ddot{p}_{\text{m}}^{\text{cb}}+(\overline{C}_{\text{m}}^{\text{cb}}+\overline{C}_{\text{d}}^{\text{cb}}\Delta')\dot{p}_{\text{m}}^{\text{cb}}+(\overline{K}_{\text{m}}^{\text{cb}}+\overline{K}_{\text{d}}^{\text{cb}}\Delta')p_{\text{m}}^{\text{cb}}=\overline{F}_{\text{m}}^{\text{cb}}$$
$$(\overline{M}_{\text{m}}^{\text{cb}}+\overline{M}_{\text{d}}^{\text{cb}}\Delta')\ddot{p}_{\text{d}}^{\text{cb}}+(\overline{C}_{\text{m}}^{\text{cb}}+\overline{C}_{\text{d}}^{\text{cb}}\Delta')\dot{p}_{\text{d}}^{\text{cb}}+(\overline{K}_{\text{m}}^{\text{cb}}+\overline{K}_{\text{d}}^{\text{cb}}\Delta')p_{\text{d}}^{\text{cb}}=\overline{F}_{\text{d}}^{\text{cb}} \tag{8-28}$$

经过正交变换方程[见式(2-63)]转化为 $2m$ 个独立的区间微分方程

$$(M_{\text{m}}^{*}+M_{\text{d}}^{*}\Delta')\{\ddot{X}_{im}\}+(C_{\text{m}}^{*}+C_{\text{d}}^{*}\Delta')\{\dot{X}_{im}\}+(K_{\text{m}}^{*}+K_{\text{d}}^{*}\Delta')\{X_{im}\}=\{F_{\text{m}}^{*\text{cb}}\}$$
$$(M_{\text{m}}^{*}+M_{\text{d}}^{*}\Delta')\{\ddot{X}_{id}\}+(C_{\text{m}}^{*}+C_{\text{d}}^{*}\Delta')\{\dot{X}_{id}\}+(K_{\text{m}}^{*}+K_{\text{d}}^{*}\Delta')\{X_{id}\}=\{F_{\text{d}}^{*\text{cb}}\} \tag{8-29}$$

式（8-29）实质为 m 个独立的微分方程，由此方程可求得整体结构的固有频率，以及主模态、频率、振型和运动情况等。

8.3 随机失谐整体叶盘结构模态非概率分析

8.3.1 谐调叶盘结构模态非概率分析

航空发动机工作在高温、高压、高转速下，环境条件十分恶劣，受到很多不确定因素，如加工误差、安装、磨损及材料的分散性等的影响，在对其进行概率分析的基础上，进一步对其进行非概率分析。在进行概率分析时，分析了随机输入变量对输出响应的影响程度，即灵敏度分析和散点图分析，因此将对叶盘结构影响比较大的一些变量作为区间变量，对其进行非概率分析。为了研究随机失谐下航空发动机叶盘结构的非概率特性，首先研究谐调叶盘结构的非概率特性。在谐调叶盘结构灵敏度分析中，影响输出响应的主要随机输入变量为弹性模量、密度及泊松比，因此将其作为区间变量，即 $E=[1.75\times10^{11},1.94\times10^{11}]$、$\rho=[8.09\times10^3,9.005\times10^3]$、$\nu=[0.2915,0.3325]$。弹性模量、密度及泊松比可由均值和离差分别表示为

$$\begin{cases} E=(1.845+0.095)\times10^{11}\delta_E \\ \rho=8548+458\delta_\rho \\ \nu=0.312+0.021\delta_\nu \end{cases} \tag{8-30}$$

式中，δ_E、δ_ρ、δ_ν 分别为弹性模量、密度及泊松比的标准化区间。

频率、模态位移振型、模态应力振型和模态应变能振型功能方程及它们的不确定度可分别表示为

$$\begin{aligned} freq'_{tuned} &= 0.4+33.592E-33.631\rho-0.22551E^2+0.69555\rho^2+0.46725E\rho \\ &= 2.5051\times10^3+3.3592\times10^{13}(1.845+0.095\delta_E)-33.631(8548+458\delta_\rho)- \\ &\quad 2.2551\times10^{21}(1.845+0.095\delta_E)^2+0.69555(8548+458\delta_\rho)^2+4.6725\times \\ &\quad 10^{10}(1.845+0.095\delta_E)(8548+458\delta_\rho) \\ &= 1.4591\times10^5\delta_\rho^2+2.0331\times10^{16}\delta_\rho\delta_E+5.4311\times10^6\delta_\rho-2.1010\times10^{24}\delta_E^2+ \\ &\quad 3.8255\times10^{13}\delta_E+5.0545\times10^{25} \end{aligned} \tag{8-31}$$

$$\eta_{\beta-f'_{tuned}}=9.062 \tag{8-32}$$

$$\begin{aligned} dsum'_{tuned} &= -0.0987+9.9352\times10^{-3}\nu-9.5899\times10^{-2}\rho+1.9717\times10^{-3}\rho^2+1.8193\times \\ &\quad 10^{-4}\nu^2-1.3041\times10^{-4}\nu\rho \\ &= -0.0987+9.9352\times10^{-3}(0.312+0.021\delta_\nu)-9.5899\times10^{-2}(8548+ \end{aligned}$$

$$458\delta_\rho) + 1.9717 \times 10^{-3} (8548 + 458\delta_\rho)^2 + 1.8193 \times 10^{-4} (0.312 +$$

$$0.021\delta_\nu)^2 - 1.3041 \times 10^{-4} (8548 + 458\delta_\rho)(0.312 + 0.021\delta_\nu)$$

$$= 4.1359 \times 10^2 \delta_\rho^2 - 1.0012 \times 10^{-3} \delta_\rho \delta_\nu + 1.5394 \times 10^4 \delta_\rho + 1.4325 \times 10^5 \quad (8\text{-}33)$$

$$\eta_{\beta\_d'_{\text{tuned}}} = 9.061 \quad (8\text{-}34)$$

$$strs'_{\text{tuned}} = -0.7 \times 10^{12} + 3.6769 \times 10^{11} E - 1.8446 \times 10^{11} \rho + 3.7862 \times 10^9 \rho^2 - 5.0249 \times 10^9 E\rho$$

$$= -0.7 \times 10^{12} + 3.6769 \times 10^{11} (1.845 + 0.095\delta_E) - 1.8446 \times 10^{11} (8548 +$$

$$458\delta_\rho) + 3.7862 \times 10^9 (8548 + 458\delta_\rho)^2 - 5.0249 \times 10^9 (1.845 + 0.095\delta_E)$$

$$(8548 + 458\delta_\rho)$$

$$= 2.9557 \times 10^{16} \delta_\rho - 4.0456 \times 10^{12} \delta_E - 2.1863 \times 10^{11} \delta_\rho \delta_E + 7.9421 \times 10^{14} \delta_\rho^2 +$$

$$2.7499 \times 10^{17} \quad (8\text{-}35)$$

$$\eta_{\beta\_s'_{\text{tuned}}} = 9.059 \quad (8\text{-}36)$$

$$str\_e'_{\text{tuned}} = 7.0863 \times 10^7 - 1.9337 \times 10^6 E + 2.9084 \times 10^6 \rho - 1.0002 \times 10^5 \rho^2 + 7.9223 \times 10^4 E\rho$$

$$= 7.0863 \times 10^7 - 1.9337 \times 10^6 (1.845 + 0.095\delta_E) + 2.9084 \times 10^6 (8548 +$$

$$458\delta_\rho) - 1.0002 \times 10^5 (8548 + 458\delta_\rho)^2 + 7.9223 \times 10^4 (1.845 + 0.095\delta_E)$$

$$(8548 + 458\delta_\rho)$$

$$= 6.4151 \times 10^7 \delta_E - 7.8175 \times 1011\delta_\rho + 3.4469 \times 10^6 \delta_E \delta_\rho - 2.0981 \times 10^{10} \delta_\rho^2 +$$

$$7.2822 \times 10^{12} \quad (8\text{-}37)$$

$$\eta_{\beta\_se'_{\text{tuned}}} = 8.999 \quad (8\text{-}38)$$

采用不确定度 η 来度量结构或系统的安全与否，当 $\eta > 1$ 时，则结构或系统处于安全状态，并且 η 越大，结构或系统的安全程度越高；当 $\eta < -1$ 时，则结构或系统失效，并且 η 越大，结构或系统的破坏失效程度越严重；当 $-1 \leqslant \eta \leqslant 1$ 时，则结构或系统可能安全，也可能不安全，但区间变量为确定区间，在区间内取任意值的可能性均存在。因此，从严格意义上说，不能认为结构是可靠的。可见结构或系统安全与否只能有两种情况，即可靠或不可靠。从频率及模态振型的不确定度可以看出，在给定随机输入变量条件下，谐调叶盘结构是安全可靠的。

8.3.2 随机失谐叶盘结构模态非概率分析

在研究航空发动机谐调叶盘结构的非概率特性基础上，进一步研究随机失谐叶盘结构的非概率特性。在随机失谐叶盘结构的灵敏度分析中，影响输出响应的主要随机输入变量为轮盘及叶片的弹性模量、密度，因此将其作为区间变量，即 $\rho_{\text{d}} = [8.170 \times 10^3, 9.280 \times 10^3]$、$\rho_{\text{b}} = [8.010 \times 10^3, 8.943 \times 10^3]$、$E_{\text{d}} = [1.714 \times 10^{11}, 1.996 \times 10^{11}]$、$E_{\text{b}} = [1.689 \times 10^{11}, 1.932 \times 10^{11}]$，则轮盘及叶片的弹性模量、密度可由均值和离差分别表示为

$$\rho_{\text{d}} = 8725 + 555\delta_{\rho_{\text{d}}}$$

$$E_{\text{d}} = (1.855 + 0.141) \times 10^{11} \delta_{E_{\text{d}}}$$

$$\rho_b = 8477 + 466\delta_{\rho_b}$$
$$E_b = (1.811 + 0.122) \times 10^{11}\delta_{E_b} \tag{8-39}$$

式中，δ_{ρ_d}、δ_{E_d}、δ_{ρ_b}、δ_{E_b}分别为轮盘及叶片密度、弹性模量的标准化区间。

频率、模态位移振型、模态应力振型和模态应变能振型功能方程及它们的不确定度可分别表示为

$$
\begin{aligned}
freq'_{\text{mistuned}} &= 0.5 - 18.699\rho_d - 5.1159\rho_b + 19.483E_d + 4.5004E_b - 1.4923\rho_d^2 - 1.5535\rho_b^2 - \\
&\quad 1.3974E_d^2 - 1.4169E_b^2 + 3.5215\rho_d\rho_b + 2.7982\rho_d E_d - 2.9981\rho_d E_b - \\
&\quad 3.0095\rho_b E_d + 2.9738\rho_b E_b + 2.5139E_d E_b \\
&= 0.5 - 18.699(8725 + 555\delta_{\rho_d}) - 5.1159(8477 + 466\delta_{\rho_b}) + 1.9483\times10^{12} \\
&\quad (1.855 + 0.141\delta_{E_d}) + 4.5004\times10^{11}(1.811 + 0.122\delta_{E_b}) - 1.4923(8725 + \\
&\quad 555\delta_{\rho_d})^2 - 1.5535(8477 + 466\delta_{\rho_b})^2 - 1.3974\times10^{22}(1.855 + 0.141\delta_{E_d})^2 - \\
&\quad 1.4169\times10^{22}(1.811 + 0.122\delta_{E_b})^2 + 3.5215\times10^0(8725 + 555\delta_{\rho_d})(8477 + \\
&\quad 466\delta_{\rho_b}) + 2.7982\times10^{11}(8725 + 555\delta_{\rho_d})(1.855 + 0.141\delta_{E_d}) - 2.9981\times \\
&\quad 10^{11}(8725 + 555\delta_{\rho_d})(1.811 + 0.122\delta_{E_b}) - 3.0095\times10^{11}(8477 + 466\delta_{\rho_b}) \\
&\quad (1.855 + 0.141\delta_{E_d}) + 2.9738\times10^{11}(8477 + 466\delta_{\rho_b})(1.811 + 0.122\delta_{E_b}) + \\
&\quad 2.5139\times10^{22}(1.855 + 0.141\delta_{E_d})(1.811 + 0.122\delta_{E_b}) \\
&= 3.3735\times10^5\delta_{\rho_b}^2 + 9.1076\times10^5\delta_{\rho_b}\delta_{\rho_d} + 1.6907\times10^{13}\delta_{\rho_b}\delta_{E_b} - 1.9774\times10^{13}\delta_{\rho_b}\delta_{E_d} - \\
&\quad 9.1835\times10^{12}\delta_{\rho_b} - 4.5967\times10^5\delta_{\rho_d}^2 - 2.0301\times10^{13}\delta_{\rho_d}\delta_{E_b} + 2.1897\times10^{13}\delta_{\rho_d}\delta_{E_d} - \\
&\quad 2.1089\times10^{20}\delta_{E_b}^2 + 4.3244\times10^{20}\delta_{E_b}\delta_{E_d} - 5.7184\times10^{20}\delta_{E_b} - 2.7788\times10^{20}\delta_{E_d}^2 - \\
&\quad 8.9224\times10^{20}\delta_{E_d} + 1.011\times10^{22} \tag{8-40}
\end{aligned}
$$

$$\eta_{\beta\_f'\text{mistuned}} = 4.239 \tag{8-41}$$

$$
\begin{aligned}
dsum'_{\text{mistuned}} &= -0.951 + 1.2232\rho_d - 1.3465\rho_b - 1.1603E_d + 1.1701E_b - 0.35707\rho_d^2 - \\
&\quad 0.33506\rho_b^2 - 0.31996E_d^2 - 0.33001E_b^2 + 0.89732\rho_d\rho_b + 0.69246\rho_d E_d - \\
&\quad 0.68954\rho_d E_b - 0.68068\rho_b E_d + 0.67785\rho_b E_b + 0.47884E_d E_b \\
&= -0.951 + 1.2232(8725 + 555\delta_{\rho_d}) - 1.3465(8477 + 466\delta_{\rho_b}) - 1.1603\times \\
&\quad 10^{11}(1.855 + 0.141\delta_{E_d}) + 1.1701\times10^{11}(1.811 + 0.122\delta_{E_b}) - \\
&\quad 0.35707(8725 + 555\delta_{\rho_d})^2 - 0.33506(8477 + 466\delta_{\rho_b})^2 - 3.1996\times \\
&\quad 10^{21}(1.855 + 0.141\delta_{E_d})^2 - 3.3001\times10^{21}(1.811 + 0.122\delta_{E_b})^2 + 8.9732\times \\
&\quad 10^{-1}(8725 + 555\delta_{\rho_d})(8477 + 466\delta_{\rho_b}) + 6.9246\times10^{10}(8725 + 555\delta_{\rho_d}) \\
&\quad (1.855 + 0.141\delta_{E_d}) - 6.8954\times10^{10}(8725 + 555\delta_{\rho_d})(1.811 + \\
&\quad 0.122\delta_{E_b}) - 6.8068\times10^{10}(8477 + 466\delta_{\rho_b})(1.855 + 0.141\delta_{E_d}) + \\
&\quad 6.7785\times10^{10}(8477 + 466\delta_{\rho_b})(1.811 + 0.122\delta_{E_b}) + 4.7884\times \\
&\quad 10^{21}(1.855 + 0.141\delta_{E_d})(1.811 + 0.122\delta_{E_b}) \\
&= 7.2760\times10^4\delta_{\rho_b}^2 + 2.3207\times10^4\delta_{\rho_b}\delta_{\rho_d} + 3.8537\times10^{12}\delta_{\rho_b}\delta_{E_b} - 4.4725\times
\end{aligned}
$$

$$10^{12}\delta_{\rho_{\text{b}}}\delta_{E_{\text{d}}} - 1.6345 \times 10^{12}\delta_{\rho_{\text{b}}} - 1.0999 \times 10^{5}\delta_{\rho_{\text{d}}}^{2} - 4.6689 \times 10^{12}\delta_{\rho_{\text{d}}}\delta_{E_{\text{b}}} +$$

$$5.4188 \times 10^{12}\delta_{\rho_{\text{d}}}\delta_{E_{\text{d}}} + 1.9845 \times 10^{12}\delta_{\rho_{\text{d}}} - 4.9119 \times 10^{19}\delta_{E_{\text{b}}}^{2} + 8.2370 \times$$

$$10^{18}\delta_{E_{\text{b}}}\delta_{E_{\text{d}}} - 3.7459 \times 10^{20}\delta_{E_{\text{b}}} - 6.3611 \times 10^{19}\delta_{E_{\text{d}}}^{2} - 4.5102 \times 10^{20}\delta_{E_{\text{d}}} + 5.7471 \times$$

$$10^{21} \tag{8-42}$$

$$\eta_{\beta\_d'_{\text{mistuned}}} = 6.071 \tag{8-43}$$

$$strs'_{\text{mistuned}} = -2.465 \times 10^{12} + 2.3126 \times 10^{12}(8725 + 555\delta_{\rho_{\text{d}}}) - 2.5394 \times 10^{12}(8477 +$$

$$466\delta_{\rho_{\text{b}}}) - 1.7441 \times 10^{12}(1.855 + 0.141\delta_{E_{\text{d}}}) + 2.2029 \times 10^{12}(1.811 +$$

$$0.122\delta_{E_{\text{b}}}) - 6.6358 \times 10^{11}(8725 + 555\delta_{\rho_{\text{d}}})^{2} - 6.2258 \times 10^{11}(8477 +$$

$$466\delta_{\rho_{\text{b}}})^{2} - 6.3965 \times 10^{33}(1.855 + 0.141\delta_{E_{\text{d}}})^{2} - 6.1328 \times 10^{33}(1.811 +$$

$$0.122\delta_{E_{\text{b}}})^{2} + 1.6735 \times 10^{12}(8725 + 555\delta_{\rho_{\text{d}}})(8477 + 466\delta_{\rho_{\text{b}}}) + 1.3308 \times$$

$$10^{23}(8725 + 555\delta_{\rho_{\text{d}}})(1.855 + 0.141\delta_{E_{\text{d}}}) - 1.2803 \times 10^{23}(8477 + 466\delta_{\rho_{\text{b}}})$$

$$(1.855 + 0.141\delta_{E_{\text{d}}}) - 1.3135 \times 10^{23}(8477 + 466\delta_{\rho_{\text{d}}})(1.811 + 0.122\delta_{E_{\text{b}}}) +$$

$$1.2579 \times 10^{23}(8477 + 466\delta_{\rho_{\text{b}}})(1.811 + 0.122\delta_{E_{\text{b}}}) + 9.3193 \times 10^{33}(1.855 +$$

$$0.141\delta_{E_{\text{d}}})(1.811 + 0.122\delta_{E_{\text{b}}})$$

$$= -1.3519 \times 10^{17}\delta_{\rho_{\text{b}}}^{2} + 4.3282 \times 10^{17}\delta_{\rho_{\text{b}}}\delta_{\rho_{\text{d}}} + 7.1514 \times 10^{24}\delta_{\rho_{\text{b}}}\delta_{E_{\text{b}}} - 8.4123 \times$$

$$10^{24}\delta_{\rho_{\text{b}}}\delta_{E_{\text{d}}} - 4.5155 \times 10^{24}\delta_{\rho_{\text{b}}} - 2.0439 \times 10^{17}\delta_{\rho_{\text{d}}}^{2} - 8.8937 \times 10^{24}\delta_{\rho_{\text{d}}}\delta_{E_{\text{b}}} +$$

$$1.0414 \times 10^{24}\delta_{\rho_{\text{d}}}\delta_{E_{\text{d}}} + 4.9886 \times 10^{24}\delta_{\rho_{\text{d}}} - 9.1281 \times 10^{31}\delta_{E_{\text{b}}}^{2} + 1.6031 \times$$

$$10^{32}\delta_{E_{\text{b}}}\delta_{E_{\text{d}}} - 6.0094 \times 10^{32}\delta_{E_{\text{b}}} - 1.2717 \times 10^{32}\delta_{E_{\text{d}}}^{2} - 9.6638 \times 10^{32}\delta_{E_{\text{d}}} +$$

$$1.0817 \times 10^{34} \tag{8-44}$$

$$\eta_{\beta\_s'_{\text{mistuned}}} = 1.192 \tag{8-45}$$

$$str\_e'_{\text{mistuned}} = 1.3731 \times 10^{9} + 1.2232 \times 10^{8}\rho_{\text{d}} - 1.3465 \times 10^{8}\rho_{\text{b}} - 1.1603 \times 10^{8}E_{\text{d}} + 1.1701$$

$$\times 10^{8}E_{\text{b}} - 3.5707 \times 10^{7}\rho_{\text{d}}^{2} - 3.3506 \times 10^{7}\rho_{\text{b}}^{2} - 3.1996 \times 10^{7}E_{\text{d}}^{2} - 3.3001 \times$$

$$10^{7}E_{\text{b}}^{2} + 8.9732 \times 10^{8}\rho_{\text{d}}\rho_{\text{b}} + 6.9246 \times 10^{7}\rho_{\text{d}}E_{\text{d}} - 6.8954 \times 10^{7}\rho_{\text{d}}E_{\text{b}} -$$

$$6.8068 \times 10^{8}\rho_{\text{b}}E_{\text{d}} + 6.7785 \times 10^{7}\rho_{\text{b}}E_{\text{b}} + 4.7884 \times 10^{7}E_{\text{d}}E_{\text{b}}$$

$$= 0.2337 \times 10^{9} + 1.2232 \times 10^{8}(8725 + 555\delta_{\rho_{\text{d}}}) - 1.3465 \times 10^{8}(8477 +$$

$$466\delta_{\rho_{\text{b}}}) - 1.1603 \times 10^{19}(1.855 + 0.141\delta_{E_{\text{d}}}) + 1.1701 \times 10^{19}(1.811 +$$

$$0.122\delta_{E_{\text{b}}}) - 3.5707 \times 10^{7}(8725 + 555\delta_{\rho_{\text{d}}})^{2} - 3.3506 \times 10^{7}(8477 +$$

$$466\delta_{\rho_{\text{b}}})^{2} - 3.1996 \times 10^{29}(1.855 + 0.141\delta_{E_{\text{d}}})^{2} - 3.3001 \times 10^{29}(1.811 +$$

$$0.122\delta_{E_{\text{b}}})^{2} + 8.9732 \times 10^{8}(8725 + 555\delta_{\rho_{\text{d}}})(8477 + 466\delta_{\rho_{\text{b}}}) + 6.9246 \times$$

$$10^{18}(8725 + 555\delta_{\rho_{\text{d}}})(1.855 + 0.141\delta_{E_{\text{d}}}) - 6.8954 \times 10^{18}(8725 + 555\delta_{\rho_{\text{d}}})$$

$$(1.811 + 0.122\delta_{E_{\text{b}}}) - 6.8068 \times 10^{19}(8477 + 466\delta_{\rho_{\text{b}}})(1.855 + 0.141\delta_{E_{\text{d}}})$$

$$+ 6.7785 \times 10^{18}(8477 + 466\delta_{\rho_{\text{b}}})(1.811 + 0.122\delta_{E_{\text{b}}}) + 4.7884 \times 10^{29}$$

$$(1.855 + 0.141\delta_{E_{\text{d}}})(1.811 + 0.122\delta_{E_{\text{b}}})$$

$$= -7.2760 \times 10^{12} \delta_{\rho_b}^2 + 2.3207 \times 10^{14} \delta_{\rho_b} \delta_{\rho_d} + 3.8537 \times 10^{20} \delta_{\rho_b} \delta_{E_b} - 4.4725 \times$$
$$10^{21} \delta_{\rho_b} \delta_{E_d} - 5.3119 \times 10^{22} \delta_{\rho_b} - 1.0999 \times 10^{13} \delta_{\rho_d}^2 - 4.6689 \times 10^{20} \delta_{\rho_d} \delta_{E_b} +$$
$$1.9845 \times 10^{20} \delta_{\rho_d} - 4.9119 \times 10^{27} \delta_{E_b}^2 + 8.2370 \times 10^{27} \delta_{E_b} \delta_{E_d} - 3.7460 \times 10^{28}$$
$$\delta_{E_b} - 6.3611 \times 10^{27} \delta_{E_d}^2 - 4.5102 \times 10^{28} \delta_{E_d} + 5.7471 \times 10^{29} \tag{8-46}$$

$$\eta_{\beta\_se'_{\text{mistuned}}} = 5.631 \tag{8-47}$$

通过对随机失谐叶盘结构的不确定度求解发现，叶盘结构失谐后，在非概率分析中，其频率及模态振型的不确定度明显比谐调叶盘结构的不确定度低，即安全可靠程度降低，但在该随机输入变量下仍然是安全的。

8.4 随机失谐整体叶盘结构振动响应非概率分析

在对叶盘结构进行模态非概率分析的基础上，进一步对叶盘振动响应进行非概率分析。根据随机输入变量对振动响应的影响程度（灵敏度分析和散点图分析），将对叶盘结构影响比较大的一些变量作为区间变量，因此在谐调叶盘结构分析中，将叶盘结构的弹性模量、密度及泊松比作为区间变量，即 $E = [1.75 \times 10^{11}, 1.94 \times 10^{11}]$、$\rho = [8.09 \times 10^3, 9.005 \times 10^3]$、$\nu = [0.2915, 0.3325]$，则谐调叶盘结构振动响应的振型功能方程及其不确定度分别表示为

$$d'_{y\_tuned} = -0.0785 + 1.5894 \times 10^{-2} \nu - 0.21285 \rho + 4.2564 \times 10^{-3} \rho^2 + 5.8424 \times 10^{-4} \nu^2 -$$
$$2.6541 \times 10^{-4} \nu\rho$$
$$= -0.0785 + 1.5894 \times 10^{-2}(0.312 + 0.021\delta_{\nu}) - 0.21285(8548 + 458\delta_{\rho}) +$$
$$4.2564 \times 10^{-3}(8548 + 458\delta_{\rho})^2 + 5.8424 \times 10^{-4}(0.312 + 0.021\delta_{\nu})^2 - 2.6541 \times$$
$$10^{-4}(8548 + 458\delta_{\rho})(0.312 + 0.021\delta_{\nu})$$
$$= 4.5791 \times 10^2 \delta_{\rho}^2 - 1.4712 \times 10^{-3} \delta_{\rho} \delta_{\nu} + 1.6294 \times 10^4 \delta_{\rho} + 1.57470 \times 10^5 \tag{8-48}$$

式中，δ_{ρ}、δ_{ν} 分别为密度及泊松比的标准化区间。

$$\eta_{\beta\_d'_{y\_tuned}} = 7.241 \tag{8-49}$$

在随机失谐叶盘结构分析中，影响振动响应的主要随机输入变量为轮盘及叶片的弹性模量、密度，因此将其作为区间变量，即 $\rho_d = [8.170 \times 10^3, 9.280 \times 10^3]$、$\rho_b = [8.010 \times 10^3, 8.943 \times 10^3]$、$E_d = [1.714 \times 10^{11}, 1.996 \times 10^{11}]$、$E_b = [1.689 \times 10^{11}, 1.932 \times 10^{11}]$，则随机失谐叶盘结构振动响应的振型功能方程及其不确定度分别表示为

$$d'_{y\_mistuned} = -0.951 + 2.3532 \rho_d - 2.1597 \rho_b - 2.1594 E_d + 2.4879 E_b - 0.27891 \rho_d^2 -$$
$$0.48912 \rho_b^2 - 0.51278 E_d^2 - 0.43156 E_b^2 + 0.64591 \rho_d \rho_b + 0.54246 \rho_d E_d -$$
$$0.47954 \rho_d E_b - 0.52319 \rho_b E_d + 0.78912 \rho_b E_b + 0.54912 E_d E_b$$

$$= -0.951 + 2.3532(8725 + 555\delta_{\rho_d}) - 2.1597(8477 + 466\delta_{\rho_b}) - 2.1594 \times 10^{11}$$
$$(1.855 + 0.141\delta_{E_d}) + 2.4879 \times 10^{11}(1.811 + 0.122\delta_{E_b}) - 2.7891(8725 + 555\delta_{\rho_d})^2 - 4.8912(8477 + 466\delta_{\rho_b})^2 - 5.1278 \times 10^{21}(1.855 + 0.141\delta_{E_d})^2 - 4.3156 \times 10^{21}(1.811 + 0.122\delta_{E_b})^2 + 6.4591(8725 + 555\delta_{\rho_d})(8477 + 466\delta_{\rho_b}) + 5.4246 \times 10^{10}(8725 + 555\delta_{\rho_d})(1.855 + 0.141\delta_{E_d}) - 4.7954 \times 10^{10}(8725 + 555\delta_{\rho_d})(1.811 + 0.122\delta_{E_b}) - 5.2319 \times 10^{10}(8477 + 466\delta_{\rho_b})(1.855 + 0.141\delta_{E_d}) + 7.8912 \times 10^{10}(8477 + 466\delta_{\rho_b})(1.811 + 0.122\delta_{E_b}) + 5.4912 \times 10^{21}(1.855 + 0.141\delta_{E_d})(1.811 + 0.122\delta_{E_b})$$

$$= 6.8231 \times 10^4 \delta_{\rho_b}^2 + 2.4531 \times 10^4 \delta_{\rho_b}\delta_{\rho_d} + 3.5371 \times 10^{12}\delta_{\rho_b}\delta_{E_b} - 4.5673 \times 10^{12}\delta_{\rho_b}\delta_{E_d} - 2.1564 \times 10^{12}\delta_{\rho_b} - 1.8523 \times 10^5 \delta_{\rho_d}^2 - 7.8231 \times 10^{12}\delta_{\rho_d}\delta_{E_b} + 5.2314 \times 10^{12}\delta_{\rho_d}\delta_{E_d} + 1.7891 \times 10^{12}\delta_{\rho_d} - 4.3456 \times 10^{19}\delta_{E_b}^2 + 9.1471 \times 10^{18}\delta_{E_b}\delta_{E_d} - 2.3456 \times 10^{20}\delta_{E_b} - 5.6741 \times 10^{19}\delta_{E_d}^2 - 5.2341 \times 10^{20}\delta_{E_d} + 4.7571 \times 10^{21}$$

$$(8-50)$$

式中，δ_{ρ_d}、δ_{E_d}、δ_{ρ_b}、δ_{E_b} 分别为轮盘及叶片密度、弹性模量的标准化区间。

$$\eta_{\beta\_d'_{y\_mistuned}} = 3.254 \qquad (8-51)$$

综上，叶盘结构失谐后，在非概率分析中，通过对其不确定度求解，其振动响应的不确定度明显比谐调叶盘结构的不确定度低，即安全可靠程度降低。

8.5　本章小结

本章介绍了非概率分析的基本理论，给出了区间变量及区间矩阵定义，在此基础上给出了失谐叶盘结构区间变量及区间矩阵，包括叶片减缩区间模型、轮盘减缩区间模型及降阶减缩综合后叶盘区间模型；推导了随机失谐叶盘结构的区间有限元动力学方程，进而提出了一种新的航空发动机叶盘结构非概率分析方法，即 INP-DSCFEM。

采用 INP-DSCFEM 对叶盘结构模态进行了非概率分析，包括谐调叶盘结构、随机失谐叶盘结构模态的非概率分析。研究表明，谐调叶盘结构频率及模态振型的不确定度最大，安全性最高；随机失谐叶盘结构的不确定度最小，安全性最低。在对叶盘结构振动响应进行非概率分析中，发现谐调叶盘结构振动响应的不确定度最大，安全性最高；随机失谐叶盘结构的不确定度最小，安全性最低。在数据信息不足的情况下，特别是在结构设计阶段，只需知道不确定参数变量的界限，无须知道具体的分布形式，通过非概率分析克服概率分析存在的缺陷，可作为概率分析的有益补充。

第9章

随机失谐整体叶盘结构的概率与非概率混合研究

9.1 概述

在实际工程领域，对一个复杂的结构进行可靠性分析时，往往要考虑很多不确定性参数。其中一部分不确定性参数（如航空发动机的转速、温度等）由于信息量足够，适合采用概率模型来描述，而某些不确定性参数由于缺乏足够的样本数据或内在原因，如由于温度的升高使得导热系数和线胀系数的改变，适合采用非概率凸模型来描述。因此，进行概率和非概率研究，即建立混合模型具有重要的实际工程意义。

9.2 概率与非概率混合分析的理论基础

在工程结构的设计和分析中，往往既存在随机输入变量又存在区间变量，为了更加全面地反映结构的实际情况，需要建立概率与非概率混合可靠性模型。

若系统中既含有随机输入变量 $X=(x_1,x_2,\cdots,x_m)$，又有区间变量 $Y=(y_1,y_2,\cdots,y_n)$，则功能函数表达式为 $Z=g(X,Y)$，失效概率定义为 $P_f=\Pr\{g(X,Y)\leqslant0\}$。

如果仅存在随机输入变量 X，极限状态面 $g(X)=0$ 将参数空间分成可靠域和失效域两个区域。但是，引入区间变量 Y 后，对于任何一个 Y'，都对应着一个极限状态面 $g(X,Y')=0$。因而极限状态面 $g(X,Y)=0$ 在 X 空间中不再是唯一的曲面，而是由两个边界面 $\max\limits_{Y}g(X,Y)=0$ 和 $\min\limits_{Y}g(X,Y)=0$ 构成的带状体，则极限状态带如图9-1所示。

194

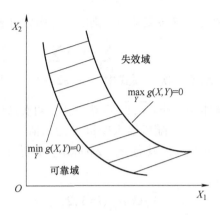

图 9-1　极限状态带

因此，失效概率 P_f 也存在上下界，即

$$\begin{cases} P_f^{\min} = \mathrm{Pr}\left\{ \max_Y g(X,Y) \leqslant 0 \right\} \\ P_f^{\max} = \mathrm{Pr}\left\{ \min_Y g(X,Y) \leqslant 0 \right\} \end{cases} \tag{9-1}$$

可靠度指标 β 不再是一个具体值，而是一个区间，即 $\beta \in [\beta^L, \beta^R]$，其中 β^L 和 β^R 分别表示最大和最小可靠度指标。

基于一次二阶矩法（FORM），求解如下两个优化问题，可得到极限状态带的最大和最小可靠度指标。

$$\begin{cases} \beta^R = \min \| U \| \\ \text{s. t.} \quad \max_Y G(U,Y) = 0 \end{cases} \tag{9-2}$$

$$\begin{cases} \beta^L = \min \| U \| \\ \text{s. t.} \quad \max_Y G(U,Y) = 0 \end{cases} \tag{9-3}$$

式中，$G(\ )$ 为变量 X 转化到标准正态空间内的功能函数；U 为标准正态空间。

该结构的最小和最大失效概率分别表示为

$$\begin{cases} P_f^{\min} = \varPhi(-\beta^R) \\ P_f^{\max} = \varPhi(-\beta^L) \end{cases} \tag{9-4}$$

在实际工程应用中，结构的最大失效概率通常是人们最为关心和重视的指标，对工程技术人员也最具有参考价值，所以在本著作的后续分析中，将以最大失效概率来度量混合不确定性作用下的结构可靠性。

对于像航空发动机叶盘结构这种复杂且工作环境恶劣的机械部件，基于传统的 FORM，采用嵌套算法（Multi-Level Nested Algorithm，MLNA）的计算量非常之大，因此本著作对参考文献[112]提出的解耦法（Decoupling Method，DM）进行了改进，提出了极值响应面解耦法（Extremum Corresponding Surface Decoupling Method，ERSDM），并采用该方法对叶盘结构振动响应进行概率与非概率混合可

靠性分析，根据实际情况，忽略交叉项，则响应面函数可表示为

$$\widetilde{g}(X,Y) = a_0 + \sum_{i=1}^{m} b_i X_i + \sum_{j=1}^{n} c_j Y_j + \sum_{i=1}^{m} d_i X_i^2 + \sum_{j=1}^{n} e_j Y_j^2 \tag{9-5}$$

式中，a_0、b、c、d、e 均是二次多项式中（$2m+2n+1$）个待定系数。

在求解过程中，样本中心点$(\overline{X},\overline{Y})$不断更新，初次迭代时样本中心点$(\overline{X},\overline{Y})$位于$(\mu_X,Y^c)$处，其中$\mu_X$表示随机输入变量$X$的均值，$Y^c$表示区间变量$Y$的中值，其坐标表示见式（9-6），其他的（$2m+2n$）个样本点围绕中心点选取，如图9-2所示。

$$\begin{cases} \mu_X = \overline{X}_i \pm k_x \sigma_{X_i}, i = 1,2,\cdots,m \\ Y^c = \overline{Y}_j \pm k_y Y_j^r, j = 1,2,\cdots,n \end{cases} \tag{9-6}$$

式中，σ_{X_i}表示概率变量X_i的标准差；Y_j^r表示区间变量Y_j的半径；k_x 和 k_y 分别为概率变量和区间变量的样本点系数。

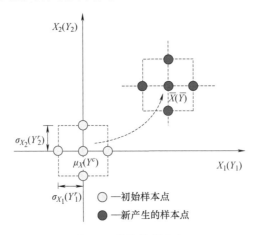

图 9-2 选取的样本点

确定（$2m+2n+1$）个样本点之后，在每个样本点处计算原功能函数的值，解之即可求解响应面函数的待定系数。

结合式（9-3）给出的计算概率-区间混合可靠性的模型，构造如下近似混合可靠性问题，即

$$\begin{cases} \widetilde{\beta}^L = \min_U \| U \| \\ \text{s. t. } \max_Y \widetilde{G}(U,Y) = 0 \end{cases} \tag{9-7}$$

式中，$\widetilde{G}$表示U空间中的近似的极限状态函数$\widetilde{g}$。

采用 ERSDM 进行求解，具体的迭代过程如下。

假设在第 k 步迭代过程中得到 $U^{(k)}$ 和 $Y^{(k)}$，在下一步迭代过程中，固定区间变量 $Y^{(k)}$，利用 HL-RF 方法（iHL-RF）求得 $U^{(k+1)}$，即

$$U^{(k+1)} = U^{(k)} + \lambda d^{(k)} \tag{9-8}$$

式中，λ 为迭代步长；$d^{(k)}$ 为搜索方向。

其中，搜索方向 $d^{(k)}$ 为

$$d^{(k)} = \frac{\nabla \widetilde{G}(U^{(k)}, Y^{(k)})(U^{(k)})^{\mathrm{T}} - \widetilde{G}(U^{(k)}, Y^{(k)})}{\| \nabla \widetilde{G}(U^{(k)}, Y^{(k)}) \|^2} \nabla \widetilde{G}(U^{(k)}, Y^{(k)}) - U^{(k)} \tag{9-9}$$

式中，$\nabla \widetilde{G}$ 为 $\widetilde{G}$ 的梯度，由式（9-10）确定。

$$m(U, Y) = \frac{1}{2}\|U\| + c\|\widetilde{G}(U, Y)\| \tag{9-10}$$

式中，c 为常数，满足 $c > \dfrac{\|U\|}{\| \nabla \widetilde{G}(U^{(k)}, Y^{(k)}) \|}$，设定为 $c = \dfrac{2\|U^{(k)}\|}{\| \nabla \widetilde{G}(U^{(k)}, Y^{(k)}) \|} + 10$。

迭代步长 λ 由式（9-11）确定。

$$\lambda = s^h \, (s = 0.5) \tag{9-11}$$

$$h = \max\{s^h \mid m(U^{(k)} + s^h d^{(k)}, Y^{(k)}) - m(U^{(k)}, Y^{(k)}) < 0\} \tag{9-12}$$

当得到 $U^{(k+1)}$ 后，固定其值，通过区间分析计算 $Y^{(k+1)}$，即

$$\begin{cases} Y^{(k+1)} = \min\limits_{Y} \widetilde{G}(U^{(k+1)}, Y^{(k)}) \\ \text{s.t.} \quad Y^L \leqslant Y^{(k)} \leqslant Y^R \end{cases} \tag{9-13}$$

直到满足

$$\frac{\|U^{(k+1)} - U^{(k)}\|}{\|U^{(k)}\|} \leqslant \varepsilon_1, \widetilde{G}(U^{(k+1)}, Y^{(k+1)}) \leqslant \varepsilon_2 \tag{9-14}$$

式中，ε_1、ε_2 为任意小数。

则得到设计验算点 $(\widetilde{X}^*, \widetilde{Y}^*)$，该方法的分析流程如图 9-3 所示。

在每一迭代步中，设计验算点 $(\widetilde{X}^*, \widetilde{Y}^*)$ 可以通过求解式（9-7）的混合可靠性问题获得，在此基础上，通过两点插值获得一个更靠近失效面的样本中心点 $(\overline{X}, \overline{Y})$，如图 9-4 所示。

连接点 $(\mu_X, Y^c, g(\mu_X, Y^c))$ 和点 $(\widetilde{X}^*, \widetilde{Y}^*, g(\widetilde{X}^*, \widetilde{Y}^*))$ 的表达式为

$$\frac{g(X, Y) - g(\mu_X, Y^c)}{X - \mu_X} = \frac{g(\widetilde{X}^*, \widetilde{Y}^*) - g(X, Y)}{\widetilde{X}^* - X} \tag{9-15}$$

$$\frac{g(X, Y) - g(\mu_X, Y^c)}{Y - Y^c} = \frac{g(\widetilde{X}^*, \widetilde{Y}^*) - g(X, Y)}{\widetilde{Y}^* - Y} \tag{9-16}$$

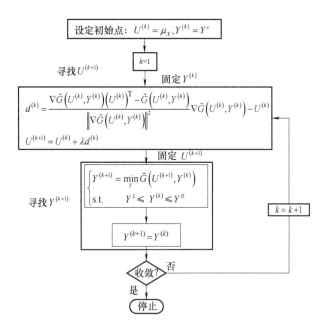

图 9-3   ERSDM 求解可靠性问题的分析流程

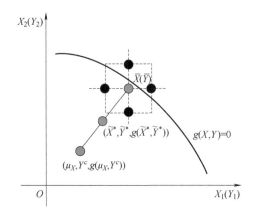

图 9-4   新样本中心点的获取

令 $g(X,Y)=0$，使得设计点靠近真实的极限状态面，则

$$\overline{X}=\mu_X+(\widetilde{X}^*-\mu_X)\frac{g(\mu_X,Y^c)}{g(\mu_X,Y^c)-g(\widetilde{X}^*,\widetilde{Y}^*)} \tag{9-17}$$

$$Y'=Y^c+(\widetilde{Y}^*-Y^c)\frac{g(\mu_X,Y^c)}{g(\mu_X,Y^c)-g(\widetilde{X}^*,\widetilde{Y}^*)} \tag{9-18}$$

注意，最新获得的区间变量 Y' 的取值可能会溢出区间的边界，如果溢出，

按式（9-19）处理。

$$\begin{cases} \overline{Y}=\min(Y',Y^R), & \text{当 } Y'>Y^R \\ \overline{Y}=\max(Y',Y^L), & \text{当 } Y'<Y^R \end{cases} \tag{9-19}$$

综合以上分析，则概率-非概率区间混合可靠性分析流程如下。

1）设置初始迭代点 $X^{(t)}=(\mu_{X_1},\mu_{X_2},\cdots,\mu_{X_m})$，$Y^{(t)}=(Y_1^c,Y_2^c,\cdots,Y_n^c)$

2）构建二次多项式极值响应面函数。初次迭代，样本中心点选为 (μ_X,Y^c)，计算 $(2m+2n+1)$ 个点的函数值，求到待定的响应面系数。

3）求解式（9-7）中的近似混合可靠性问题，得到设计验算点 $(\widetilde{X}^*,\widetilde{Y}^*)$。

4）求解新的样本中心点 $(\overline{X}^{(t+1)},\overline{Y}^{(t+1)})$。

5）判断收敛性。如果 $\dfrac{\|\overline{X}^{(t+1)}-\overline{X}^{(t)}\|}{\|\overline{X}^{(t)}\|}\leq\varepsilon_1$，转到6），否则 $t=t+1$，转到2）。

6）对构建的响应面函数进行模拟，计算最大失效概率 $P_f^{\max}$。

基于极值响应面的混合可靠性分析流程如图9-5所示。

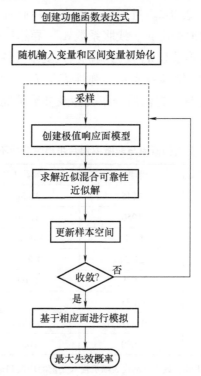

图9-5 基于极值响应面的混合可靠性分析流程

199

目前，混合可靠性的研究总体上仍然处于起步阶段。针对既含有随机输入变量又含有区间变量的混合结构进行可靠性分析时，通常采用 MLNA，该方法基于十分耗时的仿真模型，会造成极低的计算效率。而本著作采用 ERSDM 进行求解，将区间分析嵌入最可能失效点的寻找过程中，每次迭代过程中依次进行概率分析和非概率分析，取得的中间值依次被相互调用，这样就大大地提高了计算效率。

9.3 随机失谐整体叶盘结构的概率与非概率混合分析

基于前几章叶盘结构频率、模态振型、振动响应的概率分析及非概率分析，进一步对谐调、失谐叶盘结构的频率、模态振型及振动响应进行概率与非概率混合可靠性研究。

对于谐调叶盘结构而言，将转速 ω、温度 T、叶片厚度 h、线胀系数 α_l、导热系数 λ 设为随机输入变量且各个变量均服从正态分布且相互独立，而将叶盘结构的弹性模量 E、密度 ρ 及泊松比 ν 作为区间变量，它们的分布类型及参数情况见表 9-1，计算结果见表 9-2。对于失谐叶盘结构而言，将叶盘转速 ω、温度 T、叶片厚度 h，叶片的泊松比 ν_b、线胀系数 α_b、导热系数 λ_b，以及轮盘的泊松比 ν_d，线胀系数 α_d，导热系数 λ_d 设为随机输入变量且各个变量均服从正态分布且相互独立，而将叶片的材料密度 ρ_b、弹性模量 E_b，以及轮盘的材料密度 ρ_d、弹性模量 E_d 设为区间变量，它们的分布类型及参数情况见表 9-3 所示，计算结果见表 9-4 所示。

表 9-1 谐调叶盘结构概率与非概率混合可靠性分析不确定变量分布

不确定变量	参数 1	参数 2	分布类型
$\omega/(\mathrm{rad/s})$	1046	31.38	正态
$T/\mathrm{℃}$	1050	31.50	正态
$\alpha_l/(10^{-5}/\mathrm{℃})$	1.216	0.03648	正态
$\lambda/[\mathrm{W/(m \cdot ℃)}]$	27.21	0.8163	正态
h/mm	3.0	0.09	正态
$E/10^{11}\mathrm{Pa}$	1.75	1.94	区间
ν	0.2915	0.3325	区间
$\rho/(\mathrm{kg/m^3})$	8090	9005	区间

注：在正态分布中，参数 1 和参数 2 分别代表随机输入变量的均值和标准差；在区间变量中，参数 1 和参数 2 分别代表变量的下界和上界。

表 9-2　谐调叶盘结构概率与非概率混合可靠性分析结果

随机输入变量					区间变量		
$\omega/(\mathrm{rad/s})$	$T/℃$	$\lambda/[\mathrm{W/(m\cdot℃)}]$	h/mm	$\alpha_l/(10^{-5}/℃)$	$E/10^{11}\mathrm{Pa}$	$\rho/(\mathrm{kg/m^3})$	ν
1129.3	943.2	29.14	2.827	1.339	1.931	8072.9	0.297

输出响应					最大失效概率	
f/Hz	$dsum$	$str\_e/10^7$	$strs/10^{13}$	d_y/mm	MC 法	
					$P_{f\mathrm{MC}}^{\max}$（%）	t_m/h
2647.5	7.2114	7.3512	1.4218	4.12	98.32	289.41
					98.16	297.86

最大失效概率								
MLNA				ERSDM				
$P_f^{\max}$（%）	t_m/h	Er（%）	η_{MC}（%）	$P_f^{\max}$（%）	t_m/h	Er（%）	η_{MC}（%）	η_{ML}（%）
99.07	65.56	0.76	77.34	99.15	51.98	0.84	82.03	20.71
99.12	77.23	0.97	74.07	99.76	62.54	1.62	79.01	19.02

注：$P_{f\mathrm{MC}}^{\max}$—MC 法模拟下的最大失效概率；t_m—计算时间；Er—相对误差；η_{MC}—相对 MC 法的计算效率；η_{ML}—相对 MLNA 的计算效率。

表 9-3　失谐叶盘结构概率与非概率混合可靠性分析不确定变量分布

不确定变量	参数 1	参数 2	分布类型
$\omega/(\mathrm{rad/s})$	1046	31.38	正态
$T/℃$	1050	31.50	正态
h/mm	3.0	0.09	正态
ν_b	0.3181	0.009542	正态
$\alpha_b/(10^{-5}/℃)$	1.268	0.03806	正态
$\lambda_b/[\mathrm{W/(m\cdot℃)}]$	29.72	0.8915	正态
$\rho_b/(\mathrm{kg/m^3})$	8010	8943	区间
$E_b/10^{11}\mathrm{Pa}$	1.689	1.932	区间
ν_d	0.3143	0.009429	正态
$\alpha_d/(10^{-5}/℃)$	1.216	0.03648	正态
$\lambda_d/[\mathrm{W/(m\cdot℃)}]$	27.21	0.8163	正态
$\rho_d/(\mathrm{kg/m^3})$	8170	9280	区间
$E_d/10^{11}\mathrm{Pa}$	1.714	1.996	区间

注：在正态分布中，参数 1 和参数 2 分别代表随机输入变量的均值和标准差；在区间变量中，参数 1 和参数 2 分别代表变量的下界和上界。

表 9-4 失谐叶盘结构概率与非概率混合可靠性分析结果

随机输入变量			区间变量	
$\omega/(\mathrm{rad/s})$	$T/℃$	h/mm	$\rho_d/(\mathrm{kg/m^3})$	$E_b/10^{11}\,\mathrm{Pa}$
1129.3	943.2	2.827	8072.9	1.889
ν_d	ν_b	$\alpha_b/(10^{-5}/℃)$	$\rho_b/(\mathrm{kg/m^3})$	—
0.297	0.294	1.251	7977.8	—
$\lambda_d/[\mathrm{W/(m\cdot℃)}]$	$\lambda_b/[\mathrm{W/(m\cdot℃)}]$	$\alpha_d/(10^{-5}/℃)$	$E_d/10^{11}\,\mathrm{Pa}$	—
29.14	27.63	1.339	1.931	—

输出响应		最大失效概率						
f/Hz	$dsum$	MC 法		MLNA		ERSDM		
		$P_{f\mathrm{MC}}^{\max}(\%)$	t_m/h	$P_f^{\max}(\%)$	t_m/h	$P_f^{\max}(\%)$	t_m/h	$\eta_{\mathrm{ML}}(\%)$
2611.8	20.943							
$str\_e/10^7$	$strs/10^{13}$	—	—	99.17	289.21	99.87	223.09	22.86
372.84	3.6745							
d_y/mm	—	—	—	99.21	312.56	99.86	231.59	25.18
6.56	—							

注：$P_{f\mathrm{MC}}^{\max}$—MC 法模拟下的最大失效概率；t_m—计算时间；η_{ML}—相对 MLNA 的计算效率。

分别采用 MC 法、MLNA、ERSDM 三种方法计算了谐调、失谐叶盘结构的频率、模态振型和振动响应的计算时间，以及最大失效概率，并且分析了 ML-NA、ERSDM 与 MC 法的相对误差，同时分析了 ERSDM 相对 MLNA、MC 法，以及 MLNA 相对 MC 法的计算效率，见表 9-2 和表 9-4。就谐调叶盘结构而言，采用 MLNA 计算其模态及振动响应的相对误差分别为 0.76% 和 0.97%，相对 MCS 的计算效率分别提高 77.34% 和 74.07%，而采用 ERSDM 计算其模态及振动响应的相对误差分别为 0.84% 和 1.62%，相对 MC 法的计算效率分别提高 82.03% 和 79.01%。可见采用 ERSDM 及 MLNA 的计算精度基本与 MC 法相当，但是计算效率大大提高，而且 ERSDM 比 MLNA 相对 MC 法的计算效率更高。当叶盘结构失谐后，采用 MC 法的计算时间非常长，基本无法实现，而 ERSDM 相对 MLNA 对失谐叶盘结构的模态及振动响应的计算效率分别提高 22.86% 和 25.18%。

9.4 本章小结

本章针对既有随机输入变量又有区间变量的混合不确定性问题，给出了基于多项式响应面的混合可靠性分析方法，即极值响应面解耦法（ERSDM），同时获取了区间失效概率及区间可靠性指标；给出了 ERSDM 求解可靠性问题的分析流程图及基于极值响应面的混合可靠性分析流程。对谐调、失谐叶盘结构进行了概率与非概率混合可靠性分析，并且与 MC 法和 MLNA 相比较，计算了既有区间变量又有随机输入变量的叶盘结构的最大失效概率，并且比较了这几种方法的计算时间及相对误差，验证了 ERSDM 的有效性。

后　记

1. 工作总结

本著作针对随机失谐整体叶盘结构振动特性，以及现有动态不确定性分析方法计算精度和计算效率低，不能满足工程应用要求的问题，基于有限元及减缩理论，提出修正的混合界面子结构法（CHISCMSM），解决了采用高保真整体有限元法（HFISFEM）建模规模大、计算耗时长的问题，而且 CHISCMSM 在计算时间大大缩短的条件下，其计算精度并没有降低；在采用 CHISCMSM 对协同综合有限元减缩模型（CCFEROM）进行确定性分析的基础上，提出的基于动态子结构多级多目标协同有限元-极值响应面法（MSMO-CFE-ERSM-DSM），解决了采用 MC 法或 RSM 对整体叶盘结构进行分析时存在的计算规模大，甚至无法实现计算的问题，同时计算精度并不降低；基于区间理论和有限元理论，提出的基于动态子结构协同有限元区间非概率分析法（INP-DSCFEM），解决了统计数据缺乏或难以得到试验数据时不能采用概率分析的问题，成为概率分析的有益补充；基于 MC 法和 RSM 给出了极值响应面解耦法（ERSDM），解决了采用嵌套算法（MLNA）及 MC 法对整体叶盘结构进行既有随机输入变量又有区间变量的混合不确定性问题时，计算效率低甚至无法实现计算的问题。本著作的主要内容归纳起来包括以下几个方面。

（1）提出了 CHISCMSM

本著作基于有限元理论和减缩原理，对传统的混合界面动态子结构法（THISCMSM）进行了修正，在原来只考虑叶片刚度失谐的基础上，同时又考虑了叶片质量失谐及叶片几何尺寸失谐，这样更符合实际要求，具有应用价值。通过算例验证了 CHISCMSM 应用在随机失谐整体叶盘结构中是科学合理的，而且其计算精度并没有降低，计算效率比 THISCMSM 和 HFISFEM 都有所提高。为了对随机失谐整体叶盘结构进行不确定性分析，首先采用 CHISCMSM 对其固有频率、模态振型及振动响应进行了研究。

（2）提出了 MSMO-CFE-ERSM-DSM

本著作基于 RSM 和 MC 法提出了多级多目标协同响应面法（MSMO-CRSM）。在此基础上，进一步提出了 MSMO-CFE-ERSM-DSM，将动态子结构法与多级多目标协同响应面法进行有效合理的结合，丰富和发展了振动力学、概率理论与统计方法的内容，为随机失谐整体叶盘结构振动特性的不确定性分析提供了理论和方法基础。基于 MSMO-CFE-ERSM-DSM 分析了频率、模态振型（包括位移振型、应力振型、应变能振型）及振动响应的概率分布，对叶盘结构进行了灵敏度和散点图分析，确定了影响模态和响应的变化因素及影响程度。同时，对随机失谐整体叶盘结构进行了概率设计和逆概率设计，为叶盘结构的设计提供依据。

（3）提出了 INP-DSCFEM

本著作基于区间理论和有限元理论，提出了 INP-DSCFEM，该方法对原始数据要求很低，在数据信息不足的情况下，特别是在结构设计阶段，可作为概率分析的有益补充。采用 INP-DSCFEM，对随机失谐整体叶盘结构的固有频率、模态振型及振动响应进行了非概率分析，通过与谐调整体叶盘结构的比较分析，发现叶盘结构失谐后，其不确定性下降，即安全性降低。

（4）提出了 ERSDM

本著作基于 RSM 和 MC 法，提出了既有概率变量又有区间变量的混合不确定性问题分析方法，即 ERSDM，获取了区间失效概率及区间可靠性指标。采用 ERSDM，对谐调、失谐叶盘结构的频率、模态振型及振动响应进行了概率与非概率混合分析，并且与 MC 法和 MLNA 比较，计算了既有区间变量又有随机输入变量的叶盘结构的最大失效概率，并比较了它们的计算精度和计算时间，验证了该方法的有效性。

2. 未来工作展望

本著作针对随机失谐整体叶盘结构振动特性的动态不确定性分析，对混合界面动态子结构法进行了修正，提出了基于动态子结构法多级多目标协同有限元-极值响应面法、区间协同有限元非概率分析方法及极值响应面解耦法，但在理论、方法、应用和工程设计等方面都需要进一步发展、丰富和改进。

1）本著作在采用 CHISCMSM 建立协同综合有限元减缩模型的基础上，对 RSM 进行了改进，提出了极值响应面法（ERSM），在此基础上进一步提出 MSMO-CFE-ERSM-DSM。实际上，还可以对 SVM、Kriging 模型、ANN 等进行改进，与 CHISCMSM 结合，或者直接将 SVM、Kriging 模型、ANN 等与 CHISCMSM 结合，提出不同的高精度和高计算效率的概率分析方法，可以将其应用在复杂机械结构中，以此来验证各种方法是否合理。

2）本著作仅采用 INP-DSCFEM 对整体叶盘结构的固有频率、模态振型及振动响应进行了非概率分析，求解了其不确定度，但还可以研究强度和应力之间的区间变量，求解其不确定度，或者进行逆向研究，给定不确定度，求解变量区间是否达到给定区间，从而确定叶盘结构是否安全。

3）本著作只是对随机失谐整体叶盘结构进行了固有频率、模态振型及振动响应的确定性分析和不确定性分析，未来可以对其进行优化研究。

4）本著作在对随机失谐整体叶盘结构研究中考虑了离心力和热载荷，实际上还可以考虑气动力，建立流-固耦合模型、流-热耦合模型或热-流-固耦合模型，对其进行振动特性、概率和非概率研究，或者概率与非概率的混合研究，这将是一个非常好的研究方向。

5) 叶盘结构的稳健性设计。本著作对叶盘结构进行了确定性和不确定性分析，但没有对叶盘结构进一步进行稳健性设计。因此，根据随机失谐整体叶盘结构概率分析的随机输入变量对输出响应的影响程度，将重要的影响变量进行合理排布，对叶盘结构进行稳健性设计将是进一步研究的方向。

参考文献

[1] 叶先磊，王建军，朱梓根，等. 大小叶盘结构连续参数模型和振动模态 [J]. 航空动力学报，2005，20（1）：66-72.

[2] SINHA A. Computation of the Statistics of Forced Response of a Mistuned Bladed Disk Assembly via Polynomial Chaos [J]. Journal of Vibration and Acoustics，2006，128（3）：449-457.

[3] KENYON J A, GRIFFIN J H. Forced Response of Turbine Engine Bladed Disks and Sensitivity to Harmonic Mistuning [J]. Journal of Engineering for Gas Turbines and Power，2003，125（1）：113-120.

[4] KENTON J A, GRIFFIN J H. Experimental Demonstration of Maximum Mistuned Bladed Disk Forced Response [J]. Journal of Turbomachinery，2003，125（4）：673-681.

[5] MBAYE M, SOIZE C, OUSTY J P, et al. Robust Analysis of Design in Vibration of Turbomachines [J]. Journal of Turbomachinery，2013，135（2）：021008-1-021008-8.

[6] MAYORCA M A, VOGT D M, FRANSSON T H. A New Reduced Order Modeling for Stability and Forced Response Analysis of Aero-coupled Blades Considering Various Mode Families [J]. Journal of Turbomachinery，2012，134（5）：051008-1-051008-10.

[7] HOLLAND D E, EPUREANU B I, FILIPPI S. Structural Damping Identification for Mistuned Bladed Disks and Blisks [J]. Journal of Vibration and Acoustics，2012，134（2）：024504-1-024504-3.

[8] HE E M, WANG H J. A Multi-harmonic Method for Studying Effects of Mistuning on Resonant Features of Bladed Disks with Dry Friction Damping [J]. Chinese Journal of Aeronautics，2006，19（4）：321-325.

[9] 王建军，李其汉，朱梓根. 失谐叶片-轮盘结构系统振动局部化问题的研究进展 [J]. 力学进展，2000（4）：517-528.

[10] 于长波，王建军，李其汉. 错频叶盘结构的概率模态局部化特性分析 [J]. 航空动力学报，2009，24（9）：2040-2045.

[11] CHAN Y J, EWINS D J. Management of the Variability of Vibration Response Levels in Mistuned Bladed Discs Using Robust Design Concepts. part II：Tolerance Design [J]. Mechanical Systems and Signal Processing，2010，24（8）：2792-2806.

[12] NIKOLIC M, PETROV E P, EWINS D J. Coriolis Forces in Forced Response Analysis of Mistuned Bladed Disks [J]. Journal of Turbomachinery，2007，129（4）：730-739.

[13] LAXALDE D, PIERRE C. Modeling and Analysis of Multi-stage Systems of Mistuned Bladed Disks [J]. Computers and Structures，2011，89（3-4）：316-324.

[14] D' SOUZA K X, SAITO A, EPUREANU B I. Reduced-order Modeling for Nonlinear Analysis of Cracked Mistuned Multistage Bladed-disk Systems [J]. AIAA Journal，2012，50（2）：304-312.

[15] HOLLAND D E, CASTANIER M P, CECCIO S L, et al. Testing and Calibration Procedures for

Mistuning Identification and Traveling Wave Excitation of Blisks [J]. Journal of Engineering for Gas Turbines and Power, 2010, 132 (4): 042502-1-042502-9.

[16] JUDGE J, PIERRE C, MEHMED O. Experimental Investigation of Mode Localization and Forced Response Amplitude Magnification for a Mistuned Bladed Disk [J]. Journal of Engineering for Gas Turbines and Power, 2001, 123 (4): 940-950.

[17] MIGNOLET M P, HU W, JADIC I. On the Forced Response of Harmonically and Partially Mistuned Bladed Disks. Part Ⅱ: Partial Mistuning and Applications [J]. International Journal of Rotating Machinery, 2000, 6 (1): 43-56.

[18] RIVAS G A J, MIGNOLET M P. Local/global Effects of Mistuning on the Forced Response of Bladed Disks [J]. Journal of Engineering for Gas Turbines and Power, 2004, 126 (1): 131-141.

[19] HUANG B W, KUANG J H. Variation in the Stability of a Rotating Blade Disk with a Local Crack Defect [J]. Journal of Sound and Vibration, 2006, 294 (3): 486-502.

[20] YAO J Y, WANG J J, LI Q H. Improved Modal Localization and Excitation Factors for Understanding Mistuned Bladed Disk Response [J]. Journal of Proupulsion and Power, 2011, 27 (1): 50-60.

[21] YU H B, WANG K W. Piezoelectric Networks for Vibration Suppression of Mistuned Bladed Disks [J]. Journal of Vibration and Acoustics, 2007, 129 (5): 559-566.

[22] MARINESCU O, EPUREANU B I, BANU M. Reduced Order Models of Mistuned Cracked Bladed Disks [J]. Journal of Vibration and Acoustics, 2011, 133 (5): 051014-1-051014-9.

[23] 廖海涛，王帅，王建军，等. 失谐叶盘结构振动响应局部化实验研究 [J]. 振动与冲击，2012, 31 (1): 29-34.

[24] JOSHI A G S, EPUREANU B I. Reduced Order Models for Blade-to-blade Damping Variability in Mistuned Blisks [J]. Journal of Vibration and Acoustics, 2012, 134 (5): 051015-1-051015-9.

[25] YANG M T, GRIFFIN J H. A Reduced-order Model of Mistuning Using a Subset of Nominal System Modes [J]. Journal of Engineering for Gas Turbines and Power, 2001, 23 (4): 893-900.

[26] LI J, CASTANIER M P. Experimental Monte Carlo Mistuning Assessment of Bladed Disk Vibration Using Forcing Variations [C]//AIAA, ASME, ASCE, et al. 47th AIAA/ASME/ASCE/AHS/ASC Structures, Structural Dynamics and Materials Conference. Newport: American Institute of Aeronautics and Astronautics Inc. , 2006: 4540-4548.

[27] BAH M T, NAIR P B, BHASKAR A, et al. Forced Response Statistics of Mistuned Bladed Disks: A Stochastic Reduced Basis Approach [J]. Journal of Sound and Vibration, 2003, 263 (2): 377-397.

[28] HE Z J, EPUREANU B I, PIERRE C. Parametric Study of the Aeroelastic Response of Mistuned Bladed Disks [J]. Computers and Structures, 2007, 85 (11-14): 852-865.

[29] HOU J. Cracking-induced Mistuning in Bladed Disks [J]. AIAA Journal, 2006, 44 (11):

2542-2546.

［30］PETROV E P. A Method for Forced Response Analysis of Mistuned Bladed Disks with Aerodynamic Effects Included［J］. Journal of Engineering for Gas Turbines and Power, 2010, 132 (6)：062502-1-062502-10.

［31］AYERS J P, FEINER D M, GRIFFIN J H. A Reduced-order Model for Transient Analysis of Bladed Disk Forced Response［J］. Journal of Turbomachinery, 2006, 128 (3)：466-473.

［32］WEI S T, PIERRE C. Effects of Dry Friction Damping on the Occurrence of Localized Forced Vibrations in Nearly Cyclic Structures［J］. Journal of Sound and Vibration, 1989, 129 (3)：397-416.

［33］MIGNOLET M P, HU W, JADIV I. On the Forecd Response of Harmonically and Partially Mistuned Bladed Disks, Part2：Partial Mistuning and Application［C］//University of Hawaii at Manoa. Proceedings of the 7th International Symposium on Transport Phenomena and Dynamics of Rotating Machinery (ISROMAC-7). Honolulu：Begell House, 1998：602-613.

［34］BLADH R, PIERRE C, CASTANIER M P, et al. Dynamic Response Predictions for a Mistuned Industrial Turbomachinery Rotor Using Reduced-order Modeling［J］. Journal of Engineering for Gas Turbines and Power, 2002, 124 (2)：311-324.

［35］YOO H H, KIM J Y, INMAN D J. Vibration Focalization of Simplified Mistuned Cyclic Structures Undertaking External Harmonic Force［J］. Journal of Sound and Vibration, 2003, 261 (5)：859-870.

［36］LEE S Y, CASTANIER M P, PIERRE C. Assessment of Probabilistic Methods for Mistuned Bladed Disk Vibration［C］//AIAA, ASME, ASCE, et al. 46th AIAA/ASME/ASCE/AHS/ASC Structures, Structural Dynamics, Materials Confer. Austin：American Inst. Aeronautics and Astronautics Inc., 2005：2375-2389.

［37］CIGEROGLU E, NEVZAT O H. Nonlinear Vibration Analysis of Bladed Disks with Dry Friction Dampers［J］. Journal of Sound and Vibration, 2006, 295 (3-5)：1028-1043.

［38］PETROV E P, EWINS D J. Method for Analysis of Nonlinear Multiharmonic Vibrations of Mistuned Bladed Disks with Scatter of Contact Interface Characteristics［J］. Journal of Turbomachinery, 2005, 127 (1)：128-136.

［39］CHA D, SINHA A. Computation of the Optimal Normal Load for a Mistuned and Frictionally Damped Bladed Disk Assembly Under Different Types of Excitation［J］. Journal of Computational and Nonlinear Dynamics, 2011, 6 (2)：021012-1-021012-10.

［40］TOMASZ K, KARL P, SEXTRO W. On Some Regularities in Dynamic Response of Cyclic Periodic Structures［J］. Chaos, Solitons and Fractals, 2000, 11：1597-1609.

［41］王红建, 贺尔铭, 余仕侠. 具有干摩擦散乱失谐的叶盘受迫响应特性［J］. 航空动力学报, 2006, 21 (4)：711-715.

［42］王红建, 贺尔铭, 赵志彬. 叶盘系统频率转向与模态耦合特性分析［J］. 航空动力学报, 2008, 23 (12)：2214-2218.

［43］王红建, 贺尔铭. 叶片失谐对叶盘结构振动特性的影响［J］. 西北工业大学学报, 2009,

27（5）：645-650.

［44］ SAITO A, CASTANIER M P, PIERRE C. Effects of a Cracked Blade on Mistuned Turbine Engine Rotor Vibration ［J］. Journal of Vibration and Acoustics, 2009, 131（6）：061006-1-061006-9.

［45］ HUANG B W, KUANG J H. Stability in a Twisted Periodic Blade System with Cracks ［J］. AIAA Journal, 2006, 44（7）：1436-1444.

［46］ 王艾伦, 黄飞. 裂纹叶片分布对失谐叶盘结构振动特性的影响 ［J］. 振动与冲击, 2011, 30（4）：26-28, 94.

［47］ KENYON J A, GRIFFFIN J H, FEINER D M. Maximum Bladed Disk Forced Response From Distortion of a Structural Mode ［J］. Journal of Turbomachinery, 2003, 125（2）：352 -363.

［48］ LEE I L, CHUNG C, SHIN S J. Flutter and Forced Response Analysis of an Intentionally Mistuned Bladed Disk ［C］//AIAA, ASME, ASCE, et al. 48th AIAA/ASME/ASCE/AHS/ASC Structures, Structural Dynamics, and Materials Conference. Reston：American Institute of Aeronautics and Astronautics Inc. , 2007：5838-5850.

［49］ 姚建尧, 王建军, 李其汉. 失谐叶盘结构鲁棒性能分析 ［J］. 航空动力学报, 2010, 7：1634-1639.

［50］ YAO J Y, WANG J J, LI Q H. Robustness Analysis of Mistuned Bladed Disk Using the Upper Bound of Structured Singular Value ［J］. Journal of Engineering for Gas Turbines and Power, 2009, 131（3）：032501-1-032501-7.

［51］ 于长波, 王建军, 李其汉. 失谐叶盘结构的概率响应局部化特性 ［J］. 航空动力学报, 2010, 25（9）：2006-2012.

［52］ KIELB R E, FEINER D M, GRIFFIN J H, et al. Flutter of Mistuned Bladed Disks and Blisks with Aerodynamic and FMM Structural Coupling ［C］//ASME. Proceedings of the ASME Turbo Expo 2004. Vienna：American Society of Mechanical Engineers, 2004：573-579.

［53］ REDDY T S R, MIN J B, TRUDEL J J. Mistuned Bladed Disk Analysis with Unsteady Aerodynamics Using Turbo-reduce ［C］//AIAA, ASME, ASCE, et al. 46th AIAA/ASME/ASCE/AHS/ASC Structures, Structural Dynamics and Materials Conference. Austin：American Inst. Aeronautics and Astronautics Inc, 2005：2850-2874.

［54］ SILKOWSKI P D, RHIEC M, COPELAND G S, et al. Computational-fluid-dynamics Investigation of Aeromechanics ［J］. Journal of Propulsion and Power, 2002, 18（4）：788-796.

［55］ BLEEG J M, YANG M T, ELEY J A. Aeroelastic Analysis of Rotors with Flexible Disks and Alternate Blade Mistuning ［J］. Journal of Turbomachinery, 2009, 131（1）：011011-1-011011-9.

［56］ FEINET D M, GRIFFIN J H. Mistuning Identification of Blaed Disks Using a Fundamental Mistuning Model-part Ⅰ：Theory ［J］. Journal of Tubomachinery, 2004, 126（1）：150-158.

［57］ FEIMER D M, GRIFFIN J H. Mistuning Identfication of Bladed Disks Using a Fundamental Mistuning Model-part Ⅱ：Application ［J］. Journal of Tubomachinery, 2004, 126（1）：

159-165.

[58] ROSSI M R, FEINER D M, GRIFFIN J H. Experimental Study of the Fundamental Mistuning Model for Probabilistic Analysis [C]//ASME. A Proceedings of the ASME Turbo Expo. Reno-Tahoe：American Society of Mechanical Engineers, 2005：373-380.

[59] SONG S H, CASTANIER M P, PIERRE C. System Identification of Multistage Turbine Engine Rotors [C]//ASME. Proceedings of the ASME Turbo Expo. Montreal：American Society of Mechanical Engineers, 2007：569-582.

[60] CHAN Y J, EWINS D J. Prediction of Vibration Response Levels of Mistuned Integral Bladed Disks（blisks）：Robustness Studies [J]. Journal of Turbomachinery, 2012, 134（4）：044501-1-044501-7.

[61] HEA Z, EPUREANUA B I, PIERRE C. Convergence Predictions for Aeroelastic Calculations of Tuned and Mistuned Bladed Disks [J]. Journal of Fluids and Structures, 2008, 24：732-749.

[62] LEE I L, SHIN S J, KIM Y R. Mistuned Bladed Disk Forced Vibration Analysis Based on Standing Wave Formulation [J]. Aerospace Science and Technology, 2013, 24（1）：275-282.

[63] CASTANIER M P, PIERRE C. Modeling and Analysis of Mistuned Bladed Disk Vibration：Status and Emerging Directions [J]. Journal of Propulsion and Power, 2006, 22（2）：384-396.

[64] LIM S H, PIERRE C, CASTANIER M P. Predicting Blade Stress Levels Directly From Reduced-order Vibration Models of Mistuned Bladed Disks [J]. Journal of Turbomachinery, 2006, 128（1）：206-210.

[65] 王帅, 王建军, 李其汉. 一种基于模态减缩技术的多部件结构失谐识别方法 [J]. 航空动力学报, 2009, 24（3）：662-669.

[66] 王帅, 王建军, 李其汉. 基于模态信息的叶盘结构失谐识别方法鲁棒性研究 [J]. 航空动力学报, 2010, 25（5）：1068-1076.

[67] 周传月, 邹经湘. 失调对叶片-轮盘耦合系统振动影响的预测 [J]. 航空学报, 2001, 22（5）：465-467.

[68] HSU K, HOYNIAK D. A Fast Influence Coefficient Method for Aerodynamically Mistuned Disks Aeroelasticity Analysis [J]. Journal of Engineering for Gas Turbines and Power, 2011, 133（12）：122502-1-122502-10.

[69] 何俊勇, 王延荣. 叶盘结构振动特性分析方法研究 [C]//中国航空学会. 中国航空学会第三届航空发动机可靠性学术交流会. 北京：中国航空学会, 2005：74-80.

[70] HEA Z, EPUREANUA B I, PIERRE C. Convergence Predictions for Aeroelastic Calculations of Tuned and Mistuned Bladed Disks [J]. Journal of Fluids and Structures, 2008, 24：732-749.

[71] SLADOJEVIC I, PETROV E P, IMREGUN M, et al. Forced Response Variation of Aerodynamically and Structurally Mistuned Turbomachinery Rotors [C]// Proceedings of the ASME Turbo Expo. Barcelona：American Society of Mechanical Engineers, 2006：961-971.

[72] MIYAKOZAWA T, KIELB R E, HALL K C, et al. The Effects of Aerodynamic Asymmetric Perturbations on Forced Response of Bladed Disks [J]. Journal of Turbomachinery, 2009,

131（4）：1-8.

［73］ WHITEHEAD D S. Effect of Mistuning on the Viration of Turbomachine Blades Induced by Wakes ［J］. J Mech Eng Sci, 1966, 8（1）：15-21.

［74］ PETROV E P. Optimization of Perturbation Parameters for Forced Vibration Stress Levels of Turbom Achine Blade Assemblies ［C］//Anon. Proc. of the Iutam Symposium on Discrete Structural Optimization. Zakopane：［s. n.］, 1993：108-117.

［75］ KENYON J A, GRIFFIN J H. Forced Response of TurbineEngine Bladed Disks and Sensitivity to Harmonic Mistuning ［J］. Journal of Engineering for Gas Turbines and Power, 2003, 125（2）：113-120.

［76］ LIM S H, CASTANIER M P, PIERRE C. Intentional Mistuning Design Space Reduction Based on Vibration Energy Flow in Bladed Disks ［J］. ASME Conference Proceedings, 2004, 6：373-384.

［77］ LIM S H, BLADH R, CASTANIE M P. A Compact, Generalized Component Mode Mistuning Representation for Modeling Bladed Disk Vibration ［J］. AIAA Journal, 2007, 45（9）：2285-2298.

［78］ BAIK S, CASTANIER M P, PIERRE C. Disk Design Methodology for Reducing Blade Vibration in Turbine Engine Rotors ［C］//ASME. Proc. Int. Des. Eng. Tech. Conf. Comput. Inf. Eng. Conf. Long Beach：American Society of Mechanical Engineers, 2005：1545-1555.

［79］ GANINE V, LEGRAND M, MICHALSKA H, et al. A Sparse Preconditioned Iterative Method for Vibration Analysis of Geometrically Mistuned Bladed Disks ［J］. Computers and Structures, 2009, 87（5-6）：342-354.

［80］ 廖海涛, 王建军, 李其汉. 随机失谐叶盘结构失谐特性分析 ［J］. 航空动力学报, 2010, 25（1）：160-168.

［81］ 袁惠群, 张亮, 韩清凯, 等. 基于蚁群算法的航空发动机失谐叶片减振排布优化分析 ［J］. 振动与冲击, 2012, 31（11）：169-172.

［82］ NIKOLIC M, PETROV E P, EWINS D J. Robust Strategies for Forced Response Reduction of Bladed Disks Based on Large Mistuning Concept ［J］. Journal of Engineering for Gas Turbines and Power, 2008, 130（1）：022501-1-022501-11.

［83］ BLADH R, CASTANIER M P, PIERRE C. Effects of Multistage Coupling and Disk Flexibility on Mistuned Bladed Disk Dynamics ［J］. Journal of Engineering for Gas Turbines and Power, 2003, 125（1）：121-130.

［84］ LAXALDE D, LOMBARD J P, THOUVEREZ F. Dynamics of Multi-stage Bladed Disks Systems ［C］//ASME. Proceedings of the ASME Turbo Expo. New York：American Society of Mechanical Engineers, 2007：247-254.

［85］ CHIU Y J, HUANG S C. The Influence Oil Coupling Vibration of a Rotor System Due to a Mistuned Blade Length ［J］. International Journal of Mechanical Sciences, 2007, 49（4）：522-532.

［86］ CHIU Y J, HUANG S C. The Influence of a Mistuned Blade's Staggle Angle on the Vibration and Stability of a Shaft-disk-blade Assembly ［J］. Shock and Vibration, 2008, 15 (1)：3-17.

［87］ YANG C H, HUANG S C. The Influence of Disks Flexibility on Coupling Vibration of Shaft-disk-blades Systems ［J］. Journal of Sound and Vibration, 2007, 301 (1-2)：1-17.

［88］ TANG J, WANG K W. Vibration Deloccazation of Nearly Periodic Structures Using Coupled Piezoelectric Networks ［J］. ASME, Journal of Vibration and Acoustics, 2003, 125：95-108.

［89］ 王艾伦, 李林. 考虑控制电路失谐的叶盘结构振动控制研究 ［J］. 中国机械工程, 2011, 22 (12)：1387-1392.

［90］ 张钊, 贺尔铭, 赵志彬, 等. 基于耦合场压电分析的失谐叶盘振动仿真模拟 ［J］. 航空计算技术, 2011, 41 (5)：30-33.

［91］ HUANG B W, KUANG J H. Mode Localization in a Rotating Mistuned Turbo Disk with Coriolis Effect ［J］. International Journal of Mechanical Sciences, 2001, 43 (7)：1643-1660.

［92］ XIN J Q, WANG J J. Investigation of Coriolis Effect on Vibration Characteristics of Arealistic Mistuned Blade Disk ［C］//ASME. Proceedings of ASME Turbo Expo. New York：American Society of Mechanical Engineers, 2011：993-1005.

［93］ KENYON J A, GRIFFIN J H, KIM N E. Sensitivity of Tuned Bladed Disk Response to Frequency Veering ［J］. Journal of Engineering for Gas Turbines and Power, 2005, 127 (4)：835-842.

［94］ KIELB R E, KAZA K R V. Effects of Structural Coupling on Mistuned Cascade Flutter and Response ［J］. ASME Eng Gas Turbines Power, 1984, 106 (1)：17-24.

［95］ TURCOTTE J S, HOLKAMP J J, GORDON R W. Vibration of a Mistuned Bladed-disk Assembly Using Structurally Damped Beams ［J］. AIAA, 1998, 36 (12)：2225-2228.

［96］ 王建军, 姚建尧, 李其汉. 刚度随机失谐叶盘结构概率模态特性分析 ［J］. 航空动力学报, 2008, 23 (2)：256-562.

［97］ 戴静君, 李凤明, 时文刚. 失谐对叶片-轮盘结构振动特性的影响 ［J］. 中国机械工程学报, 2005, 16 (13)：1158-1161.

［98］ IRRETIER H, SCHMIDT. Mistuned Bladed Disks Dynamical Behavior and Computation ［C］// Anon. Proc Iftomm Int Confon Rotordynamic Problems in Power Plants. Rome：［s. n.］, 1982：215-226.

［99］ 章永强, 王文亮. 真实盘片系统模态局部化的分析 ［J］. 复旦大学学报, 1992, 31 (1)：158-165.

［100］ 李延辉. 叶-盘耦合系统主模态局部化的分析研究 ［D］. 北京：北京航空航天大学, 1993.

［101］ 李红泉, 王建军, 李其汉. 分布式失谐对整体叶盘固有模态的影响 ［C］//中国航空学会动力分会. 第十二届发动机结构强度与振动学术会议论文集. 北京：中国航空学会, 2004.

［102］ CASTANIER M P, OTTARSSON G, PIERRIE C. A Reduced Order Modeling and Vibration Analysis of Mistuned Bladed Disks ［J］. ASME J Vib Acous, 1997, 119：439-447.

［103］ YANG M T, GRIFFEN J H. A Reduced Order Approach for the Vibration of Mistuned Bladed

Disk Assemblies [J]. AIAA Journal, 1997, 119 (1): 161-167.

[104] BLADH R, CASTANIER M P, PIERRE C. Reduced Order Modeling and Vibration Analysis of Mistuned Bladed Disk Assemblies with Shrouds [J]. Journal of Engineering for Gas Turbines and Power, 1999, 121 (3): 515-522.

[105] BLADH R, CASTANIER M P, PIERRE C. Component-mode-based Reduced Order Modeling Techniques for Mistuned Bladed Disks. Part I: Theoretical Models [J]. Journal of Engineering for Gas Turbines and Power, 2001, 123 (1): 89-99.

[106] MOYROUD F, FRANSSON T, RICHARDET G J. A Comparison of Two Finite Element Reduction Techniques for Mistuned Bladed Disks [J]. Journal of Engineering for Gas Turbines and Power, 2002, 124 (4): 942-952.

[107] 白斌, 白广忱, 童晓晨, 等. 整体叶盘结构失谐振动的国内外研究状况 [J]. 航空动力学报, 2014, 29 (1): 91-103.

[108] BEN-HAIM Y, GENDA C, SOONG T T. Maximum Structural Response Using Convex Models [J]. Journal of Mechanics, 1996, 122 (4): 325-333.

[109] MOOR R E. Interval Analysis [M]. New Jersey: Prentice-Hall, 1966.

[110] 郭书祥, 吕震宙, 冯元生. 基于区间分析的结构非概率可靠性模型 [J]. 计算力学学报, 2001, 18 (1): 56-60.

[111] 王晓军, 邱志平, 武哲. 结构非概率集合可靠性模型 [J]. 力学学报, 2007, 39 (5): 641-646.

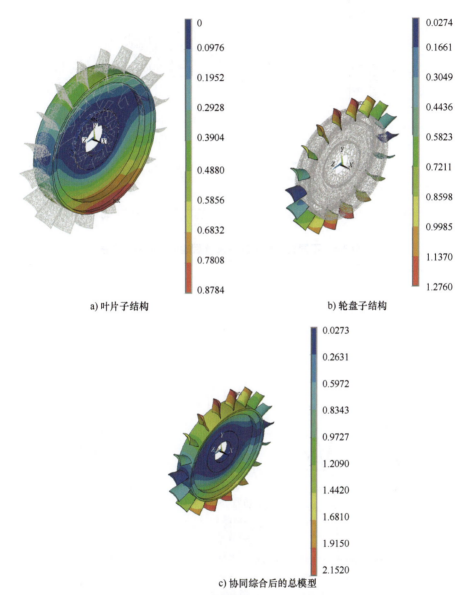

a) 叶片子结构   b) 轮盘子结构

c) 协同综合后的总模型

图 2-16　协同叶盘结构模态位移振型云图

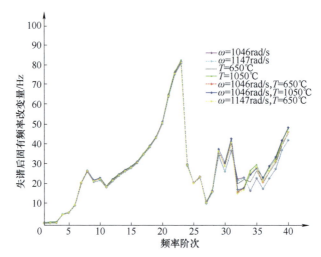

图 3-6 不同转速和温度下失谐后的固有频率改变量

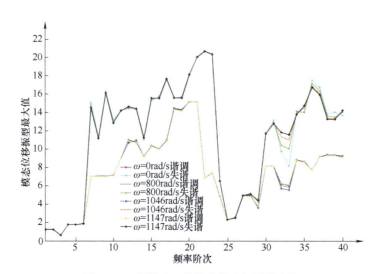

图 4-1 不同转速下的模态位移振型最大值

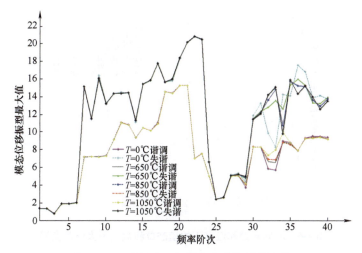

图 4-3 不同温度下的模态位移振型最大值

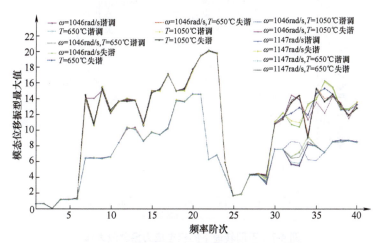

图 4-5 不同转速和温度下的模态位移振型最大值

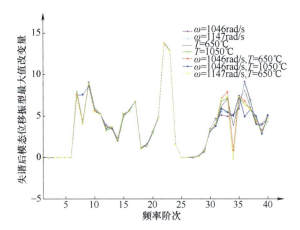

图 4-6　不同转速和温度下的模态位移振型最大值改变量

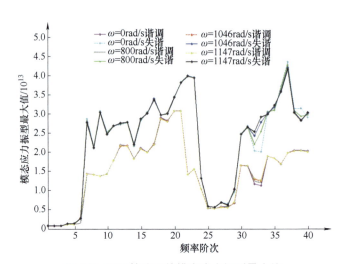

图 4-7　不同转速下的模态应力振型最大值

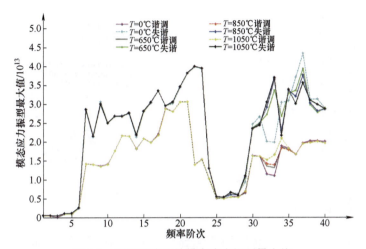

图 4-9　不同温度下的模态应力振型最大值

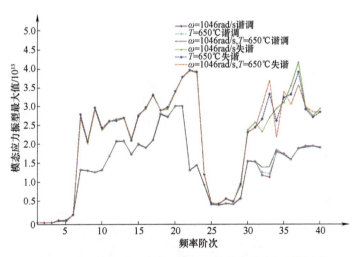

图 4-11　不同转速和温度共同作用下的模态应力振型最大值

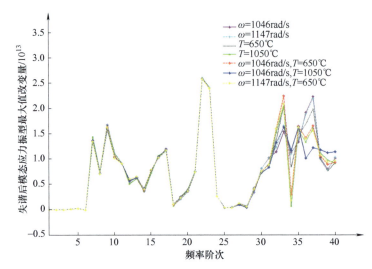

图 4-12　失谐后在不同转速和温度共同作用下的模态应力振型最大值改变量

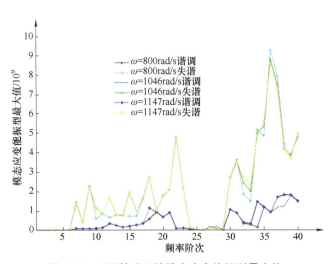

图 4-13　不同转速下的模态应变能振型最大值

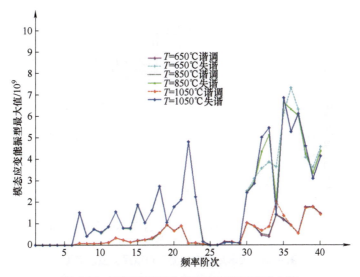

图 4-15 不同温度下的模态应变能振型最大值

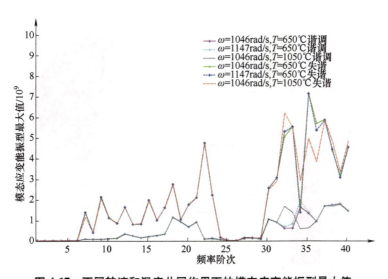

图 4-17 不同转速和温度共同作用下的模态应变能振型最大值

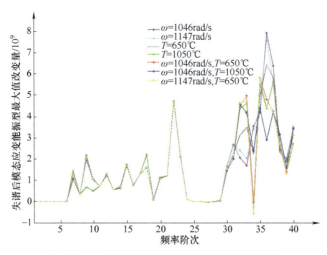

图 4-18　失谐后模态应变能振型最大值改变量

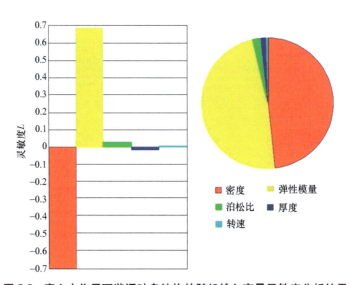

图 5-8　离心力作用下谐调叶盘结构的随机输入变量灵敏度分析结果

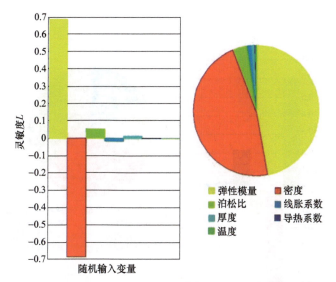

图 5-14   热载荷作用下谐调叶盘结构的随机输入变量灵敏度分析结果

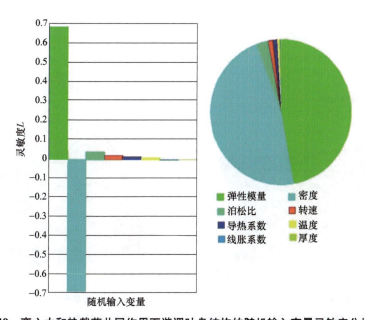

图 5-19   离心力和热载荷共同作用下谐调叶盘结构的随机输入变量灵敏度分析结果

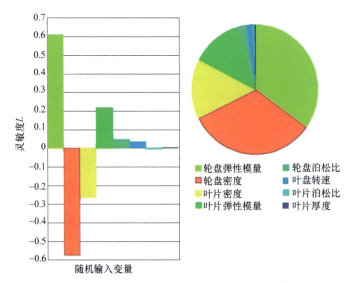

图 5-25 离心力作用下失谐叶盘结构的随机输入变量灵敏度分析结果

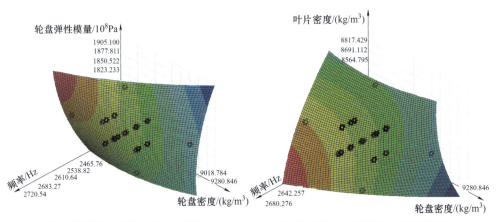

a) 轮盘弹性模量、密度与输出响应频率   b) 叶片密度、轮盘密度与输出响应频率

图 5-29 任意两个随机输入变量与输出响应频率形成的响应面

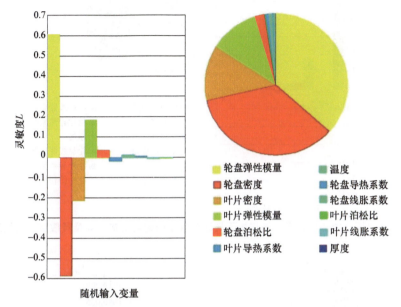

图 5-31　热载荷作用下失谐叶盘结构的随机输入变量灵敏度分析结果

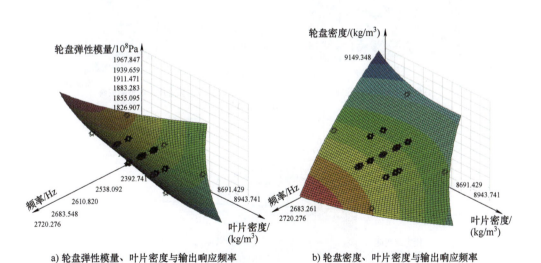

a) 轮盘弹性模量、叶片密度与输出响应频率　　　b) 轮盘密度、叶片密度与输出响应频率

图 5-34　任意两个随机输入变量与输出响应频率形成的响应面

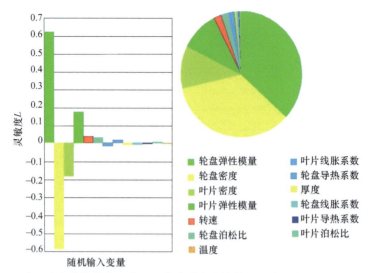

图 5-36　离心力和热载荷共同作用下失谐叶盘结构的随机输入变量灵敏度分析结果

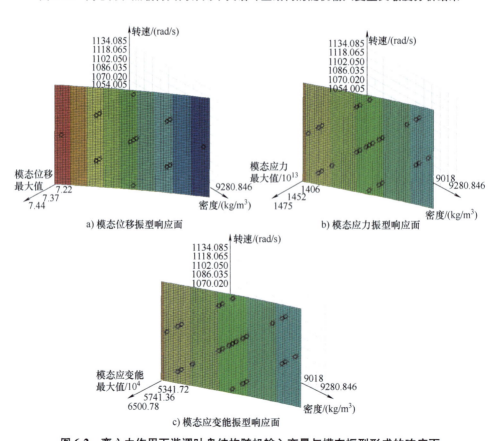

a) 模态位移振型响应面　　　b) 模态应力振型响应面

c) 模态应变能振型响应面

图 6-2　离心力作用下谐调叶盘结构随机输入变量与模态振型形成的响应面

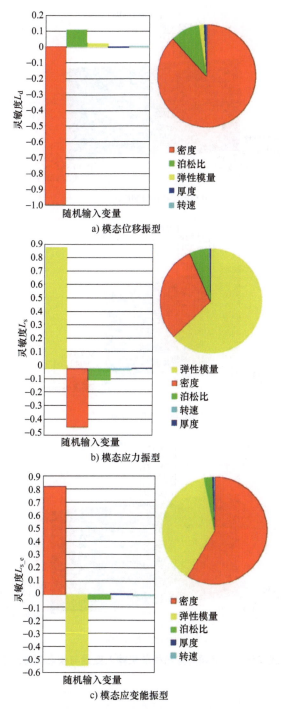

a) 模态位移振型

b) 模态应力振型

c) 模态应变能振型

图 6-6　离心力作用下谐调叶盘结构模态振型的随机输入变量灵敏度分析结果

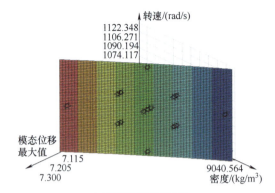

a) 模态位移振型响应面

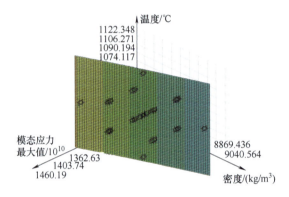

b) 模态应力振型响应面

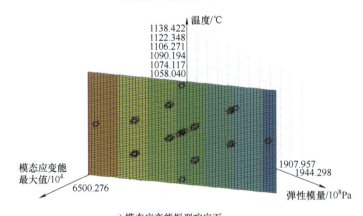

c) 模态应变能振型响应面

图 6-9　热载荷作用下谐调叶盘结构随机输入变量与模态振型形成的响应面

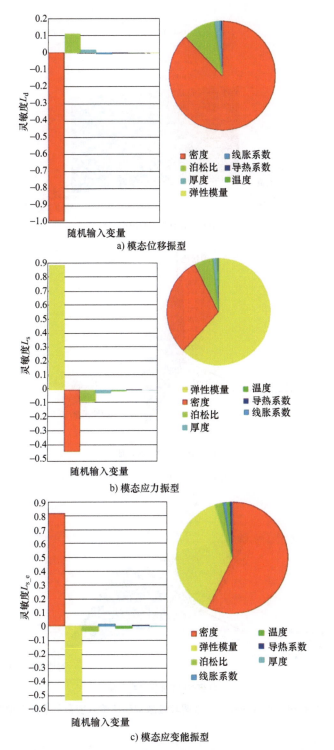

a) 模态位移振型

b) 模态应力振型

c) 模态应变能振型

图 6-13　热载荷作用下谐调叶盘结构的随机输入变量灵敏度分析结果

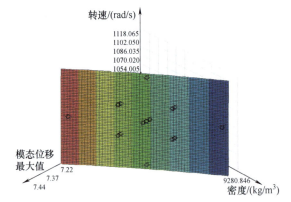

a) 模态位移振型响应面

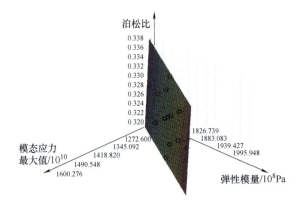

b) 模态应力振型响应面

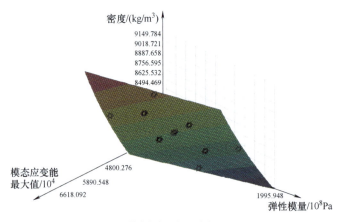

c) 模态应变能振型响应面

图 6-16 离心力和热载荷共同作用下谐调叶盘结构随机输入变量与模态振型形成的响应面

a) 模态位移振型

b) 模态应力振型

c) 模态应变能振型

图 6-20　离心力和热载荷共同作用下谐调叶盘结构的随机输入变量灵敏度分析结果

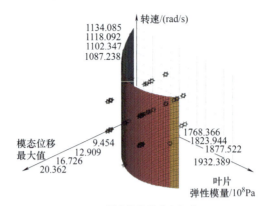

a) 模态位移振型响应面

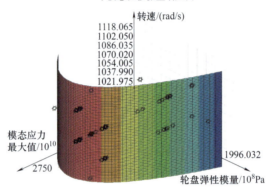

b) 模态应力振型响应面

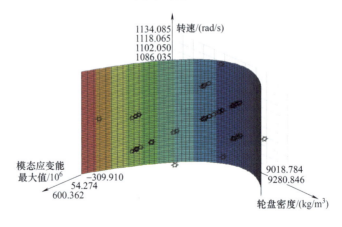

c) 模态应变能振型响应面

图 6-23 离心力作用下随机输入变量与模态振型形成的响应面

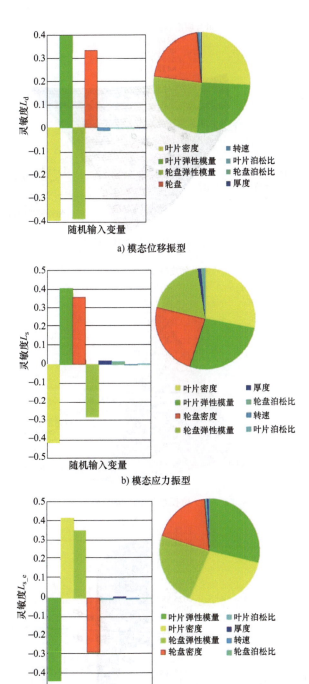

a) 模态位移振型

b) 模态应力振型

c) 模态应变能振型

图 6-27 离心力作用下失谐叶盘结构的随机输入变量灵敏度分析结果

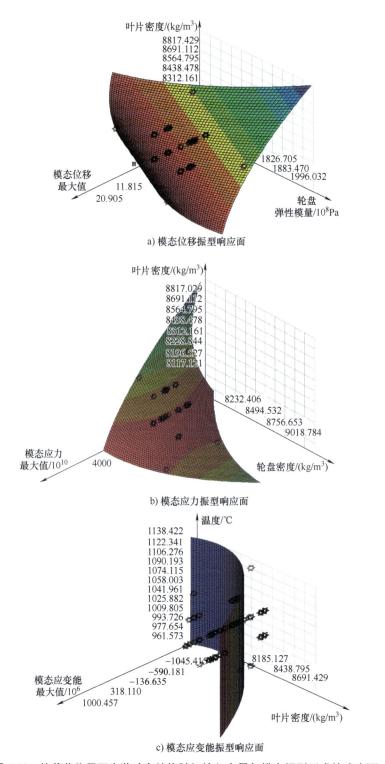

a) 模态位移振型响应面

b) 模态应力振型响应面

c) 模态应变能振型响应面

图 6-30 热载荷作用下失谐叶盘结构随机输入变量与模态振型形成的响应面

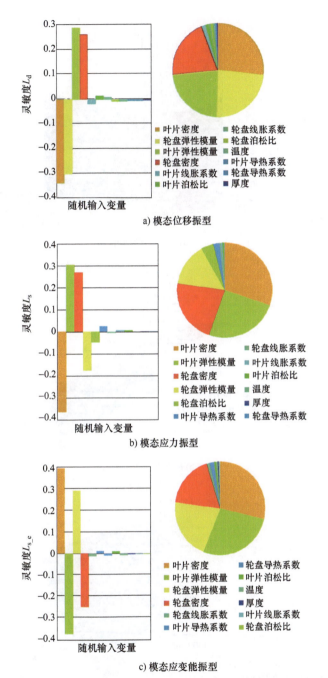

a) 模态位移振型

b) 模态应力振型

c) 模态应变能振型

图 6-34　热载荷作用下失谐叶盘结构的随机输入变量灵敏度分析结果

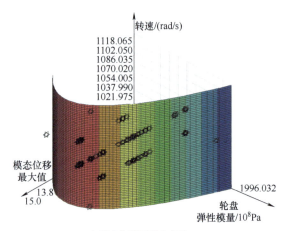

a) 模态位移振型响应面

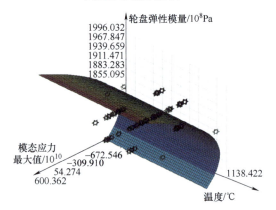

b) 模态应力振型响应面

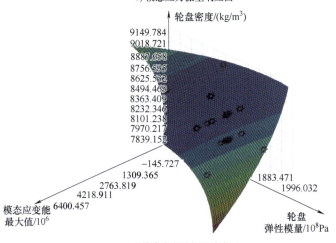

c) 模态应变能振型响应面

图 6-37　离心力和热载荷共同作用下随机输入变量与模态振型形成的响应面

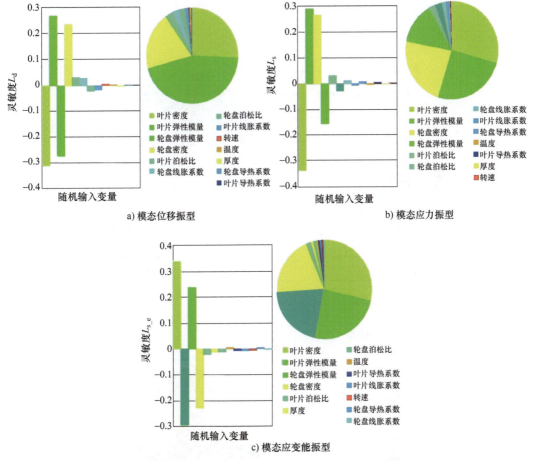

a) 模态位移振型

b) 模态应力振型

c) 模态应变能振型

图 6-41 离心力和热载荷共同作用下失谐叶盘结构的随机输入变量灵敏度分析结果

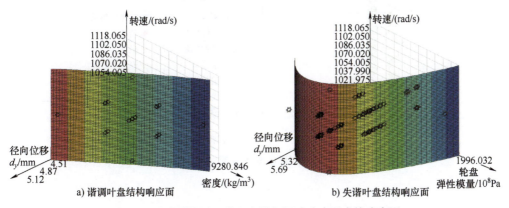

a) 谐调叶盘结构响应面

b) 失谐叶盘结构响应面

图 7-5 叶盘结构随机输入变量与振动响应形成的响应面

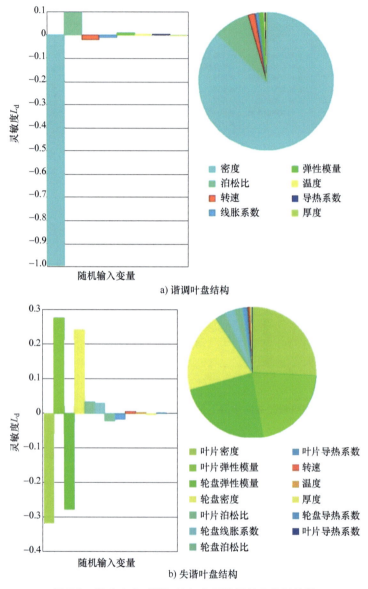

a) 谐调叶盘结构

b) 失谐叶盘结构

图 7-8 振动响应对随机输入变量的灵敏度分析结果